作战环境工程学术著作丛书

室内位置地图动态建模与制图方法

王光霞　游雄　贾奋励　田江鹏　著

科学出版社

北京

内 容 简 介

本书全面系统地介绍室内位置地图动态建模与制图理论、技术、方法及应用案例。全书共 7 章。第 1 章阐述室内位置地图的概念、特征，提出室内位置地图"人在回路"的理念并给出其研究内容体系；第 2 章描述室内位置地图空间认知特征，进行室内位置地图空间锚固点、空间参考框架、空间路线分段关系的认知实验，并给出实验结论；第 3～6 章，阐述室内位置地图数据、情境、表达和制图建模的理论和技术方法；第 7 章阐述基于知识的室内位置地图制图服务的技术方法、制图服务系统和应用案例。

本书可供作战环境工程、测绘导航、位置服务等领域相关专业的科技人员参考，同时可供高等院校环境工程、测绘工程、导航工程、地理信息系统、城市规划等专业本科生和研究生阅读。

图书在版编目（CIP）数据

室内位置地图动态建模与制图方法 / 王光霞等著. —北京：科学出版社，2023.6
　（作战环境工程学术著作丛书）
　ISBN 978-7-03-074335-0

Ⅰ．①室…　Ⅱ．①王…　Ⅲ．①地图编绘　Ⅳ．①P283

中国版本图书馆 CIP 数据核字（2022）第 247803 号

责任编辑：张艳芬　赵微微 / 责任校对：崔向琳
责任印制：吴兆东 / 封面设计：陈　敬

科学出版社 出版
北京东黄城根北街 16 号
邮政编码：100717
http://www.sciencep.com
北京中石油彩色印刷有限责任公司 印刷
科学出版社发行　各地新华书店经销
*
2023 年 6 月第 一 版　开本：720×1000　1/16
2023 年 6 月第一次印刷　印张：22 1/4　插页：4
字数：433 000
定价：198.00 元
（如有印装质量问题，我社负责调换）

"作战环境工程学术著作丛书"序

敌情、我情、作战环境始终是战争关注的焦点。作战环境影响、制约着各种作战活动，只有正确地认知环境，才能有效地利用环境，进而掌握战争的主动权。实现这一目标，离不开及时、准确、可靠的环境保障。作战环境保障能力反映了一个国家的国防实力和战争能力，是各军事强国抢占的战略制高点。

古往今来，作战环境构成要素并非一成不变，而是随着战争形态、作战形式和科学技术的变革发展而不断演变，其中，军事科技的发展深刻地影响着作战环境因素的构成。现阶段，以物联网、大数据、云计算、人工智能等为代表的新一代信息技术，以脑科学、生命科学为代表的新一代生物技术，以太空进入、利用与控制为核心的空间技术，以网络空间塑造与应用为核心的网络信息技术，极大地拓展了军事活动的空间和领域。智能化无人作战、认知域作战等新型作战样式进入战场，新域新质作战力量悄然形成。在这些变化影响之下，作战环境呈现出新的特点：陆、海、空、天、网多域空间交叠并存，构成超高维空间结构；自然、人文、信息多元要素交互融合，产生不确定变化结果；对作战行动的影响效能无法叠加测算，形成非线性综合影响；形态特征动态发展，具有多时态变化规律。总之，作战环境对作战行动和武器装备运用的影响非常复杂，以往以单一环境要素为研究对象的学科体系和保障手段，已不能满足对复杂作战环境特点规律的认知需求，迫切需要建设作战环境新学科，建立作战环境保障新手段。

20 世纪 90 年代，时任军事科学院副院长糜振玉中将、原解放军测绘学院院长高俊院士等部分国务院学位委员会军事学科评议组专家，提议在军事学门类体系中增设"作战环境学"，得到了军队教育训练主管部门的支持。1999 年，原解放军信息工程大学测绘学院组建了以高俊院士领衔的学科建设团队，在军内率先探索建设作战环境学新学科；2012 年，作战环境学正式列为军队指挥学一级学科下属二级学科。作战环境学（2022 年学科更名为"战场环境"）横跨军事学、测绘科学、地理学、气象学、信息科学、计算机科学等学科专业，涉及作战指挥、训练模拟、武器应用、装备研制以及民用等应用领域，其学科知识和技术手段不仅可为作战指挥提供保障，也可为国家安全、抢险救灾、行政管理和经济建设提供服务。

"作战环境工程学术著作丛书"由战略支援部队信息工程大学地理空间信息学院牵头组织，汇集作战环境工程领域深耕多年的研究成果，内容涵盖作战环境感知、认知、评估、服务及其作战应用的理论与方法。丛书按照"时空域-要素域-认知域"三域一体的研究框架，阐述基于统一时空基准实现多域、多元作战环境信息集成融合和认知应用的基本理论、关键技术和应用场景，覆盖作战环境基本概念、空间认知原理与实验方法、卫星定位与位置服务、作战环境建模与仿真、作战态势表达、作战环境信息系统构建等研究内容，呈现虚拟作战环境、战场增强现实、兵棋地图、全息位置地图和机器地图等新型认知手段。

在作战环境学科建设、工程实践以及丛书撰写过程中，李崇银、杨元喜、周成虎、龚健雅、李建成、郭仁忠、陈军等院士以及薛彦绪、郭卫平、笪良龙、胡晓峰、毕长剑、陈雷鸣、马亚平、张宏军等专家给予了热情指导和积极推动，在此表示衷心的感谢！

真诚地希望这套丛书能够为作战环境工程领域人才培养、科学研究和技术保障提供有益借鉴。

2023 年 4 月

前　言

　　室内空间是人们生活、工作和城市作战的重要场所,尤其是复杂的室内环境是作战环境学研究的重要内容。室内定位、通信和地理信息技术的发展,使为大型室内空间提供室内位置服务成为可能。地图作为表达复杂地理要素或现象及其变化规律的抽象模型,是人们认知生存环境的重要工具。其严密的数学基础、科学的制图综合法则和直观抽象的图形符号系统,为人们基于地理环境进行行为决策提供有效的科学工具。地图与室内导航定位的深度融合,形成了一种新型的室内位置地图,它丰富了地图的内涵、特征、内容和形式,为实时动态的位置服务提供了支撑平台,成为作战环境学、地图学与导航位置服务领域的一个研究热点。

　　本书系统且全面地介绍了室内位置地图动态建模与制图的理论、技术、方法及应用实例。全书共 7 章。第 1 章为绪论,界定室内位置地图的概念、研究范畴和研究内容,提出"情境驱动""人在回路""制(图)用(图)同时"的动态制图理念,并给出室内位置地图研究的内容体系框架;第 2 章介绍室内位置地图空间认知特征与实验,描述室内位置地图空间认知特征,进行室内位置地图空间认知的空间锚固点、空间参考框架、空间路线分段关系的认知实验,并给出指导室内位置地图设计与应用的实验结论;第 3 章介绍室内位置地图数据建模,包括空间数据建模的内容,空间数据、语义数据、路径数据处理的模型与方法并用实例对模型方法进行实验验证;第 4 章介绍室内位置地图情境建模,包括室内位置地图情境概念及特征、基于活动的室内位置地图情境理论框架、基于活动的室内位置地图情境建模和基于规则的室内位置地图情境推理;第 5 章介绍室内位置地图表达建模,包括室内位置地图表达基本概念特征和表达内容、室内位置地图表达模型构建、室内位置地图表达触发机制与过程、室内位置地图表达图层与内容提取;第 6 章介绍室内位置地图制图建模,包括室内位置地图动态制图模型、情境约束的室内位置地图制图数据重构、室内位置地图符号的动态生成模型和基于OpenGL 渲染引擎的地图快速绘制;第 7 章阐述基于知识的室内位置地图制图服务,包括室内位置地图制图知识获取、室内位置地图制图知识表达与知识库构建、室内位置地图制图服务系统设计及应用案例。

　　本书由王光霞、游雄、贾奋励和田江鹏共同撰写,游雄进行总体规划,王光霞负责统稿。全书集成了中国人民解放军战略支援部队信息工程大学地理空间信息学院作战环境工程研究团队多年来承担的国家 863 计划、国家自然科学基金等课题的研究成果。游天、张兰承担了书稿编排、文字审校及插图绘制工作，在此对他们表示衷心感谢！感谢中国科学院地理科学与资源研究所周成虎院士在课题研究中给予的科学思维和创新方法的指导和帮助！感谢课题组全体同仁在课题研究中的帮助！

在撰写本书过程中，我们力图将室内位置地图已有理论成果和技术方法进行总结，并将新的研究成果融入本书，体现其全面性、科学性和创新性。由于室内位置地图本身是一种新型地图，还有许多值得进一步探讨和研究的问题。

由于作者水平有限，书中难免存在不当之处，敬请读者批评指正。

目　　录

第1章 绪　　论

地图作为表达复杂地理要素或现象及其变化规律的抽象模型，是对地理世界的重构，具有客观真实性、抽象概括性、动态变化性和视觉可读性。其本质特征包括严密的数学基础、科学的制图综合法则和直观抽象的图形符号系统，它为人们基于地理环境进行行为决策提供有效的科学工具。随着室内精确定位、互联网、智能通信、智能移动终端等技术的深入应用，室内位置地图作为一种新型的地图应运而生，它丰富了地图的内涵、特征、内容和形式，为实时动态的位置服务提供了技术支撑。

1.1　室内位置地图提出背景

1.1.1　室内位置地图研究需求

室内空间(indoor space)是人们生活和工作的重要场所。据调查，人们有 87%左右的时间在室内空间活动[1,2]。按照不同的标准，室内空间有不同的分类方式，如开敞与封闭空间、公共与私人空间等。在现代社会，人们的日常生活和社会活动(如购物、旅行、就医等)越来越多地依靠室内公共活动空间，容纳公共活动的室内空间也越来越大，如大型购物中心、机场、医院等。从建筑学的视角，大型公共建筑指单栋建筑面积达 20000m² 以上且采用中央空调的公共建筑，一般包括大型商场、娱乐中心、展览馆、体育场(馆)、大型交通枢纽(机场、车站、码头)、大宾馆及大型旅游中心等建筑设施[3]，其空间体积和容纳人、物的体量都远远大于一般的室内空间。在本书中，若未加特别说明，室内空间即指以封闭式空间为主体(可能附带有部分开敞式空间)的大型公共活动场所。

与室外空间相比，室内空间具有以下三个突出特征[4,5]。①整体空间封闭：室内空间在整体上是封闭的，将人们的活动局限其中。室内物体粒度小，需要用精细的尺度加以刻画。由于空间的封闭性，全球定位系统(global positioning system，GPS)、北斗卫星定位系统等就无法在室内空间发挥作用，也就无法提供应用服务。②内部格局复杂：室内空间分割特征明显，通常有多个楼层，大量的人工设施又有很强的相似性，不仅遮挡了人们的视野，也妨碍了人们对室内整体空间结构的理解，限制了人们对室内局部线索的获取[4]。③通达条件特殊：室内空间没有显性的道路，而是通过开放空间来实现通达，且通道之间又连接着电梯、楼梯、门等节点，这会使行人无法快速准确地自我定位，容易迷失方向。

　　室内地图(indoor map)可以为人们认知室内空间进而高效地完成任务提供帮助。早期的室内地图是展示在各种介质上的建筑物内部地图，如常见的商场楼层平面图、机场平面图等。这种图有的印在纸上或其他介质上，有的显示在电子屏幕上，加上处于显著位置的指示标牌以及醒目的地标，可以为人们寻找通道和指定方位提供帮助。但是，人们在室内空间活动，通常都带有特定的目的和任务，不仅需要随处指引导航，更需要适时获取与任务相关的动态信息。例如，黄梅宇[6]研究发现，71%以上的消费者希望在逛街购物时通过移动互联网获取周边商品信息。2011 年以来，随着移动互联网、室内定位技术、室内地理信息技术的发展，出现了基于高精度定位的室内位置服务技术[7]。

　　位置服务(location-based service，LBS)又称定位服务或基于位置的服务，源于人们在未知环境中确定位置的需要。位置服务有多种不同的定义，但本质上均包含三个要件：位置、通信和地理信息[5]，如图 1.1 所示，其中地理信息是为位置服务提供增值服务的要件。

图 1.1　位置服务三角形与三个要件

室内位置服务作为位置服务的一个特例，也具备上述三个要件。对于用户来说，地理信息要件最直观、最基本的表现形式就是地图，在位置服务中，地图也是建立用户、客观世界(物理空间)与虚拟世界(信息空间)之间关系的交互界面。位置地图不仅可以表达基本的地理信息，也适合叠加用户感兴趣的各种位置服务信息。因此，位置地图又称为一种以(用户)"感兴趣的位置"为中心的地图[8]。上述概念同样适用于室内位置地图(indoor location map)，并可将其看成位置地图的一个特例。相比一般的室内地图，室内位置地图突出了以位置为中心的特点，即根据用户位置和任务，在地图上实时在线显示相关兴趣点(point of interest，POI)、导航路线、关注区域及其关联信息，特别强调与当前位置的语义信息关联。而且，它也提出了一种新的服务模式：室内位置地图根据情境实时、实地分析并向用户推送信息，进而提供个性化位置服务[9]。其中，基于情境驱动的个性化信息服务模式是室内位置地图的一个突出特点。

　　情境也称上下文，是普适计算的核心概念之一，它与特定的主体在执行特定的任务时所处的特定环境有关，随着用户的位置、任务和环境实时发生变化。在室内位置服务中，情境是用户获取和运用位置服务信息的触发条件，也是室内位置地图制作和应用的约束和驱动条件。这就意味着，在室内位置地图上表达的部分内容要实时发生变化，且需要实时加以绘制。其个性化定制信息、实时表达信息的特点，以及"人在回路"的信息传输形式，给室内位置地图的设计提出了挑战。

传统的地图设计，是在明确地图用途、表达内容和输出形式等前提下，对地图内容、表示方法、符号体系、编制原则、绘制(输出)机制进行设计和规划的过程。这个过程是在成图之前完成的，且地图的感受效果与地图设计人员的设计水平密切相关。在室内位置地图中，除了描述室内空间基础信息(建筑物结构、固定实体的布局等)的图层外，其他信息图层都是在情境驱动下实时触发、即时绘制的，其表示内容的提取、表示方法的选择以及地图的符号化和绘制等过程都是动态完成的，同时要顾及用户在临场移动状态下的用图效果。研究表明，在室内位置服务中，地图设计尤其是地图动态表达的设计，是影响室内位置服务效果最重要的因素[10]，是室内位置服务迫切需要解决的问题。

与此同时，随着室内定位技术的发展和应用，可以实现室内定位导航信号的全域覆盖，并提供优于 3m 级的定位与位置服务能力，为室内位置服务快速发展奠定了良好的定位基础[11]，也为室内位置地图的精确表达提供了支撑。在无线网络技术方面，主流的无线网络技术包括无线通信技术(Wi-Fi)、3G、4G、5G等，其特点是通过所提供的数据与语音业务，打破通信与位置之间固定连接的限制，使得任意时间、任意地点都可在移动中获得信息服务，为移动计算提供了随时随地的通信服务。在智能移动终端方面，具有个人计算机(personal computer, PC)级别处理能力的智能手机也为室内位置地图的大众化应用提供了可能。在可视化技术方面，支持二维、三维、多维信息，实时动态显示的计算机技术、图形图像处理和绘制技术、虚拟现实(virtual reality，VR)/增强现实(augmented reality，AR)技术和人机交互技术等的成熟和发展，进一步推动了室内位置地图的研究和应用。

本书以 863 计划课题"互联网全息位置地图叠加协议与建模制图技术"为依托，对室内位置地图动态建模与制图方法进行了深入研究，为室内位置地图设计和应用提供了理论和模型方法支撑。

1.1.2 室内位置地图研究意义

室内位置地图是人们认知室内空间环境的重要工具，是实现室内以位置为中心的动态按需空间信息服务的重要支撑。开展室内位置地图动态建模与制图方法研究，其理论意义和应用价值主要体现在以下方面。

1. 丰富地图学的理论与方法

随着室内位置服务技术和需求的快速发展，基于用户位置自主地向用户推送合适信息的智能化新型地图[12]，成为地图学研究的重要领域。周成虎等[8]认为，发展个性化、智能化、全方位信息的位置地图将是支撑位置服务业发展的关键，也是人类社会应对重大自然灾害、重大突发公共安全事件等的必备基础。室内位置地图正是在这样一种新的发展背景下，专注于描述和表达与室内空间位置相关信息的位置地图。

长期以来，地图学研究侧重于室外环境的制图理论与方法，对室内环境的空间认知、地图设计、制作方法、制图标准等方面的研究相对薄弱，且不成体系。本书系统地研究室内位置地图的建模与制图理论方法，将地图制图对象由室外环境拓展到室内环境，将动态地图制图技术与实时位置服务技术紧密结合，将地图认知和感受理论与情境驱动、人在回路、制用同时的制图理念相结合，不仅丰富了地图设计理论，也为室内位置地图建模制图提供理论方法依据和实践参考。

2. 改变地图设计的固有模式

传统的地图设计主要以制图者为中心，制图者在了解基本的用图需求后，负责收集、分析和处理制图资料和数据，选择表示方法，设计地图符号，形成设计方案和编图规范，提交给后续制图、印刷或显示。按这种固有的地图设计和成图模式，地图制式、图式符号在成图之前就已经固化下来，地图的质量取决于制图者对制图任务的理解、自身的业务素养和设计经验，用图者只是被动地使用地图。

在位置服务中，地图是随着用户的位置、时间和任务等情境实时绘制的，具有鲜明的个性化特征。这种以用户为中心的地图制图任务，改变了传统地图设计的理念与方法。情境驱动的地图设计，是通过人们的任务活动将人、机(设备)、物(环境)等融为一体，使地图设计的重心随着情境的转变而动态变化，地图表示的内容及方法也随之动态变化，制图随时随地因人而异。地图会将最恰当的信息推荐给用户，减少信息传输过程中人的信息选取与识别难度，使用户获得真正的个性化地图和良好的临场用图体验。

3. 促进智能化制图

室内位置地图改变了原有静态地图的表达过程和方法。与动态信息服务相关的地图图层，必须根据用户的位置、用户行为、时间和移动设备等环境的变化而实时动态绘制。这个过程是一个以预先建立模型为基础、以实时推理计算为核心的动态制图信息流转过程。一方面，广域室内外无缝定位、高效无线信息传输、移动智能计算能力的突破，以及具有 PC 级别处理能力的智能移动终端[13]等，使得实现大型室内环境的位置信息服务成为可能，为信息智能化推送、地图实时动态制作提供了技术条件；另一方面，情境建模、表达模型构建、表达图层设计，以及地图表达过程中的规律、规则、知识的形式化及规范化描述等，都为智能制图提供了技术方法，从而将地图成图过程向后延伸至用户使用阶段，实现真正意义上的实时制图和智能制图。

4. 提升个性化地图服务

个性化地图是位置服务和地图应用的重要特征。情境驱动的室内位置地图服务模式通过建立情境与表达之间的映射关系，使地图表达内容和表示方法实时动态变化，将地图的个性化服务方式由用户与地图之间的交互性操作转变为自主推送。情境(如用户位置、时间等)不同，地图推送的信息也不同，使地图的个性化服务内容由专题变为专用；同一任务，用户偏好不同，地图表达方式也会不同，呈现给每个用户的地图是按照用户情境定制的个性化地图，使地图的个性化表达由强调共性特征变为突出个性化特征，拓展和延伸了个性化地图服务的范围。

5. 促进室内位置服务产业的发展

目前，室外位置服务的应用领域越来越广，而室内环境的"位置焦虑"[14]，以及室内和地下空间的安全管理与应急响应等[15]，也使室内位置服务的需求越来越迫切。尤其是随着室内位置定位精度的提高，位置服务行业呈现出向室内环境延伸的趋势，并致力于实现室内外无缝精确定位、室内外一体化的空间位置信息服务。因此，室内位置地图的提出，有利于推动以室内定位技术和室内位置地图为基础的室内位置服务的快速发展，实现位置服务行业为用户提供 4A(anytime、anywhere、anybody、anything)服务[16]的理念，促进室内外一体化位置服务产业的发展[17]。

1.2　室内位置地图概念与特征

1.2.1　室内位置地图概念界定

室内位置地图自 2011 年被提出后，学术界对其概念缺乏统一的认识和清楚的界定。本书主要通过梳理室内位置地图相关概念(表 1.1)，从地图制图的角度给出对这一概念的认识。

表 1.1　室内位置地图相关概念

概念	定义
移动电子地图	(广义)指所有在移动终端上使用的电子地图,包括各种导航地图(机载、车载和船载等)、各种基于移动信息设备(mobile information device,MID)的电子地图等[18]
	(狭义)指在位置服务的背景下,通过移动信息设备实现的基于位置的地图,或是类似的地理信息可视化产品[19]
普适制图	指用户在任意时间和地点创建并使用地图,以解决地理空间问题的能力。这些用户和制图者不仅指经过专业训练的地理学家或制图学家,还包括广大的普通民众[20]
位置地图	是服务于当今信息时代的一种地图,一种以感兴趣的位置为中心的地图[8]
全息位置地图	以位置为基础,全面反映位置本身及其与位置相关的各种特征、事件或事物的数字地图,是地图家族中适应当代位置服务业发展需求而发展起来的一种新型地图产品[8]
	指在泛在网络环境下,以位置为纽带动态关联事物或事件的多时态、多主题、多层次、多粒度的信息,提供个性化的位置及与位置相关的智能服务平台[12]
	以位置为参考,根据不同需求,基于各种定位系统、传感网、互联网、通信网等网络,实时动态获取位置坐标、位置属性、位置关系、位置移动特征等多源异构信息,通过叠加融合,建立一致的语义关系、统一的时空地理关联的全信息的位置地图[21]
室内地图	指大型室内建筑的内部地图,与室外地图相比,更侧重小区域、大比例尺、高精度和精细化的内部元素展现[22]
	按一定的数学法则,以图形、文字相结合的符号系统表示封闭、有限空间内的结构分布和地理信息的一种地图[23]
	指使用地图语言,通过地图综合,将公共场所建筑物内部功能区缩小并反映在平面上的图形信息[7]
室内位置地图	面向室内位置服务的功能需求,以建筑室内空间环境为制图对象,采用特定的空间基准和符号系统抽象概括地表达室内空间环境特征及其对象分布状态,同时以室内位置为参考,根据不同需求实时动态关联和叠加室内位置相关信息的智能服务平台[24]

　　相关概念的枚举,反映了室内位置地图这一概念的演进过程:①早期,移动通信和移动终端的出现,推动了移动电子地图的发展,这一时期的主要目标是将位于非移动终端上的电子地图移植到移动终端上来。②随着位置服务的提出和发展,当移动通信和移动终端逐渐质变为移动计算[8]的模式时,地图学学者敏锐地意识到传统地图在设计、制作和应用模式上的潜在变化,于是提出了位置地图或全息位置地图等概念,旨在构建一种能够适应当代位置服务业发展需求和移动计算服务模式需要的新型地图。从位置参考、实时动态、语义一致和时空关联等关键词来看,这种地图更加强调"以人为本",具有高度的自适应水平和智能化能力。③室内位置地图是伴随位置地图研究热潮而提出的一种专门化位置地图,旨在描述和表达室内空间环境,并采用位置服务理念为人们提供室内空间信息服务。

上述分析表明，室内位置地图本身就是一个处于起步研究阶段的事物，而室内位置地图又是一种专门的位置地图。虽然不同学者已从不同角度对室内位置地图及其相关的概念进行了界定，但有必要对室内位置地图的概念进行进一步审视。

本书认为室内位置地图是一个以用户及位置为主导，人、移动终端和现实世界相互交织而形成的人机闭环整体系统，属于一种"人在回路"的信息传输模式。因此，将室内位置地图定义为在智能移动终端、定位与通信系统的支撑下，根据用户室内位置服务的需求，动态推送并表达与用户位置关联的人、事、物的空间形态、属性特征以及位置关联关系的个性化专题地图。

1.2.2 室内位置地图作为地图的特征内涵

1. 室内位置地图作为地图的共性内涵

广义上，室内位置地图是地图家族中适应当代位置服务业发展需求而发展起来的一种新型地图产品，可理解为面向室内环境表达的位置地图，是支撑室内位置服务的平台。

高俊[25]将地图定义为用符号表示地面的概括图形，它必须经过数学变换来建立在平面上。地图作为人们认识和研究客观存在的结果，可以反映各种自然、社会现象的空间分布，也可以当成人们认识和研究客观存在的工具，以获得新知识。王家耀等[26]将地图定义为空间信息的载体，根据构成地图数学基础的数学法则和构成地图内容基础的综合法则，应用符号系统将地球表面缩绘到平面上，反映各种自然和社会现象的空间分布、组合、联系及其在时间中的变化和发展。他们对地图的认知中，均包含地图的三大重要特征，即具有特定的数学法则、采用符号系统表示事物或现象以及对信息进行综合。这三个特征是地图区别于其他地表图形最基本的特征，体现了地图的本质。

1) 地图的数学法则

与传统地图采用严密投影变换确保几何数据精度一样，室内位置地图为了便于室内空间数据的获取和表达，也需通过建立局部平面坐标系或三维直角坐标系等方式，确保室内地图几何数据的精度。同时，为了实现室内外叠加和无缝导航，室内位置地图通常需要进行室内外统一空间基准的转换计算[24]。另外，室内位置地图对用户进行精确的室内定位，定位过程本身就涵盖严格的数学法则。

2) 地图的符号系统

室内位置地图可以使用多模式的可视化方式表达室内空间信息，包括二维符号、三维符号、动态符号等，移动性特征还使得其能够采用增强现实的手段进行表达。室内位置地图还可以采用更加多样化的符号化方法，例如，将品牌

logo(标志)作为店铺注记、多楼层的叠加透视表达等。此外，室内空间环境信息高度动态变化，使得其更加倾向采用实时动态的符号化方法[27]。因此，室内位置地图不仅符合传统地图的符号化特征，还在此基础上引申出了更为完备的地图表达语言和地图符号设计新问题。

3) 地图的综合方法

室内位置地图不是室内空间环境的素描或照片，而是对信息的科学提炼和有机综合，是一种概括和抽象的模型化过程。例如，室内位置地图为了满足以位置为核心提供相关服务信息的需要，通过语义位置来关联实时动态的用户感兴趣的信息；为了高精度表达室内对象的重要特征，需要根据室内对象的功能作用进行制图综合等。同时，室内位置地图表达具有实时动态特征，使得静态、预先综合等模式并不能完全满足需要，更倾向在线综合模式。

高俊[28]在地图三大基本特征的讨论上，提出了地图模式化的原则，也称地图的认识模型，意在强调地图是人们认识世界的结果，具有一定的主观性，是一个时期、一种观点条件下的认识模型，这一特征在室内位置地图设计时尤为重要。室内位置地图是人们认识室内环境的结果，它所表达内容的重要性、详细性和正确性取决于人的认识能力和技术条件。因此，室内位置地图的情境驱动、用图任务和认知感受约束，都是为了能使地图表达与实地的现场感吻合，进而建立正确的心象。

根据以上特征分析，本书认为室内位置地图在概念上符合地图的三个本质特征。

2. 室内位置地图的个性特征

除了具有三个共性特征，室内位置地图还具有自身的一些扩展，可进一步概括为以下方面。

1) 以位置为中心

以位置为中心是指以用户位置为中心关联和整合室内空间信息。通过相应的位置服务系统，可以实时地按位置提取并整合泛在信息，基于空间位置来分析和发现事物或对象之间的关联关系[8]，在合适的时间和地点，以适宜于用户特征和需求的表现方式向用户推送合适的信息。因此，室内位置地图具有位置敏感性。

2) 表达对象和表达信息

室内位置地图的表达对象和表达信息具有多样化、动态化特点。传统地图制图的对象主要是客观现实世界，而室内位置地图的表达对象已经由客观现实世界转变为以人的行为为中心所关联起来的人、物及其动态变化。表达信息主要包括室内空间环境信息(如墙体、通道、门窗等)以及泛在信息(主要包括室内人、事、物动态变化的各种信息，如室内 POI、突发事件、人流量和轨迹等)，具备多主题、多层次和多粒度等特征。

3) 制图模式

室内位置地图的制图模式可以概括为"以图适人、制用同时"。以图适人是指面向用户需求，重点描述与用户相关的信息，对于用户不感兴趣的信息则不作为制图重点。围绕用户的需求出发，要求室内位置地图系统根据用户的个性化特征，对制图信息进行筛选、过滤和分析计算，对地图表达也要进行个性化的筛选和匹配。制用同时是指将地图生成延迟至用户移动与使用的过程中，实现室内位置地图的即时生成和一次性使用。无论是技术因素(如屏幕尺寸、无线网络带宽)还是非技术因素(如用户任务、情境和状态)，室内位置地图都要求保证信息和地图表达是用户即刻需要的[29]。

4) 表达方法

室内位置地图的表达方法具有实时、动态和可交互的特点。实时性是指随时间、位置和用户需求的动态变化，室内位置地图的表达样式也要相应地发生变化，如室内外场景的切换、楼层间动态切换和个性化图层动态绘制等；可交互性包括室内位置地图的人机交互和虚实交互等，构成人对计算机交互的反馈通道。室内位置地图的表达需要对人的交互指令[声音、手势、图形用户界面(graphical user interface，GUI)等]作出即时的响应。

5) 运行支撑环境

室内位置地图运行需要特定的系统环境，包括智能移动终端(如智能手机)、室内定位系统、移动通信和移动网络等，它们共同构成一个集计算、定位和通信为一体的软硬件环境。

1.2.3 室内位置地图概念模型

现实世界作用于人脑，从而形成关于现实世界认知结果的概念模型，它是人们观念中的世界，主要表现为人们对现实世界不同类型要素的抽象与分类[30]。人们根据室内位置服务的功能需求，在大脑中形成关于室内环境及其对象特征的认知和理解结果，进而形成室内位置地图概念模型。它是室内位置地图逻辑数据模型和物理数据模型的重要基础，从而实现对现实世界室内环境由概念世界到数据世界的三级抽象层次，如图 1.2 所示。

室内位置地图概念模型主要包括室内环境中存在的各种实体集、不同实体集的结构层次、各实体集的空间和语义特征等。室内空间环境具有相对独立的特点，适合将建筑对象(Building)作为不同层次和不同类型室内对象的依托框架。建筑对象在垂直方向上划分为不同的楼层对象，楼层之间通过楼梯、电梯等设施实现连通。楼层内的对象根据功能不同分为空间单元(SpaceUnit)、通

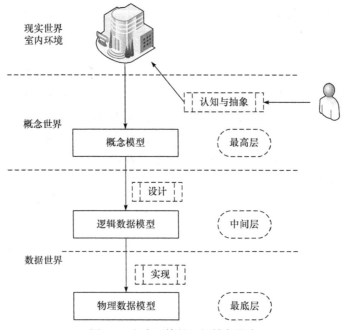

图 1.2　室内环境的三级抽象层次

行设施(TransitFacility)、服务设施(ServiceFacility)、附属设施(AncillaryFacility)四种类型，另外各个楼层还包括用于满足室内路径规划与导航的室内路径(Indoor Route)。基于以上分析，结合建筑信息模型(building information modeling，BIM)和城市地理标记语言(city geography markup language，CityGML)两种室内空间数据模型的抽象方式，将室内位置地图分为建筑对象、楼层对象(Floor)和室内对象(_Feature)三级结构。基于统一建模语言(unified modeling language，UML)的室内位置地图概念模型如图 1.3 所示。

1. 建筑对象

建筑对象是室内位置地图数据描述的总体框架，它相当于一个总容器，为建筑内部不同层次和类型的对象提供分布空间。室内位置地图主要用于表达室内空间环境，因此建筑对象并不包含具体的几何信息，主要描述建筑的标识、名称、类别和地址等语义信息。为了便于获取和处理室内位置地图空间几何数据，并保证相同建筑对象内部要素几何数据的精确性与一致性，需要以建筑物为单位建立室内平面坐标系，并将其作为该建筑内部所有对象几何数据统一遵循的平面基准。另外，为了满足室内外一体化位置服务的应用特征，还需要建立室内外位置地图统一空间基准的转换关系。

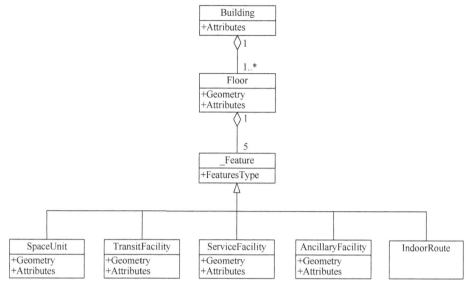

图 1.3　基于 UML 的室内位置地图概念模型

2. 楼层对象

楼层对象是建筑对象在垂直方向上划分的基本单元，每个建筑对象至少包含一个楼层对象。它相当于建筑对象的"子容器"，为该建筑物不同楼层内的对象提供分布空间。楼层之间通过楼梯、直梯和自动扶梯等通行设施实现垂直方向的连通。楼层对象抽象为面状要素，需要描述楼层的标识、层号、名称、类别和高度等语义信息。其中，建筑物不同楼层的高度信息是基于相同基准平面的相对高度，它与建筑对象的室内平面坐标系共同构成了室内三维坐标系。由于建筑对象不同楼层采用相同的平面坐标系，不同楼层垂直方向上相互叠加的室内对象具有相同的平面位置坐标。

3. 室内对象

面向室内位置服务的功能需求，借鉴 BIM、CityGML 和室内地理标记语言(indoor geography markup language，IndoorGML)三种室内空间数据模型，针对不同功能室内对象的分类方式，将楼层内的室内对象划分为空间单元、通行设施、服务设施、附属设施四种类型。不同类型的要素具备相应的空间和语义特征。

1) 空间单元

空间单元是指楼层空间在水平方向上划分的基本单元，抽象为面状要素，其边界主要是墙体、隔断等客观存在的室内对象，也可能是为了形成封闭空间而虚构的边界线等。墙体等边界抽象为线状要素，门窗等缺口抽象为具有宽度信息的点状要素，并与对应的边界建立关联关系。空间单元之间通过门等缺口或可通行的边界实现连通。

2) 通行设施

通行设施主要服务于人们在室内空间环境中的移动行为，包括楼梯、直梯、自动扶梯等跨楼层通行设施，以及传送带等楼层内通行设施。它是室内路径规划与导航的关键对象。根据通行设施的几何特征，可以将其抽象为点状、线状或面状要素，如传送带抽象为线状要素等。

3) 服务设施

服务设施主要服务于人们的各种室内活动及行为。根据建筑功能类型的不同，服务设施的具体表象会存在一定差别。例如，商场中的服务设施主要包括收银台、自动取款机(automated teller machine，ATM)等，机场的服务设施主要包括问讯处、值机台等。根据服务设施的几何特征，主要将其抽象为点状或面状要素。

4) 附属设施

附属设施主要指相对固定且在大部分建筑中广泛存在的对象，如消防设施、通风设施、电力设施以及管道设施等。室内实际存在的附属设施类型较多，但是对室内位置服务而言，需要着重选取关键对象进行表达。根据建筑附属设施的几何特征，可以将其抽象为点状、线状或面状要素，例如，管道设施可抽象为线状要素等。

4. 室内路径

室内路径是包含各个楼层对象的一种应用服务数据，用于满足室内路径规划与导航的功能需求，因此可以将其作为一种专题要素。不同于室外环境中将道路作为路径信息，室内环境中并不存在明确的路径对象。室内路径信息主要表现为可以通行的区域，通常以楼层为单位，并通过楼梯等跨楼层通行设施实现相邻楼层路径信息的关联。目前，通常将走廊中轴线建立的拓扑路网作为室内路径。

1.3　室内位置地图"人在回路"的理念

"人在回路"被定义为一个需要人参与交互的模型[31]。人在回路是建模与仿真领域的概念，强调在构建仿真系统时，把人作为仿真模型的一部分并参与仿真过程。在这类仿真中，人处于仿真系统中，不断地与其他仿真模型产生交互，实时影响事件或进程的结果，并激发新的事件或进程，如此周而复始，形成交互回路。这种仿真可以把参与者置身于模拟现实的仿真模型中，使其就像在实际场景中一样实施操作和做出决策。因此，这种仿真是一种有效的技能操作训练手段。例如，运用飞行驾驶模拟器来训练未来飞行员比使用真实的飞机进行训练具有更高的成功率和安全性。

"人在回路"的理念是把人、设备和环境之间的交互形成一个回路，并且突出人(用户)在这个回路中的主导作用，实际上是一个以人为主的"人(用户)-机(计算机系统)-物(环境)"协同的交互系统[32]。室内位置地图也是这样一种"人在回路""人-机-物"协同的交互系统，用户、室内位置地图系统及环境之间相互影响形成信息交互回路。在用户任务的驱动下，室内位置地图系统实时动态地提取需要表达的内容，经过加工处理，呈现出室内位置地图。用户通过阅读地图上的位置服务信息，认知室内环境和任务态势，并决定下一步活动，至此完成一个交互回路，通过下一步活动触发新的交互。因此，室内位置地图也是以用户的位置为主导的"人-机-物"协同作用的交互系统，如图 1.4 所示。

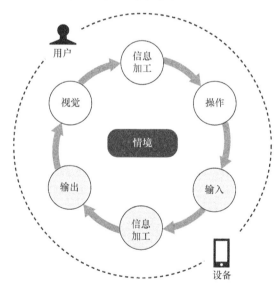

图 1.4　情境体验下的"人-机-物"协同的交互闭环[33]

在情境的驱动和影响下，用户通过视觉阅读和信息加工，构成对室内环境的认知和理解；室内位置地图系统通过相关输入设备，获取用户的手势和语音等地图操作指令，或者使用情境感知设备，自适应感知用户的状态，形成机器对当前环境的信息加工和理解，并最终体现在地图表达的动态变化上。如此，人、设备和环境共同构成了一个闭环的信息传输链路。在该"人在回路"的闭环系统中，人、机、物缺一不可。例如，人的任务和位置影响到室内位置地图表达的内容，而室内位置地图表达的内容与周边环境相结合，又影响用户对地图的认知和感受效果；人在和室内位置地图进行手势、语音等方式交流时，也会受到环境的影响。因此，只有基于用户自身状态和情境的室内位置地图，才能够给用户带来满意的体验。图 1.5 阐述了室内位置地图的人-机-环协同交互闭环系统的内在运行逻辑。

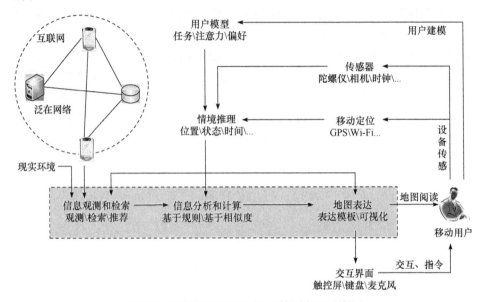

图 1.5　室内位置地图人-机-环协同交互系统[34]

(1) 室内位置地图的信息主要来自传感器对现实环境和泛在网络的观测，如实时发布的微博信息、传感器实时观测获得的数据等。信息源既可以是空间上的全方位(横向上室内室外、纵向上地上地下)，也可以是时间上的全方位(包括过去的信息、现在的信息以及所预测的未来信息)，还包括结构化和半结构化特征[12]。

(2) 室内位置地图系统和用户之间是一种人机交互协作的方式。系统一方面能够定位用户的位置，感知用户需求和状态的变化，接收用户的交互和指令；另一方面基于状态和交互指令做出相应的地图内容和表达效果的更新操作，为用户呈现最需要的空间信息。

(3) 室内位置地图系统需要一系列的上下文信息的支撑，包含时间、位置、用户需求、运动状态、系统设备等。这些情境信息的获得，一方面依赖移动定位设备、移动互联网、移动通信基础设施以及智能移动终端软硬件环境等；另一方面依赖用户模型，包括用户的注意力、偏好和任务等。

(4) 室内位置地图基于情境快速获取、处理和生成表达。该流程包含信息观测和检索、信息分析和计算、地图表达三个关键步骤。信息观测和检索过程基于位置和情境数据，通过观测、检索和推荐等技术手段，从现实环境和泛在网络中获得数据。在情境的驱动下，基于规则式或相似度对获取的环境信息进行内容分析和推理计算，构成地图动态表达所需的数据。地图表达过程则使用情境驱动表达模板和可视化技术，完成室内位置地图的绘制和输出。需要强调的是，这些过程均是实时或近实时发生的。

1.4　室内位置地图研究的内容体系框架

通过对室内位置地图概念和特征的分析，依据室内位置地图"人在回路"的理念，从地图制图的角度，本书认为室内位置地图在整个设计、表达、建模和制图过程中，涉及一系列理论和技术方法，这些构成了室内位置地图研究的内容体系框架，具体包括概念层、逻辑层、物理层和实现层，如图 1.6 所示。

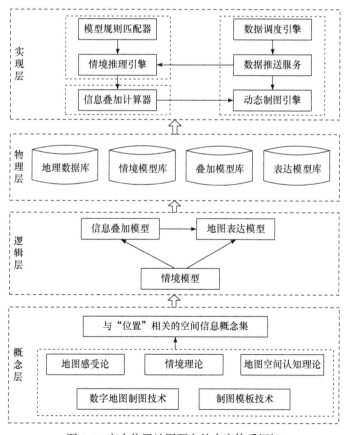

图 1.6　室内位置地图研究的内容体系框架

　　概念层：主要是以情境理论、地图空间认知理论、地图感受论等为指导，对室内位置地图的相关概念以及概念间关系进行定义，明确各理论对制图模型不同环节的指导作用，并确定空间信息概念集合的基本元素和组成。

　　逻辑层：主要负责构建情境模型、信息叠加模型和地图表达模型，在模型内部以及模型与模型之间会产生多种类型知识。情境模型是制图模型的入口，主要完成对用户活动及位置关联情境信息的建模；信息叠加模型通过对用户活动进行匹配、分解和推理，并结合其他约束条件综合选取地图叠加信息；地图表达模型包括表达内容的触发、解析以及表达等过程，其根本目的是实现表达内容的适人化、动态绘制。

　　物理层：逻辑层的各类模型通过形式化描述存储在情境模型库、叠加模型库和表达模型库中，配合地理数据库在地图实时绘制时使用，它们共同构成表达模型的物理层。

　　实现层：主要通过不同的计算机构件，包括数据调度引擎、数据推送服务、模型规则匹配器、情境推理引擎、信息叠加计算器、动态制图引擎等(每个模块的计算过程都是在各类型知识库规则的驱动下进行的)，将位置关联数据加工形成动态的室内位置地图。

　　从室内位置地图研究内容体系框架可以看出，室内位置地图建模与制图紧紧围绕用户的位置情境特征信息，以地图为信息传输载体和可视化平台，以满足用户的服务需求为目的，实现与位置相关的多源、多种类信息的有效融合，以及服务内容和服务方式的适人化。

第2章　室内位置地图空间认知特征与实验

人在室内特殊封闭环境中的认知和感受与室外有很大差异，这些差异直接影响室内位置地图的建模、表达和制图机制等各个环节。本章在阐述室内环境中地图空间认知与感受特征等理论问题的基础上，通过实验阐述锚固点理论、空间参考框架和路线分段假说与室内空间认知的关系，给出室内位置地图设计的原则和方法。

2.1　室内位置地图认知与感受特征

2.1.1　地图的认知和感受基础

1. 地图空间认知理论

在心理学中，空间认知能力被认为是一种不同于一般形象思维和抽象思维能力的特殊能力，是一种认知图形，并运用图形在头脑中的心象进行图形操作的能力[35]。地图空间认知研究人们自己赖以生存的环境，包括其中的诸事物、现象的相关位置、依存关系以及它们的变化和规律，是认知科学与地图学的交叉学科。把认知科学的方法引入地图学研究主要有两个目的[36,37]：一是弄清"地图是人类认知空间环境的结果又是人类认知空间环境的依据"的信息加工机制；二是弄清地图设计制作的思维过程并设法描述它们。地图学引入空间认知理论，有助于激发制图人员的形象思维和创造性思维，提高地图对地理环境信息进行表达的抽象性、合理性和科学性。

地图空间认知研究内容十分广泛，包括地图阅读、分析与解释等信息加工过程，空间现象及空间分布的认知模型，制图信息系统的智能化程度，视觉变量的认知和生理特点，地物形态结构与时空变化规律，地图设计制作等[38]。下面阐述最核心的研究内容。

1) 心象地图

心象地图(mental map)又称认知地图(cognitive map)，是人通过多种手段获取空间信息后，在头脑中形成的关于认知环境(空间)的抽象代替物[39]。心象地图主要是一种视觉心象，但它由许多信息源产生，包括视觉、触觉、听觉和嗅觉等感觉通道获取的知识。人们生活在一定的地理空间环境中，通过观察周围的环境，形成关于地理环境中诸事物或现象的空间结构印象。心象地图是表达空间关系和传递空间信息的有效手段。电子地图空间认知的核心是从不同的电子地图上建立心象地图，以及具有不同空间认知能力的用户在使用电子地图时的思维过程和认知策略[36]。

2) 地图的空间认知过程

地图的空间认知和人的认知具有相似的过程，包括感知过程、表象过程、记忆过程和思维过程[40]。感知过程是研究地图图形(或刺激物)作用于人的视觉器官产生对地理空间的感觉和知觉的过程；表象是在地图知觉的基础上产生的，是通过回忆、联想使在知觉基础上产生的映象再现出来，是在对过去同一事物或同类事物多次感知的基础上形成的；地图空间认知过程中的记忆可分为感觉记忆、短时记忆和长时记忆三种基本类型，还包括动态记忆和联想记忆等；思维过程则构成了地图空间认知的高级阶段，它提供了关于现实世界客观事物本质特性和空间关系的知识，是对现实世界的心象地图的反映。

2. 地图感受论

地图感受论是把生理学、心理学和心理物理学的一些理论及实验方法应用到地图学研究中而形成的现代地图学理论[40]。地图感受论的研究目的在于改进地图的设计方法，最大限度地提高地图信息的传输效率，研究塑造什么样的地图图形能更好地发挥地图内容的各种功能和作用。

经典的地图感受论的研究内容集中在地图视觉感受过程、地图视觉变量和地图视觉感受效果方面[41]。

1) 地图视觉感受过程

地图的视觉感受十分复杂，包括察觉、辨别、识别和解译四个阶段；视觉感受过程不仅受到人眼的生理机能约束(如视力敏锐度、反差敏感度和运动反应等)，还受到视觉的心理因素(如主观轮廓、视错觉、知觉恒常性等)的影响。

2) 地图视觉变量

视觉变量也称图形变量，通常是指图形符号之间可引起视觉差别的形状或色彩等图形因素的变化。地图学引入形状、方向、尺寸、色彩、亮度和密度六个基本图形视觉变量之后[42]，有关地图视觉变量的研究成为热点。特别是电子地图的出现，使得地图视觉变量朝着动态和多维的方向扩展[43]，如 MacEachren 的六个静态视觉变量[44](清晰度、模糊/朦胧、晕影、透明度、波纹、色彩饱和度)，以及动态视觉变量(发生时长、变化速率、变化次序和节奏等)、听觉变量、触觉变量和感知变量等，多变量的组合使得地图的表达形式更加丰富，也为获得更加准确的地图视觉感受提供了可能。

3) 地图视觉感受效果

地图视觉感受效果可归纳为整体感、等级感、数量感、质量感、动态感和立体感，地图视觉感受类型有联合感受、选择感受、有序感受、数量感受等。地图感受论一度为现代地图总体设计、颜色和符号设计等提供了最为直接的科学依据。

经典的地图空间认知理论和地图感受论为室内位置地图的建模与制图提供了理论基础。

2.1.2　室内位置地图空间认知特征

室内位置地图空间认知特征的研究，旨在探索复杂的室内环境中人、机、物三者之间的关系，以及人在回路中作为不同角色的变化特征、认知模式和机理，为地图设计提供理论指导。

1. 室内位置地图制图的认知影响因素

本书将影响室内位置地图制图的认知因素归纳为三个方面，即室内环境对认知的影响、室内位置地图设备和系统对认知的影响，以及室内位置地图应用模式对认知的影响。

1) 室内环境对认知的影响

首先，室内空间线索模糊，即室内风格具有一致性和场景相似性特征，使得室内通道名称缺失、室内方位描述的框架不易获得。其次，室内空间具有围合特征，使得人的视域遭受限制，切断了室内空间与室外的联系，从室外空间进入室内空间后，对室外空间的认知就难以延续在室内空间中。再次，室内空间内部的多次分隔，形成多个相对独立的更小空间，同样也阻碍了人的视线，影响了人对室内空间整体心象的构建。接着，室内空间使用相对参考框架，造成室内外空间参考框架的心理切换问题。例如，人们习惯在室外空间使用客体空间参考框架，或使用绝对方位(东南西北)来表述方向，但是在室内空间这样一种空间参考框架并不能全部得到延续。最后，室内空间的单楼层和多楼层的特点，容易造成心理旋转的认知障碍。例如，用户在进行多楼层的切换时，由于室内空间通常缺乏地标性标识，心理旋转使得用户通常难以校准方位，从而迷失方向[45]。垂直方向的楼层变换也容易使人迷失方向[46]。

2) 室内位置地图设备和系统对认知的影响

首先，室内位置地图的显示设备尺寸有限，难以建立起从整体到局部细节的清晰感觉，所形成的心象地图是有跳跃的，整体性不如大尺寸屏幕，具有一定的不完整性。其次，由于不同的移动终端色彩和分辨率的显示效果不同，相同RGB 值的显示效果和清晰度具有一定的差异性，也会对室内位置地图的认知效果产生影响，需要兼顾不同颜色、分辨率表达效果的统一。最后，基于移动终端的地图表达，其要素的呈现需要保持一定的清晰度和简洁性，需要对室内的人工要素进行一定程度的综合和简化，并保持底图要素和动态信息要素之间的层次感。

3) 室内位置地图应用模式对认知的影响

室内位置地图在表达内容、表达方式方面具有一定程度的主动推送能力，能够根据用户的偏好、位置等推算出最合适的地图表达内容和表达效果，如对关键信息的强调、对关键事件的预警等。本质上，室内位置地图具备的智能化能力，在一定程度上减轻了人们关于地图的阅读和解译等认知负担。例如，信息的主动按需筛选，减少甚至免去了干扰人们认知和决策的冗余信息；表达的偏好和个性化模板的调用，使得能够根据所记录的已有用户知识，主动推送符合该用户知识经验的地图表达形式。从这一方面讲，室内位置地图减轻了人们在地图信息处理方面的认知负荷，使得用户可以将更多的精力集中在地图关键信息的阅读和理解中。

2. 对室内位置地图制图的指导

通过对室内位置地图制图认知影响因素的分析可知，室内位置地图空间认知与室外地图相比具有明显的特殊性。尤其是大比例尺的室内空间位置、距离、方位对人的认知影响[47,48]，室内环境中人的心理旋转与空间推理方式，室内环境中移动认知模型[49]，尺度转换对认知的影响，室内地标[50]，不同呈现方式(图形、语音、震动等)的认知效果对比等，与室外地图相比差异性更加明显。

从空间认知的角度出发，室内位置地图制图需要重点关注：制图要素选取的合理性、适人化的要素表示方法以及操作系统界面的可交互设计[51]。据此，本书归纳了基于空间认知规律的室内位置地图表达的约束原则。

1) 室内位置地图定向表达约束原则

室内空间使用相对参考基准，为避免信息旋转造成的心理旋转认知延迟，室内位置地图应使用行进方向定向(track-up)和朝向定向(head-up)的表达方式，以确保用户能以较高的信息交互效率做出迅速的决策。同时，方向指示和语音提示等的设计和选择，需要考虑用户所使用符号和语言的习惯，并根据用户的空间参考框架类型设计使用相应的空间方向术语或方位符号(例如，我国北方人习惯使用东南西北绝对空间参考框架，南方人习惯使用前后左右相对空间参考框架)。

2) 室内位置地图表达内容分类分级约束原则

由于人类对事物的认知遵循整体到局部的规律，针对室内空间的尺度变化问题，可首先确定一个由边界表示的室内空间，然后对室内空间进行进一步划分；考虑到地图应用模式和动态表达的简洁性要求，以及室内要素类型和使用特征的不同, 应将制图内容按照地图个性化表达的层次进行分类分级, 筛选地图表达内容; 由于室内楼层及跨楼层特征较强, 基础要素中应重点选取表示楼梯、电梯等楼层间的通行连接要素; 专题要素应根据用户任务活动要求, 进行个性化选取。例如, 地标名称和转弯点的判断信息以及路段间的拓扑关系是导航任务中的关键信息, 应选取和保留, 而路段形状、距离和路段间的转向角度等几何信息没有太大的认知意义, 可以作化简综合处理。

3) 室内位置地图动态表达效率的约束原则

地图表达的响应时间必须满足用户环境临场实时变化(移动速度)的要求, 在人的认知感受范围内, 通常要求动态信息的更新表达时间达到秒级。因此, 室内位置地图的表达绘制必须实时动态, 这就要求必须根据用户情境的动态变化规律, 设计相应的情境驱动表达机制、地图符号模板以及与之相适应的地图动态表达图层和模板。

4) 室内位置地图符号表达的约束原则

地图通过特有的符号系统表现室内复杂的空间对象和非空间对象。人们对室内地图中的常用符号已有先验认知, 因此应尽量避免对常用符号进行重新构图, 须顾及现已约定俗成的符号惯例, 以避免引起用图者视觉上的混淆。室内位置地图实时动态的表达模式, 要求地图符号的构图简洁、易于识别和记忆, 图形形象、简单和规则, 使读者无须花费更多的认知和记忆就可感受到其内涵, 进而提高地图的传输效果。

2.1.3　室内位置地图感受特征

室内位置地图作为一个人机闭环系统, 在感受方面包含了系统对人的状态感知(如移动设备情境感知模型[52]), 以及人对室内位置地图表达效果的视听触等多通道的感知。本书主要研究后者, 为室内位置地图的表达提供视觉感受的理论支撑。

1. 感受环境

运行在智能移动终端上的室内位置地图具有自身的表达和显示特点。传统纸质地图的内容表达是多层次图形的叠加和融合, 旨在尽量提高地图的幅面载负量、传输更多信息、满足用户个性需求; 室内位置地图的显示受到屏幕的分辨率和尺寸限制, 不能同时显示很多内容, 其内容结构通常采用单任务无缝图幅的组织和浏览模式。因此, 从感受环境的角度分析, 两者在显示媒介和使用方法上存在差异。与计算机屏幕显示的电子地图相比, 室内位置地图具有下述优势和不足。

1) 优势

(1) 室内位置地图具有更加丰富的感受通道，如震动、语音、闪烁提示等。

(2) 室内位置地图表达具有主动性，其内在的情境推理、动态表达等技术使得其可以为大众(包括专业用户)主动地提供排他性的兴趣信息及其表达效果。

(3) 室内位置地图具备更加丰富的超媒体特性，集图、文、声、动画等于一体，具有丰富的主动感知和交互能力，用户可以更快、更直观地获取其所传输的室内空间信息。

2) 不足之处

(1) 室内位置地图显示尺寸和分辨率更小，使得用户对地图的全局认知受到一定影响，用户获取室内位置地图的全局认知与细节信息时存在一定的矛盾[53]。

(2) 室内位置地图的交互通常采取触控手势方式，如地图的放大、缩小、漫游等操作分别表现为手指的不同动作。与鼠标键盘操作相比，基于触控手势的操作在查询、分析等深层次的人机交互操作方面，具有更高的精度、灵活性，以及更低的出错率。

(3) 电子地图可以利用多窗口同时显示相关任务的多幅图，或者将基于同一参考系的任务图叠加；室内位置地图则更多需要进行不同显示页面的切换，用户容易在这种切换中迷失既定任务。

2. 感知变量

纸质地图的视觉变量研究，使得地图符号的设计更加规范化，一度成为地图设计的重要指导理论。电子地图继承了纸质地图视觉变量的研究基础，并在动态性和交互性方面进行了扩展，如动态视觉变量(次序、持续时间和变化速率)等。对于室内位置地图而言，智能移动终端设备功能的丰富，以及地图表达和应用模式的改进，使得其感知通道已经超越了传统视觉通道的范围，将视觉、听觉、触觉甚至是嗅觉等多感知通道纳入自身的感知体系中。多模式的感知通道使得室内位置地图的感知变量更加丰富。

感知变量是指能够引起人类多感官感受差别的各种图形、色彩、声音和触觉等因素[54]。室内位置地图的感知变量已经由视觉变量扩展为涵盖视觉变量、听觉变量和触觉变量等的全感知变量体系。合理利用移动终端的语音、震动提示等设备，能够使用户综合使用视听触等感官系统，对室内位置地图传递的信息作出更为客观、直接和快速的反应，通过更加切合人的感知方式提高地图的信息传递效率。本书基于现有的相关研究，参考文献[55]总结了室内位置地图表达的感知变量体系，如表 2.1 所示。

表 2.1　室内位置地图表达的感知变量体系

变量体系			指标
视觉变量	静态视觉变量	基本	形状、尺寸、色彩、方向、亮度、密度
		扩展	清晰度、模糊、透明度、波纹、色彩饱和度
	动态视觉变量		时刻、持续时间、频率、顺序、变化率和同步
听觉变量			响度(音量)、频率、持续时间、声源位置、音色
触觉变量			触碰力度、震动频率、震动时间、触碰点

　　多模式感知变量体系，使得室内位置地图的感受已经由视觉感受演变为包括视觉、听觉、触觉等的全方位感受，如实景与地图对照法、示意图法、弹出式文字标注法、目标动态强调法、震动提示法、语音提示法等，如图 2.1 所示。例如，语音提示法使用户在不便于看图时也同样可以获取所需信息，目标动态强调法则能够迅速引起用户注意，方便用户及时把握目标信息[56]。

(a) 实景与地图对照法

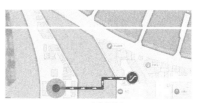
(b) 示意图法

(c) 弹出式文字标注法

图 2.1　基于多模式感知变量的室内位置地图表达示例(见彩图)

3. 对室内位置地图设计的指导原则

　　基于室内位置地图的感知环境和感知变量，室内位置地图的设计可遵循以下原则。

1) 室内位置地图视觉层次结构感受原则

为了突出表达专题内容，应遵循格式塔图形与背景原则，采用颜色对比、尺寸对比、形状对比等方式，处理好整个地图图面的层次结构，突出专题图层和专题内容。例如，专题图层的内容表达，推荐采用颜色艳、亮度大、动态性强的视觉变量，以及听觉、触觉变量等。

2) 室内位置地图符号易感受原则

室内位置地图符号应简洁、明了、形象，使读者能快速辨别其内涵，因此表达定性要素时要尽量采用形状或颜色变量，表达定量要素时要尽量采用尺寸或亮度变量。同时，可利用视觉变量的组合，体现符号的构图和符号之间的差别，例如，使用商标图形和名称文字注记相结合的符号表示室内商家或店铺。

3) 室内位置地图色彩对比感受原则

色彩能提高室内位置地图的视觉感受和传输效果。为了使地图层次分明、方便快速阅读，底图内容颜色要浅淡，专题内容颜色要明亮突出。同时，考虑色彩感知的心理效应，需根据用户的年龄、性别、性格进行地图色彩的搭配，例如，儿童喜欢高调亮色、跳跃色，老年人喜欢清淡柔和色等。调动读者的愉快情绪和阅读兴趣，使地图达到良好的感情效果和心理效应[57]。

4) 室内位置地图表达效果感受原则

根据用户的情境及时调整地图的渲染主题和风格，使读者在鲜明、强烈的地图主题氛围内有兴致地浏览，主动地接受、汲取和理解，从而产生理想的感受效果。

2.2　空间锚固点与室内位置地图认知实验

2.2.1　锚固点理论

锚固点是一种空间信息的参考点，在人类空间认知中发挥了重要作用，是人们寻路和判断距离的基础[58]。锚固点与地标的概念有着相似之处，并且其中蕴含着层次认知的思想。

城市意象理论认为地标是观察者的外部观察参考点，是在尺度上变化多端的简单物质元素[59]。地标是那些在关键特征方面具有唯一性或具有令人难忘的显著特征的元素。地标趋向于共同的、大众的，而锚固点强调的是个性的、认知的。尽管某些情况下认知地图的锚固点也被看成地标，但是锚固点(如某个人的家和工作的位置)在多数情况下强调个性化特征；地标是实际的空间知识，而锚固点被认为除具有认知功能外，还能帮助组成空间知识、促进导航任务、估计距离和方向等；地标是具体的、视觉的线索，而锚固点是更加抽象的要素(如一条河或者整个城市在认知地图的局部层次中)。总体来说，可以认为锚固点是个人的、经过多方位处理加工的、偶尔抽象的特征，可能与地标一致，也可能不一致[60]。

2.2.2　锚固点实验

1. 实验目的

根据 2.2.1 节的分析，针对具有线索模糊性特点的室内空间，锚固点由于能够提供空间认知的"骨架"，成为解决这一问题的有效方法。本实验基于锚固点理论，假设不同室内空间要素对室内空间认知的重要程度是不同的，根据室内要素的熟悉程度或显著等级对室内锚固点进行分级，级别高的优先表达。实验目的是找到室内空间的锚固点，确定室内空间认知锚固点级别，并抽象室内锚固点原则。

2. 实验方法

以商铺为例，让被试者借助室内地图实现从商场室内某点 A 到达某点 B，之后让被试者指出，在这个过程中他认为对他较重要的商铺。统计每个商铺被指出的次数并进行聚类分析，得到较重要的商铺，即级别较高、需要在地图中优先表达的锚固点。进一步分析为什么被试者能够记住这些商铺使之成为锚固点。可以作为锚固点的地物，必然是在直觉和象征性上突出的、人们与其特征相互作用密切的、位于寻路决定点附近的、在人的生活中有重要意义的[61]。因而在实验中把商铺作为锚固点的原因归结为以下四点：①商铺品牌熟悉；②商铺门面设计醒目；③地理位置明显；④其他。实验中同时统计了沿途经过的交通设施的被记忆情况，原因由被试者按实际情况填写以便于简单分析。

实验时间是 2013 年 11 月，地点是郑州中原万达广场。随机挑选顾客作为被试者，共有 51 名被试者参与了本次实验。

3. 实验步骤

(1) 请被试者填写基本信息，包括年龄、性别、对万达广场的熟悉程度。

(2) 请被试者学习下面的万达广场一层室内地图(图 2.2)，告知被试者的任务是按照图中所示路线从起点到达终点。

(3) 被试者按规定路线到达终点后，请被试者确定在此任务中对其较重要或留下记忆的商铺，或其他重要的非商铺地物，并说明原因。问卷中将路线经过的 36 家商铺全部列出。

实验的引导语为：请您仔细阅读这张室内地图，这就是我们所在的万达广场一层的室内地图。将我们现在的位置，即商铺肯德基或哈根达斯附近作为起始点，终点是商铺星巴克或酷动数码。现在请学习这张地图并且记忆图中规划好的路线。稍后请您按照这条路线由起点出发到达终点。请您确定学习好了就出发。

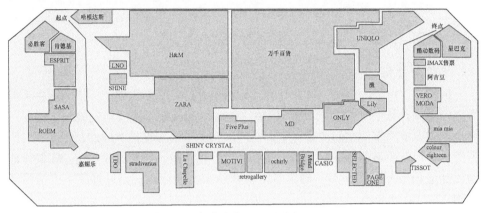

图 2.2　实验路线图(万达广场一层)

2.2.3　锚固点实验结果与分析

空间锚固点实验结果如表 2.2 所示。其中原因可以多选，按实际情况选填，因此原因总和与选择次数并不是完全对应的。

表 2.2　空间锚固点实验结果

编号	商铺名称	选择次数	原因：①商铺品牌熟悉；②商铺门面设计醒目；③地理位置明显；④其他			
			①	②	③	④
1	哈根达斯	39	26	4	16	0
2	必胜客	31	22	0	10	1
3	肯德基	42	32	8	12	2
4	H&M	24	14	1	10	1
5	ESPRIT	11	6	2	5	0
6	LNO	1	0	1	0	0
7	SHINE	6	2	2	2	1
8	SASA	21	6	6	6	4
9	ROEM	8	3	4	3	1
10	嘉媚乐	4	0	0	3	1
11	I DO	32	13	16	4	1
12	stradivarius	2	2	0	0	0

续表

编号	商铺名称	选择次数	原因：①商铺品牌熟悉；②商铺门面设计醒目；③地理位置明显；④其他			
			①	②	③	④
13	La Chapelle	15	13	3	2	1
14	ZARA	30	15	9	12	0
15	SHINY CRYSTAL	3	0	1	2	2
16	MOTIVI	1	0	0	0	1
17	Five Plus	21	14	7	2	0
18	retrogallery	1	0	1	0	0
19	ochirly	15	14	3	3	0
20	MD	2	0	2	0	0
21	Mind Bridge	8	2	5	1	0
22	CASIO	22	18	3	2	4
23	SELECTED	8	4	1	4	0
24	PAGE ONE	5	1	2	2	0
25	TISSOT	8	3	0	4	1
26	colour eighteen	3	0	2	1	0
27	ONLY	30	20	4	8	3
28	mia mia	11	2	5	4	0
29	VERO MODA	13	10	1	2	0
30	Lily	8	5	1	4	0
31	阿吉豆	7	2	2	1	2
32	渔	10	2	7	1	3
33	IMAX 售票	23	12	7	8	2
34	UNIQLO	28	15	5	10	2
35	酷动数码	12	4	3	5	2
36	星巴克	32	22	4	14	2
选择原因总计			304	122	163	40

编号	其他地物	选择次数	原因(被试者补充)			
37	扶梯 1	24				
38	扶梯 2	7				

续表

编号	其他地物	选择次数	原因(被试者补充)
39	扶梯 3	11	
40	扶梯 4	16	
41	直梯 1	16	
42	直梯 2	9	

1. 聚类分级确定锚固点

分层(系统)聚类树状图表明了每一步中被合并的类及系数值,即把各类之间的距离转换成数值 1～25。反映聚类全过程的树形图是最后确定分类结果的一种重要手段。分层聚类不给出确定的分类结果,最后的分类结果需要用户根据研究对象和研究目的自己确定。判断方法是用一根垂直的直线贯穿树状图,与该直线相交的每根横线就是一类,与这根横线相连的观测量就是属于这一类的成员。分类的主要原则就是确保组间距尽量大。组间距代表了各类之间的差异程度,组间距越大,各组之间特征差别越明显,分类越合理。使用 SPSS 统计软件对 36 家商铺使用分层(系统)聚类进行聚类分析,得到树状图(图 2.3) [62]。

根据树状图,将商铺分成三类或两类都比较合理,分成三类(三级)的结果如表 2.3 所示。表中列明商铺编号及名称,其后括号内的数字是该商铺被选择的总次数。一级、二级可视为空间锚固点,在地图设计中应突出或者优先表达。

表 2.3　锚固点列表

级别	商铺编号及名称(排名有先后)
一级	3 肯德基(42)、1 哈根达斯(39)
二级	11 I DO(32)、36 星巴克(32)、2 必胜客(31)、14 ZARA(30)、27 ONLY(30)、34 UNIQLO(28)、4 H&M(24)、33 IMAX 售票(23)、22 CASIO(22)、8 SASA(21)、17 Five Plus(21)
三级	13 La Chapelle(15)、19 ochirly(15)、29 VERO MODA(13)、35 酷动数码(12)、5 ESPRIT(11)、28 mia mia(11)、32 渔(10)、25 TISSOT(8)、30 Lily(8)、9 ROEM(8)、21 Mind Bridge(8)、23 SELECTED(8)、31 阿吉豆(7)、7 SHINE(6)、24 PAGE ONE(5)、10 嘉媚乐(4)、26 colour eighteen(3)、15 SHINY CRYSTAL(3)、12 stradivarius(2)、20 MD(2)、16 MOTIVI(1)、18 retrogallery(1)、6 LNO(1)

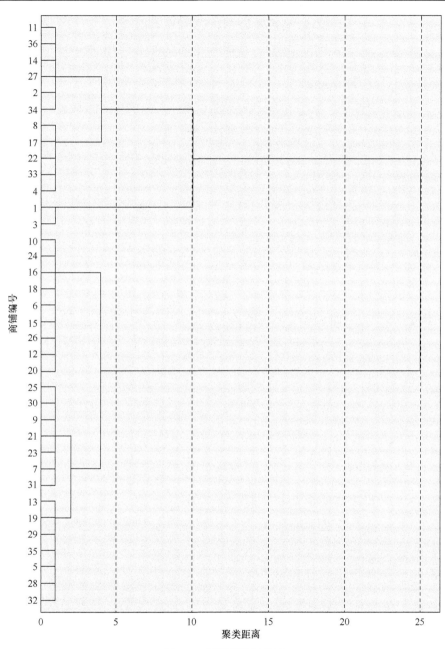

图 2.3　系统聚类树状图

2. 地物分类分析讨论

将所有商铺分为三类：餐饮类、服装类和生活类。商铺及沿途设施分类实验结果统计如表 2.4 所示。

表2.4　商铺及沿途设施分类实验结果统计

(a) 餐饮类

商铺编号	商铺名称	选择次数	原因：①商铺品牌熟悉；②商铺门面设计醒目；③地理位置明显；④其他			
			①	②	③	④
1	哈根达斯	39	26	4	16	0
2	必胜客	31	22	0	10	1
3	肯德基	42	32	8	12	2
36	星巴克	32	22	4	14	2
餐饮类选择总数		144	①总计102	②总计16	③总计52	④总计5
餐饮类选择平均数		36				

(b) 服装类

商铺编号	商铺名称	选择次数	原因：①商铺品牌熟悉；②商铺门面设计醒目；③地理位置明显；④其他			
			①	②	③	④
4	H&M	24	14	1	10	1
5	ESPRIT	11	6	2	5	0
9	ROEM	8	3	4	3	1
12	stradivarius	2	2	0	0	0
13	La Chapelle	15	13	3	2	1
14	ZARA	30	15	9	12	0
16	MOTIVI	1	0	0	0	1
17	Five Plus	21	14	7	2	0
18	retrogallery	1	0	1	0	0
19	ochirly	15	14	3	3	0
20	MD	2	0	2	0	0
21	Mind Bridge	8	2	5	1	0
23	SELECTED	8	4	1	4	0
24	PAGE ONE	5	1	2	2	0
26	colour eighteen	3	0	2	1	0
27	ONLY	30	20	4	8	3
28	mia mia	11	2	5	4	0
29	VERO MODA	13	10	1	2	0

续表

商铺编号	商铺名称	选择次数	原因：①商铺品牌熟悉；②商铺门面设计醒目；③地理位置明显；④其他			
			①	②	③	④
30	Lily	8	5	1	4	0
32	渔	10	2	7	1	3
34	UNIQLO	28	15	5	10	2
服装类选择总数	256		①总计 142	②总计 65	③总计 74	④总计 12
服装类选择平均数	12.19					

(c) 生活类

商铺编号	商铺名称	选择次数	原因：①商铺品牌熟悉；②商铺门面设计醒目；③地理位置明显；④其他			
			①	②	③	④
6	LNO	1	0	1	0	0
7	SHINE	6	2	2	2	1
8	SASA	21	6	6	6	4
10	嘉媚乐	4	0	0	3	1
11	I DO	32	13	16	4	4
15	SHINY CRYSTAL	3	0	1	2	2
22	CASIO	22	18	3	2	4
25	TISSOT	8	3	0	4	1
31	阿吉豆	7	2	2	1	2
33	IMAX 售票	23	12	7	8	2
35	酷动数码	12	4	3	5	2
生活类选择总数	139		①总计 60	②总计 41	③总计 37	④总计 23
生活类选择平均数	12.64					

(d) 设施

编号	其他地物	选择次数
37	扶梯 1	24
38	扶梯 2	7
39	扶梯 3	11
40	扶梯 4	16

续表

编号	其他地物	选择次数
41	直梯 1	16
42	直梯 2	9
设施选择总数	83	
设施选择平均数	13.83	

锚固点中餐饮类商铺 4 家、服装类商铺 5 家、生活类商铺 4 家，各自所占的比例如图 2.4 所示。

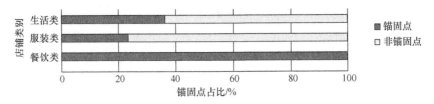

图 2.4　各类商铺中锚固点所占比例

从选择平均数和各类商铺锚固点所占比例可以看出，餐饮类最受关注，远远高于其他类，然后是生活类和服装类商铺。

3. 选择原因分析

1) 商铺总体原因分析

下面将对被试者选择商铺的总体原因进行分析，锚固点选择原因统计结果如图 2.5 所示。

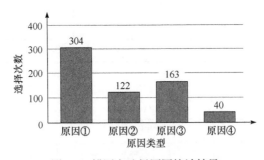

图 2.5　锚固点选择原因统计结果

图 2.5 说明对商铺品牌熟悉是最重要的原因；其次是商铺的地理位置明显，这一点会在后面进一步分析；然后是商铺门面设计醒目；最后是其他原因，即被试者补充其他地物的主要原因是关注和喜爱等。

2) 设施原因分析

设施不像商铺有自己的品牌名称、门面设计等，不存在商铺品牌熟悉、商铺门面设计醒目等原因，因此在实验中并没有给出备选原因，由用户自己填写。统计问卷发现，用户选择设施的原因可以归结为两点：设施所在位置醒目和用户本身对环境较熟悉，知道该处有电梯，总而言之是位置和熟悉。

统计问卷结果可以发现，扶梯 1 与扶梯 4 选择次数明显高于其他设施，再反观问卷中用户填写的原因，扶梯 1 与扶梯 4 位于广场两个主要出入口处，被试者进出广场都会经过这两个扶梯，直梯 1 位于广场的中庭，被试者上下楼层通常会搭乘直梯，位置的特殊性使得它们更易于被被试者认知和记忆。

4. 地理位置影响分析

地理位置明显属于客观原因，而其他原因都比较主观，与个人情况有关，因而对原因③进行单独分析。采用 SPSS 软件对原因③进行快速聚类(其中 $K=2$，即分为两类)，如表 2.5 所示。原因③快速聚类分级结果如表 2.6 所示。

表 2.5　原因③快速聚类成员表

商铺编号	聚类	距离
1	1	4.889
2	1	1.111
3	1	0.889
4	1	1.111
5	2	2.667
6	2	2.333
7	2	0.333
8	2	3.667
9	2	0.667
10	2	0.667
11	2	1.667
12	2	2.333
13	2	0.333
14	1	0.889
15	2	0.333
16	2	2.333

续表

商铺编号	聚类	距离
17	2	0.333
18	2	2.333
19	2	0.667
20	2	2.333
21	2	1.333
22	2	0.333
23	2	1.667
24	2	0.333
25	2	1.667
26	2	1.333
27	1	3.111
28	2	1.667
29	2	0.333
30	2	1.667
31	2	1.333
32	2	1.333
33	1	3.111
34	1	1.111
35	2	2.667
36	1	2.889

表 2.6　原因③快速聚类分级结果

类别	商铺编号及名称
重要	1 哈根达斯、2 必胜客、3 肯德基、4 H&M、14 ZARA、27 ONLY、33 IMAX 售票、34 UNIQLO、36 星巴克
次要	其余 27 家商铺

图 2.6 中标明了这 9 家商铺的分布情况，用圆圈圈出 9 家商铺。由图中可见，哈根达斯、必胜客、肯德基和星巴克这 4 家商铺本身位置关键，前三家位于起点，第四家位于终点，被试者在学习地图时会将地图与实地环境进行对照，对这四家店铺予以较多关注；H&M 门口、ZARA 门口、ONLY、IMAX 售票、UNIQLO 则全部位于路线转弯处。

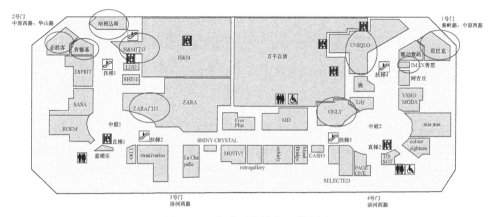

图 2.6 9 家重要商铺位置分布图

5. 实验总结及对地图设计影响

(1) 个人对地物的熟悉程度是锚固点的首要选取条件。这里的熟悉程度有两层含义：第一层含义是用户对该地物本身十分熟悉，经常到访；第二层含义是用户之前对同类地物十分熟悉，对当前室内空间不熟悉，但当前空间内的该地物仍然能够成为锚固点。以实验中的商铺肯德基为例，被试者对肯德基耳熟能详，但是有可能是第一次来到万达广场，在陌生的室内空间中，之前熟悉的肯德基商铺很容易被用户记忆，成为其认知当前室内空间的重要参考点，也就是锚固点。

(2) 在不同类别的地物中，饮食类商铺得到了更多关注，是锚固点的优先选取对象，说明大多数被试者到商场的主要目的之一可能是吃饭；其次是室内的重要交通设施，说明室内交通设施是人们在室内空间移动的重要节点，因而受到较多关注。

(3) 路线关键点处地物是锚固点的优先选取对象。这里的关键点主要是指起始点、途径的转折点等。这点与人们认知室外空间的方式是相同的。

(4) 商铺本身的设计虽然对形成锚固点影响并不突出，但还是有一定的规律可循。商铺名称是一个关键因素，除了熟悉程度较高的商铺，对于大多数被试者而言，冗长、意义不明确的英文名称很难记忆。另外，有特色名称的商铺更容易得到关注，例如，有被试者反映"渔"商铺在店面上使用的是繁体字，因具有明显的中国元素而被记忆。对于成为锚固点的商铺"I DO"，很多被试者反映是因为喜欢其名称，并且简洁易懂。

在室内地图设计中，锚固点为地图内容的选取提供了参考依据。在图幅载负量较小时，优先表达锚固点；在图幅载负量允许的情况下，表示全部内容时，则突出表达锚固点。这一设计原则可以帮助用户对室内空间建立一个整体的认知，形成空间"骨架"。

2.3 空间参考框架与室内位置地图认知实验

2.3.1 空间参考框架

空间认知中的重要内容就是事物、现象的相关位置、空间分布、依存关系等。但是不论在室内空间还是室外空间，人们平常所说的"位置"都是要在一个特定的空间参考框架中才有意义，事物之间相对的位置关系才是准确的。不同的空间参考框架对同一事物会产生不同的描述方式，因此空间记忆中物体位置与空间关系的心理表征也需要选择特定的空间参照系。

空间参考框架是研究空间方位关系、确定地理实体的空间位置、进行定性推理和路径寻找的基础[63]。Klatzky[64]将空间参考框架分为自我参照系和客体参照系两种。自我参照系是指其他地物的方位是相对观察者而言的，例如，某物在观察者的左边，那么当观察者在原地进行 180° 旋转之后，该物对于这个观察者来说就在他的右边了。客体参照系则以其他客体为基准，只要该物与作为基准的客体的相对位置不变，就视该物的大致方位不变，而与观察者的情况无关。在自我参照系中，观察者本身就是坐标系中的原点，如果观察者方位发生变化，那么其他要素的方位描述方式也随之变化。

人们在日常交流中，室内外使用不同语言描述事物位置，就是因为人们会不自觉地按照各自的习惯模式使用空间参考框架，因而空间参考框架问题得到了语言学者的关注。在利用空间语言对空间参考框架的研究中[65]，影响最大的是英国学者 Levinson。他花费近二十年的时间研究了不同语言在空间表达上的差异，空间参考框架的选择问题是其研究的一个重要方面。他将不同语言中描述方位关系时所依据的参考框架归纳为三种：相对空间参考框架、固定空间参考框架和绝对空间参考框架。相对空间参考框架也就是自我空间参考框架，它主要对上述客体参照系进行了进一步划分，也就是将客体参照系分为了固定空间参考框架和绝对空间参考框架。固定空间参考框架和绝对空间参考框架都是使用客体作为参照基准，不同之处在于固定空间参考框架可以使用任意客体，而绝对空间参考框架则将作为基准参照的客体特指为地球，在地球表面选择真北或者磁北作为北向，根据投影确定东南西北。因此，绝对空间参考框架在任何情况下都不受观察者影响。三种空间参考框架对比如表 2.7 所示[66]。

表 2.7　三种空间参考框架对比

旋转变化情况	自我空间参考框架	客体空间参考框架	
	相对空间参考框架	固定空间参考框架	绝对空间参考框架
是否随观察者旋转变化	是	否	否
是否随客体旋转变化	否	是	否

在室外空间认知中人们常用的是客体空间参考框架，北方人较南方人更习惯使用绝对空间参考框架，通常在描述方位时使用"向南走""往东转""路北"等语言。室内空间围合使其与室外空间"隔绝"，人对室外空间的认知难以延续到室内中。那么在室内小尺度空间中，人们究竟倾向使用哪种空间参考框架来认知空间呢？下面通过实验来分析。

2.3.2　空间参考框架实验

1. 实验目的

人们在空间认知中使用的空间参考框架有自我空间参考框架(相对空间参考框架或主观空间参考框架)和客体空间参考框架两种，其中客体空间参考框架分为绝对空间参考框架和固定空间参考框架两种。在此设计实验，目的是确定人在室内空间使用空间参考框架的规律。

2. 实验方法

在室内空间，提供给被试者一张室内地图(该图即为当前室内空间的地图，与实际情况相对应)，请被试者记忆图中所画的路线。之后引导被试者旋转方向，让他画出刚才的路线，若被试者根据左右相对应来画路线图则说明他使用的是相对空间参考框架，若被试者根据绝对方向来画路线图则说明他使用的是客体空间参考框架。

实验时间是 2013 年 11 月，实验地点位于郑州中原万达广场。随机挑选顾客作为被试者。

3. 实验步骤

(1) 在室内空间锚固点实验后马上进行空间参考框架实验，具体地点为锚固点实验的终点处。在用户完成锚固点实验后，用户再次学习地图时面朝北方向，即与地图一致，让其记忆路线。

(2) 引导被试者调转方向，即分别面朝店铺 UNIQLO 与阿吉豆，让其在纸上画出记忆的路线。即被试者在商铺酷动数码门口，面向北方学习地图，之后引导他面向商铺 UNIQLO，画认知地图，然后引导他面向商铺阿吉豆，再画认知地图。

实验引导语为：请您和我面朝同一方向站立，再次阅读这张室内地图，我们现在的位置在酷动数码旁边，现在面朝的方向与这张地图是完全契合的，请您再次学习刚才走过的路线，尽量记忆。现在请您和我一起面向 UNIQLO，请您画出刚才走过的路线。再请您跟我一起面向阿吉豆，请您再次画出路线。

引导语中使用"面向某某商铺"的语言描述方式，避免出现敏感的方向词汇，能够在被试者不察觉的情况下，考察其使用空间参考框架的情况。

2.3.3　空间参考框架实验结果与分析

1. 空间参考框架实验结果说明

实验原图如图 2.2 所示，地图中按照惯例其方向为上北下南。面向 UNIQLO 的实地情况如图 2.7 所示，图中箭头表示被试者本身面朝的方向。

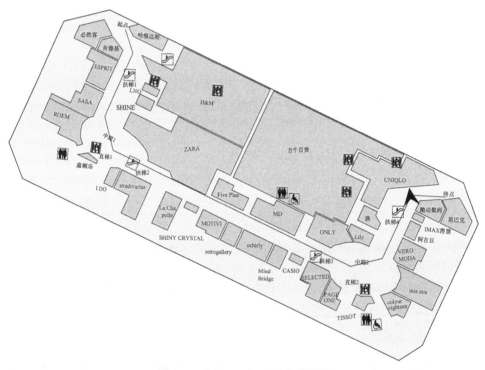

图 2.7　面向 UNIQLO 的实地情况

面向阿吉豆后的实地情况如图 2.8 所示(图中箭头表示被试者方位及面朝方向)。

1) 实验结果预计

若被试者使用的是自我空间参考框架，即他没有考虑到自己在实地已经进行

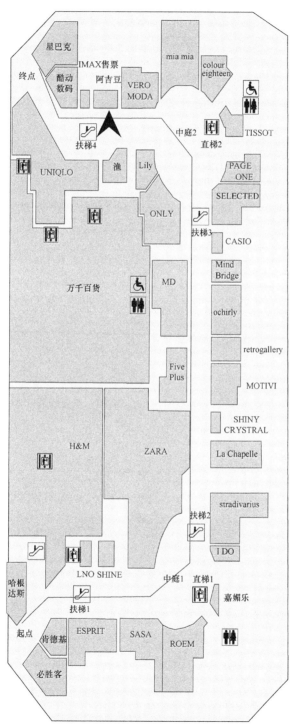

图 2.8　面向阿吉豆的实地情况

了方向旋转，在记忆路线时仍然是以自己的左右为基准，那么他两次所画的认知地图应该相同。在实验中，由于两次认知地图完全相同，有些被试者就只画了一个认知地图，表示第二个认知地图与第一个完全相同。

若被试者使用的是客体空间参考框架，也就是说用户意识到自己在实地已经进行了方向旋转，那么他两次所画的认知地图应该不同，分别与图 2.7 和图 2.8 中路线走势一致。

2) 认知地图的正误

被试者所画的认知地图使用的是自我空间参考框架，或者是客体空间参考框架，其实都是合理的、正确的。自我空间参考框架认知草图如图 2.9 所示，客体空间参考框架认知草图如图 2.10 所示。实验只要求被试者画出认知地图大概轮廓，达到能够分辨其使用的空间参考框架的目的即可，因而对详略程度与准

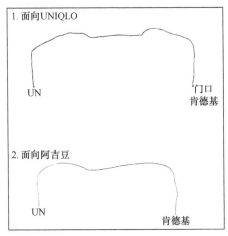

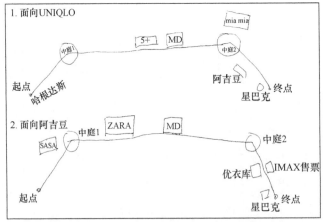

图 2.9　自我空间参考框架认知草图

UNIQLO 标注为优衣库、UN(被试者个人认知不同)；Five Plus 标注为 5+

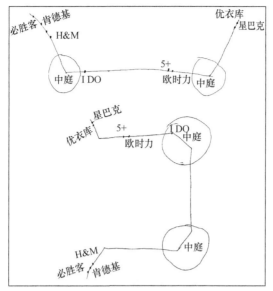

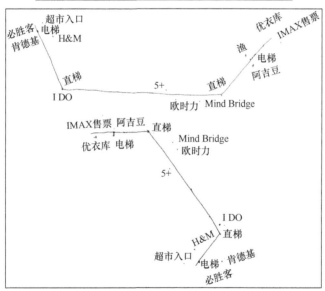

图 2.10　客体空间参考框架认知草图

UNIQLO 标注为优衣库；Five Plus 标注为 5+；ochirly 标注为欧时力

确性等并无要求。但是如果被试者所画的认知地图中，路线走势与两种空间参考框架中的相对位置关系都不相符，那么视为错误。如图 2.11 所示，(a)为使用自我空间参考框架认知错误，(b)为使用客体空间参考框架认知错误。由于旋转角度并不规则，在画路线草图时角度大致正确即可。图 2.9～图 2.11 为被试者手绘，为清晰展现，本书将图中文字进行了规范。

(a) 自我空间参考框架

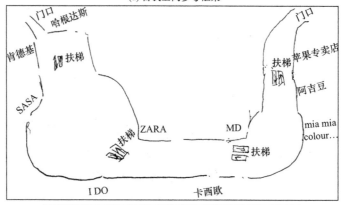

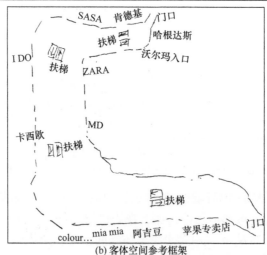

(b) 客体空间参考框架

图 2.11 被试者认知错误例图

CASIO 标注为卡西欧

2. 空间参考框架实验总体结果

本次实验共发出问卷 51 份，其中回收有效问卷 47 份。总体统计结果如表 2.8 所示。

表 2.8　室内空间参考框架实验统计结果

数量和性别	空间参考框架	
	客体空间参考框架	自我空间参考框架
47 人(男 22；女 25)	13	34

47 份有效问卷总体及正误情况如图 2.12 所示。使用自我空间参考框架的 34 名被试者中，27 人空间认知正确，7 人空间认知错误；使用客体空间参考框架的 13 名被试者中，4 人空间认知正确，9 人空间认知错误。

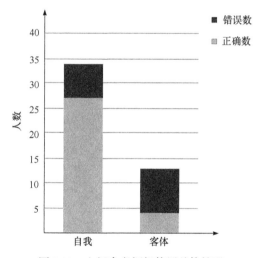

图 2.12　空间参考框架使用总体情况

3. 空间参考框架实验结果分析

1) 总体结果

实验结果表明，更多的人习惯在室内使用自我空间参考框架，并且自我空间参考框架正确率高于客体空间参考框架，说明自我空间参考框架更加符合人在室内的认知。对使用客体空间参考框架的 13 名被试者是否知道绝对方向进行了统计，统计结果如表 2.9 所示。可见 13 名被试者中只有 1 人明确知道绝对方向，从而可知人们在室内空间并不是清晰地了解东南西北绝对方向。因此可以得出结论，即使室内有少部分人使用客体空间参考框架，这些人中绝大多数使用的也只是固定空间参考框架，而不是绝对空间参考框架。

表 2.9　　被试者绝对方向认知情况

您在室内空间是否知道方向(绝对)	一直清楚知道	偶尔知道	一直不知道
人数	1	9	3

2) 性别差异

男女使用空间参考框架的正确率如图 2.13 所示。在 22 名男性被试者中，17 人空间认知正确，5 人空间认知错误；在 25 名女性被试者中，14 人空间认知正确，11 人空间认知错误。由图可见，男性在建立空间参考框架时正确率更高，空间认知能力强于女性。

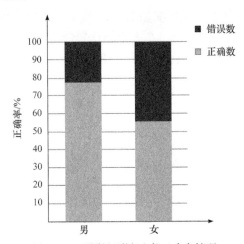

图 2.13　　不同性别被试者正确率情况

4. 空间参考框架对地图设计的影响

本实验针对室内空间围合因素对室内空间认知的影响展开。人们从室外空间进入围合的室内空间，就是从大尺度空间进入小尺度空间，通常会觉得空间环境突然转换并且差异感强烈。造成这种差异感，一个很重要的方面就是人们不自觉地进行了空间参考框架的转换，人在室外空间的认知情况没有延续到室内空间。实验结果表明，人们在室内空间通常使用的是自我空间参考框架。少数人使用的是客体空间参考框架，使用客体空间参考框架的人中大多数使用的是固定空间参考框架，而不是绝对空间参考框架。

这种认知习惯与人在室外空间截然相反。因此在室内地图的设计中，应使用符合这种认知习惯的自我空间参考框架，如地图并不是传统的上北下南固定的方式，而是一直与用户的视线保持一致，用户的面朝方向与地图的上方始终要保持一致，即地图随着用户的旋转进行相应旋转。另外，在室内外空间转换的地图设计中，需要对绝对方向进行提示，以帮助用户完成空间参考框架的转换。

2.4　空间路线分段与室内位置地图认知实验

2.4.1　路线分段假说与建筑平面易识别性

路线分段假说认为，人们在判断距离时会把一条路线分成若干个环节并以各个环节的边界作为一系列启发点。当路线上的环境信息以环节为单位储存在记忆中时，将大大提高认知的效率[58]。例如，一条路线需要通过多个路口，那么这些路口就容易被人们作为路线的分段界限，人们将该路线按照界限来分段记忆。路线中需要经过的道路交叉口、桥梁、转弯处、楼梯等是路线分段时常用的界线。Hanyu 等[67]通过研究证实了路线分段假说的合理性，即人们的确会把一条路的空间信息分成若干段落，并以段落作为启发点来估计距离[61]。在室内空间，由于连通关系复杂，分段记忆无疑是一个很好的解决方法，但是路线中会存在多处楼层转换、转弯等，究竟如何分段、分多少段较为合适？为此本书借助度量建筑平面复杂性值的方法来度量室内路线，并进行实验验证。

关于建筑平面易识别性，O'neill 对其进行了考察，认为建筑平面的拓扑关系(客观物质特点)能够影响认知地图的形成，继而影响寻路者的寻路行为。O'neill 试图把物质特点、心理过程和实际行为结合起来进行研究，并提出了建筑平面拓扑复杂性的概念和计算方法。室内空间各个点的重要、复杂程度是不同的，那些具有两个以上选择方向来让寻路者判别的位置，就是室内空间的关键点，也就是需要对路线做出选择的位置。对寻路者而言，在这些位置的决策直接影响其路线的走向。寻路者如果多次经过这些点进行路线决策，那么这些点就会成为他心象地图中的标志点，被重点感知、记忆存储。这些决策点以及与它们连通的路径就形成拓扑网络，这就是寻路者的合理路线[68]。计算建筑平面拓扑复杂性的方法称为互相连接密度(inter-connection density，ICD)测量。ICD 值代表建筑室内各选择点之间可通行的路径数量。ICD 值的计算方法是：首先算出与每一选择点连接的其他点的数量，得出每一个点的 ICD 值，然后将各点的 ICD 值相加，除以选择点的数目，即得出建筑每层平面的 ICD 值(拓扑关系复杂的平面计算还需要进一步探讨)，它为研究室内空间路线连通提供了参考。

以图 2.14 为例计算 ICD 值。各点的 ICD 值分别为：$A = 2$、$B = 2$、$C = 3$、$D = 3$、$E = 2$、$F = 2$，相加得到 6 个点的总 ICD 值；将总 ICD 值除以 6 得到该平面的 ICD 值，计算公

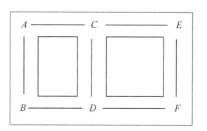

图 2.14　建筑平面 ICD 值计算举例

式为

$$ICD = \frac{ICD_A + ICD_B + ICD_C + ICD_D + ICD_E + ICD_F}{6} = \frac{14}{6} = 2.33 \qquad (2.1)$$

2.4.2 空间路线分段实验

1. 实验目的

依据路线分段假说，人们会倾向把能够通向多个方向道路的路口，如十字路口作为界限，把路线分为若干个片段来记忆。本节设计实验，希望得到在室内空间分段记忆导航路线。根据建筑平面 ICD 值定义路线 ICD 值，根据路线 ICD 值确定路线分段原则。设计不同 ICD 值的线路，通过问卷调查得到每个 ICD 值路线最佳分段数量。实验的最终目的是确定室内导航路线的分段数量原则，得到 ICD 值与分段数的函数关系，以便根据 ICD 值来设计地图导航路线。

2. 实验方法

首先对路线的 ICD 值进行定义：路线 ICD 值为选择点连通其他点的数量的总和，路线 ICD 值与建筑平面 ICD 值计算的不同之处在于前者不再除以总点数求平均值，因为路线 ICD 值代表的就是该路线本身的连通程度复杂性。路线选择点是指路线需要做出改变的节点，如方向变化或楼层转换。每个选择点 ICD 值计算不变，但是由于室内多层建筑中路线可能跨楼层，需要对跨楼层的选择数进行界定：底层与顶层只有上楼或下楼一个选择，因此计算 ICD 值时选择数为 1；在中间楼层的电梯处则有上下两个选择，计算 ICD 值时选择数为 2。

然后依据 ICD 值，按照路线分段尽量均匀的原则，明确路线分段节点选定的原则：①同一段线路中，选择 ICD 值最高的节点分段，若 ICD 值最高的节点有多个，则选择分段后两段 ICD 总值差距最小的节点进行分段。②不同线路中，选择 ICD 总值最高的线路分段，若 ICD 值相同，则选择 ICD 值最高的节点所在的段落线路分段。

本实验通过电子邮件发送、回收问卷，共发出 30 份问卷，回收 24 份有效问卷。

3. 实验步骤

(1) 设计 7 条 ICD 值不同的路线，请被试者学习地图，以及图中所示从起点出发到达终点的路线(使用虚线表示)。每条路线均按照制定的分段原则分成不同段数，供被试者选择。

(2) 请被试者在给定的选项中选择认为合理的提示路线方案。

(3) 统计、分析实验结果，得到最多支持的分段数选项即认为是该 ICD 值路线最适宜的分段数量。

实验的引导语为：请阅读下面万达广场(共三层)的地图以及不同的路线(图中虚线线路)，每条路线的起始点和转折点处均使用小写英文字母标注，备选项中列出了路线的不同分段方式，请选择您记忆该路线的分段方式，如果都不是您记忆路线的方式，请在选项后补充说明您记忆该路线的分段方式。

下面以实验问卷中的一条路线为例，说明路线的 ICD 值计算及分段。路线如图 2.15 所示，a 点与 g 点为路线起始点。从 a 点出发，第一个选择点是 b，b 点通向 c 点时围绕天井具备两条路线选择，所以 b 点是个三岔路口，其 ICD 值为 3；同理，e 点在二层平面的选择数为 3，e 点在扶梯处同时还具有上楼、下楼两个选择，所以 e 点的 ICD 值为 5。将路线所有选择点(b~f)ICD 值相加得到该路线的 ICD 值，如表 2.10 所示。

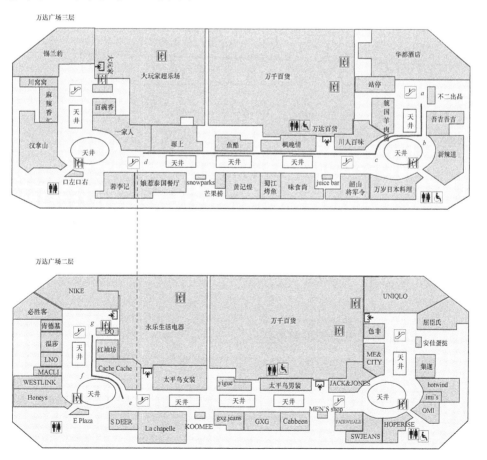

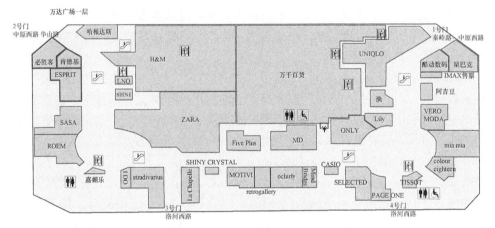

图 2.15　路线 ICD 值计算示例

表 2.10　路线及各选择点 ICD 值

选择点	b	c	d	e	f
各选择点 ICD 值	3	4	4	5	3
路线 ICD 值	19				

分段时，首先选择 ICD 值最高的点，在该路线中 e 点 ICD 值最高为 5，则按照规定的原则，第一次分段应该在 e 处，路线分为 $a\sim e$、$e\sim g$ 两段。选择第二个分段点时，根据原则"不同线路中，选择 ICD 总值最高的线路分段"，路线 $a\sim e$ 的 ICD 值为 11，路线 $e\sim g$ 的 ICD 值为 3，则第二次分段应在 $a\sim e$ 段。c 点与 d 点的 ICD 值均为 4，根据原则"选择分段后两段 ICD 总值差距最小的节点进行分段"，因此应选择 c 点。此时路线分为三段：$a\sim c$、$c\sim e$、$e\sim g$。若需要划分更多段，则按原则继续选点分段。

问卷中的每条路线都会给出被试者不同分段数量的方案作为被选项，由被试者选择合适的选项，若被试者认为都不合适，则选择其他，并需要说明他认为合适的分段方式。

2.4.3　空间路线分段实验结果与分析

1. 空间路线分段实验结果

实验统计结果如表 2.11 所示。最终得到的各路线最佳分段数量如表 2.12 所示。从实验结果中可以看出，这种分段方式能够得到大多数被试者的认可。

表 2.11　实验统计结果

路线	路线 1			路线 2				路线 3				
分段数量	2	3	其他	2	3	4	其他	2	3	4	5	其他
选择次数	19	4	1	3	14	6	1	4	10	6	3	1
路线	路线 4					路线 5						
分段数量	2	3	4	5	其他	2	3	4	5	其他		
选择次数	4	6	7	5	2	3	3	9	7	2		
路线	路线 6						路线 7					
分段数量	2	3	4	5	6	其他	2	3	4	5	6	其他
选择次数	3	5	10	5	1	0	1	2	3	12	2	4

表 2.12　各路线最佳分段数量

路线	路线 1	路线 2	路线 3	路线 4	路线 5	路线 6	路线 7
ICD 值	8	11	14	19	23	28	33
最佳分段数量	2	3	3	4	4	4	5

2. ICD 值拟合与分段数量函数建立

使用 SPSS 软件对数据进行分析。首先绘制散点图,如图 2.16 所示。根据散点图形状选择二次、三次、对数、S 形曲线进行拟合,结果如图 2.17 所示。

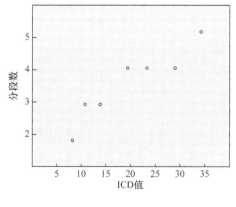

图 2.16　散点图

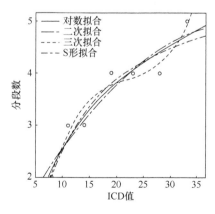

图 2.17　拟合曲线

(1) 对数拟合参数表如表 2.13(SPSS 软件生成)所示。

表 2.13　对数拟合参数表

(a) 模型汇总

R	R²	调整 R²	估计值的标准误差
0.959	0.919	0.903	0.304

注：自变量为 ICD 值；R 为相关系数，下同。

(b) 方差分析

模型	平方和	df	均方	F	Sig.
回归	5.251	1	5.251	56.637	0.001
残差	0.464	5	0.093	—	—
总计	5.714	6	—	—	—

注：自变量为 ICD 值；df 为自由度；F 为 F 检验；Sig.为显著性，下同。

(c) 系数

模型	未标准化系数		标准化系数	t	Sig.
	B	标准误差	β		
ln(ICD 值)	1.821	0.242	0.959	7.526	0.001
常数	−1.639	0.702	—	−2.335	0.067

(2) 二次拟合参数表如表 2.14 所示。

表 2.14　二次拟合参数表

(a) 模型汇总

R	R²	调整 R²	估计值的标准误差
0.950	0.903	0.855	0.371

(b) 方差分析

模型	平方和	df	均方	F	Sig.
回归	5.162	2	2.581	18.707	0.009
残差	0.552	4	0.138	—	—
总计	5.714	6	—	—	—

(c) 系数

模型	未标准化系数		标准化系数	t	Sig.
	B	标准误差	β		
ICD 值	0.191	0.097	1.786	1.957	0.122
ICD 值的平方	−0.002	0.002	−0.859	−0.942	0.400
常数	0.866	0.879	—	0.985	0.381

(3) 三次拟合参数表如表 2.15 所示。

表 2.15　三次拟合参数表

(a) 模型汇总

R	R^2	调整 R^2	估计值的标准误差
0.977	0.955	0.911	0.292

(b) 方差分析

模型	平方和	df	均方	F	Sig.
回归	5.459	3	1.820	21.406	0.016
残差	0.255	3	0.085	—	—
总计	5.714	6	—	—	—

(c) 系数

模型	未标准化系数		标准化系数	t	Sig.
	B	标准误差	β		
ICD 值	0.792	0.331	7.419	2.395	0.096
ICD 值的平方	−0.035	0.017	−13.384	−1.986	0.141
ICD 值的立方	0.001	0.000	7.043	1.869	0.158
常数	−2.389	1.873	—	−1.275	0.292

(4) S 形拟合参数表如表 2.16 所示。

表 2.16　S 形拟合参数表

(a) 模型汇总

R	R^2	调整 R^2	估计值的标准误差
0.968	0.937	0.925	0.082

(b) 方差分析

模型	平方和	df	均方	F	Sig.
回归	0.506	1	0.506	75.418	0.000
残差	0.034	5	0.007	—	—
总计	0.540	6	—	—	—

(c) 系数

模型	未标准化系数		标准化系数	t	Sig.
	B	标准误差	β		
1 / ICD 值	−8.512	0.980	−0.968	−8.684	0.000
常数	1.783	0.070	—	25.429	0.000

注：因变量为 ln(分段数)。

对数拟合 R 为 0.959、二次拟合 R 为 0.950、三次拟合 R 为 0.977、S 形拟合 R 为 0.968。可见三次拟合 R 最大，三次拟合效果最好。三次拟合函数为

$$y = b_0 + b_1 x + b_2 x^2 + b_3 x^3 \tag{2.2}$$

根据三次拟合系数表可知，$b_0 = -2.389$，$b_1 = 0.792$，$b_2 = -0.035$，$b_3 = 0.001$。拟合所得 ICD 值相应分段数量函数为

$$y = -2.389 + 0.792x - 0.035x^2 + 0.001x^3 \tag{2.3}$$

由于分段是整数，最终需要取整，可得三次拟合函数为

$$y = \left| -2.389 + 0.792x - 0.035x^2 + 0.001x^3 \right| \tag{2.4}$$

问卷中被试者的意见主要有：以明显的标识电梯作为记忆的分界点；在乘坐电梯进行楼层转换时，只是楼层发生变化，位置并未变化，因此只需记下乘坐电梯那一层的位置；记忆楼层的层号。可见，楼层转换是重要分段点，主要是在乘坐电梯一层。

3. 空间路线分段对地图设计的影响

本实验针对室内空间连通关系对室内空间认知的影响展开。室内空间连通关系有别于室外空间最显著的一点就是室内空间有垂直方向上的道路连通，也就是楼层转换。实验借鉴建筑室内平面易识别性，将计算建筑平面拓扑复杂性的 ICD 测量应用于室内路线，并进行了相应调整。实验结果显示，随 ICD 值增加，分段数量相应增加，并得到了相应的拟合函数。但是本实验样本数量较少，而现实中路线情况复杂，而且人在认知时有认知容量的问题，因此路线分段数量不会无限度增加下去。心理学家在研究人的认知容量时用实验证明了人们的注意事项不超过七个，如果超过了这个数字，正确率将大大降低。人类加工信息的容量是有限的，在认知环境时同样受到这种有限性的影响，过多的措施反而会造成人们的视觉噪声[61]。因此在进行路线分段时，也不能无限增加。对于连通关系十分复杂的路线，可以借鉴分层次认知的思想，分层次分段解决。

实验结果可以指导导航路线的设计。设计导航地图时，对导航路线进行分段表达以迎合用户认知，同时结合 2.2 节的锚固点理论，使用分段点周围的锚固点作为引导用户的节点，通过这种锚固点的一步步串联，帮助用户认知空间、记忆导航路线，引导用户到达目的地。

第3章　室内位置地图数据建模

地图数据及质量直接影响室内位置地图的建模、表达和制图的精度，以及应用的可靠性。本章阐述室内位置地图数据处理的方法。主要内容包括分析总结室内位置地图数据来源、构成及组织方式，构建室内位置地图数据处理的内容体系，提出一种室内位置地图空间数据的自动生成方法和一种基于匹配度计算的语义位置匹配方法，建立泛在信息与室内对象的匹配关系，设计适用于复杂室内环境的栅格通行区域自动提取算法。

3.1　室内位置地图数据建模内容

3.1.1　室内位置地图数据构成及组织方式

室内位置地图数据包含矢量几何数据、三维模型数据、全景地图数据、属性特征数据、动态服务数据和路径导航数据等。鉴于数据内容的复杂性，本书依据室内位置服务中地图可视化、空间分析、路径导航、属性查询、智能服务推送等功能需求，将室内位置地图数据区分为空间数据、语义数据和路径数据等，如图 3.1 所示。

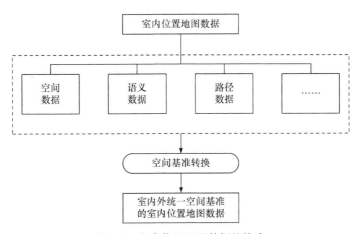

图 3.1　室内位置地图数据的构成

根据室内位置地图概念模型对室内环境的认知和抽象，将各个楼层内不同类型的室内对象作为室内位置地图数据组织的基本元素，采用纵向分层的方式对室内位置地图数据进行组织，如图 3.2 所示。

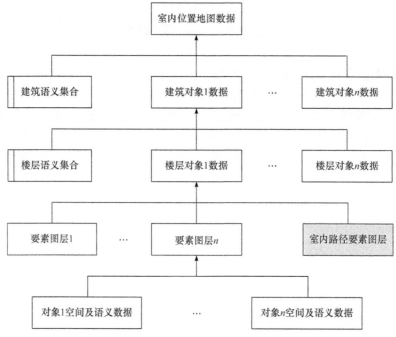

图 3.2　室内位置地图数据的组织方法

首先，利用面向对象的描述方法统一组织室内对象的空间及语义数据，并将不同类型的室内对象区分为相应的要素图层，其中室内路径要素图层属于面向室内路径规划与导航功能需求而专门提取的一种应用数据图层。其次，相同楼层内不同类型的要素图层和室内路径要素图层共同构成了各个楼层对象的数据，楼层之间通过通行设施要素图层中的电梯、楼梯等跨楼层设施，实现相邻楼层之间垂直方向的连通关系。再次，相同建筑不同楼层对象数据和楼层语义集合构成各个建筑对象的数据，其中楼层语义集合是指该建筑对象包含的所有楼层对象的语义信息，其通过楼层标识与楼层对象数据建立关联。最后，不同建筑对象数据和建筑语义集合构成整个全局环境下室内位置地图数据，其中建筑语义集合用于描述已有建筑对象的语义信息，通过建筑标识与建筑对象数据建立关联。

3.1.2　室内位置地图空间数据处理

1. 空间数据来源

目前，室内位置地图空间数据的主要来源包括楼层位图数据、矢量建筑数据和实地测量数据等。

1) 楼层位图数据

楼层位图数据主要包括经过扫描处理的纸质建筑平面图、楼层导引图和分布图等，它能够反映室内空间划分、空间相邻与连通关系，以及通行设施和服务设施等室内对象的分布情况。基于楼层位图生成室内位置地图空间数据的方法主要包括模式识别方法和交互式采集方法两种。但是，楼层位图当中通常包含大量建筑标注和示意性符号等图面干扰，并且楼层位图本身数据来源的不同，导致位图数据的质量参差不齐，从而造成通过模式识别获取室内位置地图空间数据的完整性和一致性较差。因此，将楼层位图作为数据源时，主要通过交互式采集方法获取室内对象的几何信息，并通过拓扑关系自动构建生成室内位置地图空间数据。

2) 矢量建筑数据

矢量建筑数据主要包括矢量建筑平面图和基于 BIM、CityGML 的室内空间数据等，它们包含了形成室内空间划分及其相邻和连通关系的主要建筑构件几何数据。虽然 CityGML 能够通过多细节层次(levels of detail，LOD)表达室内对象信息，但是现有数据内容主要侧重于描述室外空间环境。另外，由于 BIM 目前在国内推广和普及程度较低，大部分建筑设计人员主要采用计算机辅助设计(computer aided design，CAD)软件进行建筑设计。因此，从数据获取的角度，建筑平面图的数据来源较为广泛，更加适合作为室内位置地图空间数据的来源。基于矢量建筑平面图生成室内位置地图空间数据主要包括自动采集和交互式采集两种方法。当建筑平面图的数据质量较好且绘制较为规范时，可以通过自动提取相关建筑构件的几何信息等处理，自动采集获得室内位置地图空间数据。如果建筑平面图的数据质量较差，那么可以将其转换为位图数据，并基于交互式采集方法生成室内位置地图空间数据。

3) 实地测量数据

实地测量数据主要是指外业人员通过激光测距仪、激光扫描仪等移动传感器或其他类型测量工具采集的室内对象几何信息。其中，通过激光测距仪能够获取较为精确的单个室内空间几何信息，但是难以建立空间单元之间的相邻关系，并且数据获取效率较低；通过激光扫描仪能够获取室内环境某高度水平截面或三维空间的点云数据，但是由于室内环境中存在行人、设施、装饰等干扰对象，难以通过点云数据直接提取室内空间单元的几何信息。因此，实地测量数据对生成室内位置地图二维空间数据的适用性较差。

2. 空间数据的处理

室内位置地图空间数据是室内位置服务中地图可视化和室内空间分析等功能的重要基础，其主要包括二维空间数据、三维空间数据和室内全景数据三种类型。空间数据处理的主要任务是如何根据不同空间数据源，生成相应的室内位置地图空间数据，处理过程中需要以不同类型空间数据模型为基础，研究相应类型空间数据的生成方法。室内位置地图空间数据处理的基本思路如图 3.3 所示。

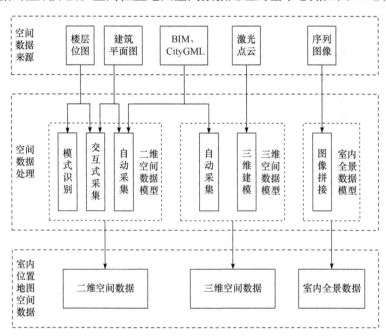

图 3.3　室内位置地图空间数据处理基本思路

本书主要描述室内位置地图二维空间数据的处理，对应的空间数据来源主要包括楼层位图和建筑平面图两种类型。根据室内位置地图二维空间数据模型，以楼层位图或建筑平面图为底图通过交互式采集生成二维空间数据，或以建筑平面图为数据源，通过几何信息提取等处理自动生成二维空间数据。

3.1.3　室内位置地图语义数据处理

1. 语义数据来源

目前，室内位置地图语义数据来源主要包括现有底图资料、外业人工采集数据、志愿者地理信息和泛在信息等。不同来源语义数据的完整性、一致性、现势性、可信度以及获取成本等方面存在较大区别。

1) 现有底图资料

现有底图资料主要包括商场、机场、医院等建筑的纸质或电子楼层平面图、导引图和落位图等，它能够反映室内对象的名称、类型等基本属性以及楼层和房间号。底图资料的可信度较高，但数据的完整性相对较差，因此通常将其作为基础数据，并在室内位置地图空间数据交互式采集过程中录入室内对象的基本属性。

2) 外业人工采集数据

为了获取室内对象现势性较强的语义数据，专业室内位置地图数据提供商通常定期安排外业人员到商场和机场等，实地采集室内对象的属性内容。外业采集的手段主要包括移动终端采集和现场调查记录两种方式，前者直接将采集的属性内容提交至服务器端，后者需要转交内业技术人员进行录入编辑。外业人工采集是目前获取室内位置地图基本属性的主要方式，但是花费的人力、物力和时间成本较高。

3) 志愿者地理信息

志愿者地理信息(volunteered geographic information，VGI)是由大量非专业用户通过在线协作的采集方式，以 3S(GPS，RS，GIS)技术和个人空间认知为基础参考，自发创建、编辑、管理和维护的地理信息，因此国内相关研究人员通常也将其称为自发地理信息。VGI 的核心思想是"人人都是传感器"，即每一个人都可以完成地理数据的采集，它具有数据现势性强、内容丰富、数据量大和成本低廉等特点，但是存在数据覆盖不均匀、缺少统一规范和质量参差不齐等缺点。

4) 泛在信息

互联网、传感网、物联网、行业网等泛在网络以及智能移动终端的飞速发展，极大地丰富了人类获取信息的手段，使任何人在任何地方都能通过泛在网络获取事物或事件本身及其相关信息(如位置、状态、环境等)，该信息称为泛在信息。它涵盖了地球表面的基础地理信息、独立地理实体(如建筑物)结构信息、地理实体关联信息、各个行业的信息以及人的自身喜好信息等。泛在信息能够直接或间接与空间位置相关联，形成描述特定事物或事件等的总体信息。泛在信息能够为室内位置地图语义数据提供现势性较好且内容较全面的数据源。

2. 语义数据的处理

语义数据是室内位置服务中对象属性查询和智能服务推送的重要基础，本书将其分为基本属性、深度内容和动态信息三部分。语义数据处理的主要任务是根据不同语义数据源及特征，生成满足室内位置服务功能需求的室内对象语义信息，处理过程中需要以室内位置地图语义数据模型等为基础，研究不同方面语义数据的生成方法，如图3.4所示。

3.1.4　室内位置地图路径数据处理

室内位置地图路径数据是室内位置服务中路径规划与导航的重要基础。路径数据处理主要涉及路径数据模型和路径数据提取两方面内容，根据不同路径数据

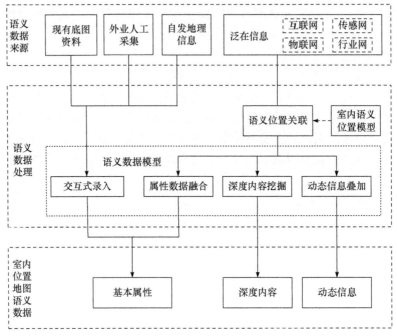

图 3.4　室内位置地图语义数据处理

来源，生成满足室内位置服务功能需求的路径数据，如图 3.5 所示。本书主要研究适用于室内环境路径信息表达的路径模型，以及基于现有室内位置地图空间数据和语义数据自动提取室内路径数据的算法。

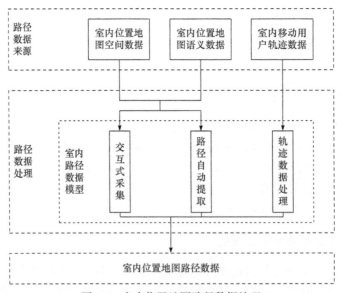

图 3.5　室内位置地图路径数据处理

3.2　室内位置地图空间数据处理的模型与方法

3.2.1　室内位置地图空间数据模型

根据室内位置地图数据处理的内容体系，空间数据主要包括二维空间数据、三维空间数据和室内全景数据三种类型，这里重点建立室内位置地图的二维空间数据模型，具体包括室内位置地图几何对象模型和室内对象拓扑关系两个方面。

1. 室内位置地图几何对象模型

室内位置地图几何对象模型是以纯几何的观点看待室内空间环境中客观存在的各种位置服务相关室内对象，在不考虑对象语义特征的条件下将室内空间环境抽象为几何对象的集合。这些几何对象不仅描述了室内对象的几何形状、空间位置和分布状态，而且显式或隐式地包含了室内对象之间的拓扑关系等信息。面向室内位置地图可视化表达等需求，将其几何对象分为点、线、面三种类型。如果考虑几何对象的拓扑关系，那么可以将矢量数据结构中的几何对象分为节点(Node)、边链(Chain)和多边形(Polygon)三种拓扑元素类型。

根据面向对象的空间数据建模思想，建立拓扑与非拓扑数据结构一体化的室内位置地图几何对象模型。首先，该模型将不包含拓扑信息的点(Point)和弧段(Curve)作为基本几何对象，通过弧段的聚合构成路径(Path)和区域(Region)两种复合几何对象；然后，将点对象和弧段对象分别转化为包含拓扑信息的节点和边链两种基本几何拓扑对象，通过边链的聚合构成具备拓扑信息的多边形对象。图 3.6 为室内位置地图主要几何对象的 UML 图，其中 Geometry 是所有几何对象的父类。

1) Point 对象

Point 表示 0 维的点对象，具有明确的平面位置坐标，它是构成其他类型几何对象的基础，通常依赖室内平面坐标系或地理坐标系，用于描述室内空间环境中实际占用空间范围较小或面积和长度可忽略不计的室内对象，如收银台、ATM 和消防栓等。如图 3.7 所示，某实验室楼层平面环境中 A、B 两处消防栓可以抽象为 Point 对象。

2) Curve 对象

Curve 表示 1 维的弧段对象，采用 Point 对象表示明确的起点和终点坐标。弧段对象属于一个抽象类，可以泛化为直线段(Line)、圆弧(Arc)和贝塞尔(Bezier)曲线等线状几何对象类型。多个具体的弧段对象通过首尾相接的方式可以构成复合的路径(Path)对象，用于表示室内空间环境中形状较为复杂的线状室内对象。

Curve 对象和 Path 对象能够用于表示室内空间环境中呈线状分布且不具备明显面积特征的室内对象，如供暖或供水设备的管道设施等。

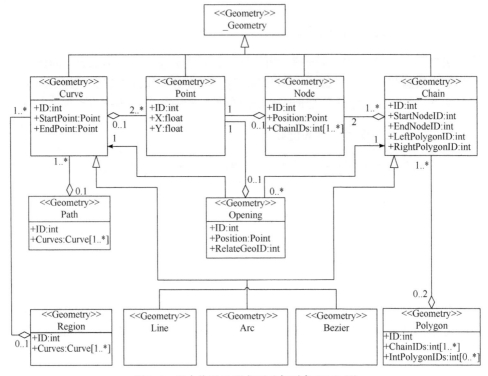

图 3.6 室内位置地图主要几何对象 UML 图

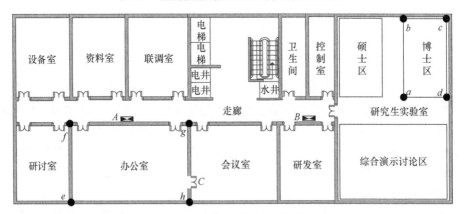

图 3.7 某实验室楼层平面环境

3) Region 对象

Region 表示 2 维的区域对象，它是多个具体的弧段对象通过首尾相接的方式形成的封闭路径所包含的空间区域。构成 Region 对象的弧段对象不能自相交，并且需要按照顺时针方向进行聚合，沿顺时针方向为 Region 的内部，沿逆时针方向为 Region 的外部。Region 不包含拓扑信息，因此主要用于表示室内占有一定空间范围，而与相同类型对象之间相对较为独立的面状室内对象。例如，图 3.7 中研究生实验室内相互独立的硕士区、博士区和综合演示讨论区，可分别抽象为 Region 对象。

4) Node 对象

Node 表示 0 维的节点对象，采用 Point 对象表示位置信息，属于基本几何拓扑对象，其包含了引用该节点作为起点或终点的边链集合，主要用于表示室内空间环境中相邻面状要素公共边界的起点和终点。例如，图 3.7 中办公室作为一个存在相邻室内空间的面状对象，构成该室内空间墙体的 4 个节点(表 3.1)，办公室和会议室之间公共边界的起点和终点分别抽象为节点 g 和节点 h。

表 3.1　节点对象示例

节点	ID	位置
e	NID_e	Point(X_e, Y_e)
f	NID_f	Point(X_f, Y_f)
g	NID_g	Point(X_g, Y_g)
h	NID_h	Point(X_h, Y_h)

5) Chain 对象

Chain 表示 1 维的边链对象，采用 Node 对象表示明确的起点和终点坐标。它是由 Curve 对象转化而来的一个抽象类，属于基本几何拓扑对象，同样可以泛化为直线段、圆弧和贝塞尔曲线等包含拓扑信息的具体线状几何对象。Chain 对象还包含了由该边链构成的左右两侧多边形(Polygon)的标识，用于表示边链与多边形之间的拓扑关系。Chain 对象包含的拓扑信息，主要用于表示相同类型且存在相邻关系的两个面状要素的公共边界，如墙体或隔断等。例如，图 3.7 中构成空间单元办公室的四条边链对象如表 3.2 所示。

表 3.2　边链对象示例

链段	ID	起始节点 ID	终止节点 ID
Chain_ef	CID_ef	NID_e	NID_f
Chain_fg	CID_fg	NID_f	NID_g
Chain_gh	CID_gh	NID_g	NID_h
Chain_he	CID_he	NID_h	NID_e

6) Polygon 对象

Polygon 是多个 Chain 对象聚合而成的封闭多边形，表示 2 维的面状要素。构成 Polygon 的 Chain 对象不能自相交，并且需要根据 Chain 对象的起点和终点位置信息，按照顺时针方向形成闭合多边形。如果 Chain 对象的首尾方向服从顺时针方向，则将其标识加入 Polygon 的边链引用列表，并将该 Polygon 对象的标识作为 Chain 对象的右侧多边形的引用；如果 Chain 对象的首尾方向服从逆时针方向，则将其标识标记为负（"-"）并加入 Polygon 的边链引用列表，并将 Polygon 对象的标识作为 Chain 对象左侧多边形的引用。Polygon 对象内部可以嵌套任意数目 Polygon 对象形成含"岛"多边形。例如，图 3.7 中室内空间办公室的边链引用集合为 {Chain_ef, Chain_fg, Chain_gh, Chain_he}，其中 Chain_gh 左侧为办公室多边形，右侧为会议室多边形。

7) Opening 对象

Opening 表示 0 维的缺口对象，采用 Point 对象表示位置信息，主要用于描述室内空间环境中门、窗等缺口，并且需要依附于 Chain 对象表示的边界而存在。缺口对象本质上属于具有一定宽度信息的线状室内对象，因此通常需要将缺口对象的中心点作为 Opening 的位置信息，从而将其转换为点状要素。例如，图 3.7 中 C 代表的门需要抽象为 Opening 对象，并依附于墙体的边链 Chain_gh。

2. 室内对象拓扑关系

室内对象拓扑关系是室内位置地图空间关系的重要组成部分，它反映了室内对象之间的拓扑不变性。面向室内位置服务中空间查询与分析的需求，本书将室内对象拓扑关系分为依附关系、相邻关系、包含关系和连通关系四种类型。

1) 依附关系

依附关系代表了某种室内对象(依附对象)在空间位置和功能作用方面，需要作为另一种室内对象(被依附对象)的附属而存在，即被依附对象是依附对象存在的前提，如果被依附对象的状态发生了变化，那么依附对象的状态也会随之发生改变。室内环境中最典型的依附关系是门、窗等缺口对墙体、隔断等室内空间边界的依附关系，根据缺口对象的点位坐标和宽度信息，结合被依附边界的局部几何特征，便能够实现缺口对象由点到线的转换。例如，图 3.7 中门 C 需要依附于表示墙体的边链 Chain_gh。

2) 相邻关系

相邻关系代表了两个相同类型的室内面状要素之间存在公共的边界。不同室内空间单元之间，以墙体或隔断等作为公共边界，形成了最为典型的相邻关系。根据室内位置地图的几何对象模型，存在相邻关系的面状要素抽象为多边形(Polygon)对象。如果该多边形含"岛"，那么所有内多边形与该多边形之间互为相邻关系；如果该多边形不含"岛"，那么构成该多边形外边界的边链(Chain)对象两侧的多边形互为相邻关系。例如，图 3.7 中办公室与研讨室和会议室均为相邻关系。

3) 包含关系

包含关系代表了点状、线状或面状要素位于其他面状要素的内部。其中，面状要素之间的包含关系需要限定为不同类型面状要素之间。由于室内位置地图几何对象模型不能直接体现包含关系，需要通过空间计算进行具体判断。包含关系是室内位置服务中空间查询的重要基础，例如，查询商场的某一区域内部是否存在收银台或 ATM 等。如图 3.7 所示，研究生实验室与硕士区、博士区即为包含关系。

4) 连通关系

连通关系代表了两个存在相邻关系的室内空间之间可以直接通行，它是室内路径分析与导航的重要基础。面状要素之间的相邻关系和包含关系是满足连通关系的基础。对于两个相邻室内空间，如果表示两者公共边界的边链对象存在依附的缺口对象，那么它们之间具备连通关系。对于存在包含关系的两个室内空间，如果被包含室内空间的外边界存在依附的缺口对象，那么它们之间同样具备连通关系。如图 3.7 所示，由于门 C 依附于办公室和会议室的公共边界 Chain_gh，两者具备连通关系。

3.2.2　源自建筑平面图的空间数据自动生成方法

建筑平面图能够反映楼层的平面形状、大小、内部布局、地面、门窗的具体位置和占地面积等情况。图层与图块是 AutoCAD 绘制建筑平面图的两个重要工具。图层是一种存放相关实体的有效数据结构，便于用户区分不同类型的实体。构件类型是建筑平面图实体分层的主要依据，通常将墙体、门窗、柱子等置于不同图层。图块是组成复杂对象的一组实体的总称，由一个或多个图形组成，各图形实体具有各自的图层、线型及颜色等特征，只是 AutoCAD 将图块作为一个单独、完整的对象来操作。用户可以根据实际需要将图块按给定的缩放系数和旋转角度插入平面图中指定位置。建筑平面图绘制过程中经常需要绘制门窗、楼梯等通用的建筑构件，采用图块不仅可以快速插入大量相同的图形，而且便于对图形进行整体的复制、旋转、修改等，从而提高绘图效率和减小平面图文件大小。

1. 空间数据自动生成主要流程

1) 基本概念

建筑平面图中的墙体符号由许多无序的直线或弧线构成，将其统称为墙线。为了便于约定相关概念，本小节以图 3.8 为例进行说明。

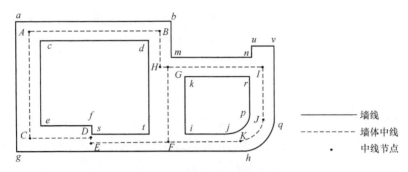

图 3.8　墙体符号与墙体中线

假设某墙线的起点为 a、终点为 b，那么该墙线可以表示为 WL_{ab}。这里将所有墙线划分为边线和端线两种类型。墙体符号中表示墙体左右两侧的墙线称为边线，如墙线 WL_{cd}，其边线可以表示为 BL_{cd}。由于墙体符号封闭性的需要，在两侧边线对应的节点之间插入的墙线称为端线，如 WL_{uv}，其端线可以表示为 HL_{uv}。另外，为了便于对墙体符号的处理，这里进一步给出墙段、邻接节点、相邻墙段和墙体中线的概念。

(1) 墙段。

墙段是由两条边线构成的墙体符号的基本单元，并且两条边线之间需要满足以下三个条件：①两条墙线相互平行；②某条边线在某个节点处的垂线与另一条边线相交；③两条边线之间的距离小于墙体厚度阈值 μ。例如，边线 BL_{ab} 和 BL_{cd} 构成墙段，表示为 $\mathrm{WS}_{[ab,cd]}$。根据房屋建筑制图统一规范，墙体厚度一般为 120mm、240mm、370mm 或 490mm。因此，为了将边线之间的距离作为识别墙体符号的有效依据，通常将墙体厚度阈值 μ 设置为 500mm。

(2) 邻接节点。

如果构成墙段的某条边线在其某个节点处的垂线与另一条边线相交且交点在节点上，那么该边线的节点称为该墙段的邻接节点，例如对于墙段 $\mathrm{WS}_{[mn,kr]}$ 的节点 k，将其表示为 N_k。其中，如果节点处的垂线是相交于另一条边线的节点，那么在这两个节点中任选一个作为墙段的邻接节点。由于墙段包含两条边线，并且每条边线包含两个节点，因此每个墙段存在两个邻接节点。

(3) 相邻墙段。

如果某墙段在邻接节点处直接或通过端线或通过未构成墙段的边线与其他单个墙段的边线相连，那么称后者为前者的相邻墙段。如果与其他多个墙段的边线相连，那么取非相连边线的节点与邻接节点距离最近的墙段作为前者的相邻墙段。例如，墙段 $\mathrm{WS}_{[ab,cd]}$，在邻接节点 N_c 只与墙段 $\mathrm{WS}_{[ag,ce]}$ 中边线 BL_{ce} 相连，因此 $\mathrm{WS}_{[ag,ce]}$ 为 $\mathrm{WS}_{[ab,cd]}$ 的相邻墙段；邻接节点 N_d 与墙段 $\mathrm{WS}_{[dt,bm]}$ 和墙段 $\mathrm{WS}_{[dt,ki]}$ 共同包含的边线 BL_{dt} 相连，由于 BL_{bm} 的节点距离 N_d 较近，$\mathrm{WS}_{[dt,bm]}$ 为 $\mathrm{WS}_{[ab,cd]}$ 的相邻墙段。

(4) 墙体中线。

根据构成墙段两条边线的几何特征提取的各个墙段的中线称为墙体中线，如图 3.8 中的虚线所示。墙体中线是形成室内空间单元边界的重要基础，同时也是空间数据提取的重要内容。为了满足室内空间单元几何数据一致性和拓扑关系自动构建等需求，墙体中线需要满足以下条件：①存在公共边线的墙段之间的墙体中线需要保证连通关系；②相邻墙段的墙体中线需要保证连接关系；③每条墙体中线都要求完整且最多隶属于两个室内空间。

2) 主要流程步骤

虽然建筑平面图反映了建筑的平面形状、大小、内部布局、门窗位置和占地面积等情况，但是与室内位置地图空间数据的需求存在较大差别：①数据内容相对冗余。建筑平面图包含类型繁多的建筑符号；室内位置地图空间数据主要关注由墙体、柱子和门窗形成的室内空间划分。②对象几何特征复杂。建筑平面图采用双线表示墙体符号，采用图块表示门窗等符号；室内位置地图空间数据将对象抽象为点、线、面三种几何要素。③缺少对象拓扑信息。建筑平面图主要描述建筑对象的位置、尺寸等信息，缺少对象间的关联关系等拓扑信息；拓扑关系是室内位置地图空间数据的重要特征，如室内空间的相邻关系和连通关系等。

由此可见，为了基于建筑平面图生成满足位置服务需求的室内位置地图空间数据，首先需要形成室内空间的闭合轮廓，这里主要获取建筑平面图中墙体、柱子和门窗符号的几何信息，并将柱子、门窗作为室内空间的边界，通过恢复墙体符号的连通关系，实现由墙体符号形成的室内空间划分。其次，将门窗符号转换为具有宽度信息的室内位置地图缺口对象，将墙体中线作为室内空间的边界，通过墙体中线提取将墙体符号转换为室内位置地图边链对象，并将门窗缺口对象与对应的墙体中线边链进行关联。最后，通过对墙体中线进行拓扑关系自动构建，生成室内空间的几何数据及其相邻关系等拓扑信息，根据门窗点状要素与对应墙体中线的关联关系以及室内空间的拓扑信息，便能够获取室内空间的连通关系。为此，本书建立了基于建筑平面图自动生成室内位置地图空间数据的基本流程，主要包括建筑平面图预处理、关键建筑符号识别、墙体符号连通性恢复、墙体中线提取、拓扑关系构建(图 3.9)。其中，墙体符号连通性恢复和墙体中线提取是自动生成室内位置地图空间数据的关键步骤。

(1) 建筑平面图预处理。

该步骤是自动生成室内位置地图空间数据的重要基础，主要包括标识墙体、门窗和柱子符号所在的图层以及标识门窗和柱子符号对应的图块，其作用是便于建筑平面图数据内容的筛选和建筑符号的识别。

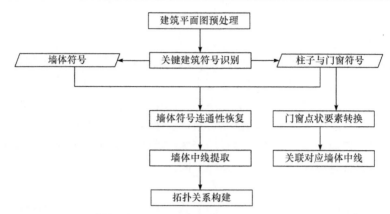

图 3.9　基于建筑平面图自动生成室内位置地图空间数据的基本流程

(2) 关键建筑符号识别。

关键建筑符号是指形成室内空间划分的墙体、柱子和门窗符号，它的识别主要依据建筑平面图的图层和图块两种特性。根据图层标识定位建筑符号所在图层，将墙体图层的直线或弧线存储为墙体符号；筛选已标识图层中的图块实体，根据图块标识识别柱子和门窗的建筑符号。基于图层和图块标识识别关键建筑符号，相比模板匹配、约束网络和属性关系图等方法，可以有效保证关键建筑符号识别的正确率和效率。

(3) 墙体符号连通性恢复。

根据墙体与柱子、门窗符号的几何关系，恢复墙体符号的连通关系，从而实现由连续墙体符号形成的室内空间划分，将该过程称为墙体符号连通性恢复。考虑到可能存在门窗与柱子符号相连的情况，首先根据柱子与墙体符号的几何关系恢复墙体的部分连通关系；然后根据门窗与两侧墙体符号的几何关系恢复墙体的整体连通关系，分别称其为带柱墙体符号连通性恢复和带门窗墙体符号连通性恢复。另外，根据室内位置地图几何对象模型，门窗被抽象为点状的缺口对象，因此在带门窗墙体符号连通性恢复过程中，需要将门窗符号转换为具有宽度信息的室内位置地图点状要素。

(4) 墙体中线提取。

采用双线表示的墙体符号不适用于空间数据的存储、表达和拓扑关系构建。因此，根据室内位置地图几何对象模型，需要通过提取墙体中线，将连续的墙体符号转换为室内位置地图线状要素。另外，需要将门窗点状要素与墙体中线进行匹配，从而建立门窗与对应墙体中线的依附关系。

(5) 拓扑关系构建。

完成墙体中线提取后，基于极左路径原理[69]，搜索由墙体中线构成的多边形对象，实现拓扑关系的自动构建[70]，从而生成室内空间的几何数据及其相邻关系等拓扑信息。根据门窗点状要素与对应墙体中线的关联关系以及室内空间的拓扑信息，便能够获取室内空间的连通关系。

2. 墙体符号连通性的恢复方法

墙体符号连通性的恢复方法包括两种：带柱墙体符号连通性恢复和带门窗墙体符号连通性恢复。

1) 带柱墙体符号连通性恢复

矩形柱体是最常用的柱体，其中又以方形柱体居多，此外还有圆形、T 形柱体等。由于设计规范、绘图习惯和柱子形状等方面的差异，柱子与墙体符号之间形成了较为复杂的几何关系。本节以图 3.10 为例，论述带柱墙体符号连通性恢复方法。

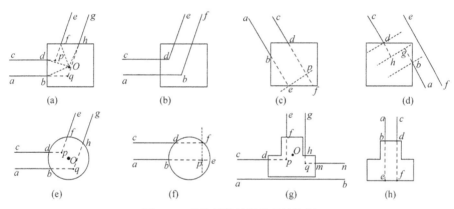

图 3.10　带柱墙体符号连通性恢复

绘制建筑平面图过程中，柱子符号的插入通常会造成连续墙体符号的截断，但也存在如图 3.10(b)所示的不截断情况。单条或两条相连的墙线被截断后形成两条与柱子相交的墙线，称为相交墙线对。因此，当建筑平面图中不存在与柱子相交墙线缺失等绘图错误时，柱子相交墙线的数目应该为偶数。根据柱子与相交墙线的几何关系，下面给出带柱墙体符号连通性恢复的基本流程。

(1) 获取柱子的相交墙线。

节点交于柱子边界或内部的墙线作为该柱子的相交墙线。例如，图 3.10(a)中柱子的相交墙线为 WL_{ab}、WL_{cd}、WL_{ef}、WL_{gh}，图 3.10(d)中柱子的相交墙线为 WL_{ab} 和 WL_{cd}。

(2) 判断相交墙线是否相连。

若相交墙线相连，则不再将其作为柱子的相交墙线。因此，图 3.10(b)中的四条墙线都不是相交墙线。判断最终的相交墙线数目 C，若 C 为 0 或奇数，则转(3)；若 $C > 2$，则转(4)；若 $C = 2$，则构成相交墙线对，转(6)。

(3) 跳过该柱子的墙体符号，连通性恢复。

(4) 判断相交墙线的相邻关系。

如图 3.10(a)所示，根据柱子中心 O 与墙线和柱子边界交点之间连线的角度关系，判断相交墙线的相邻关系，其中 WL_{cd} 的相邻墙线为 WL_{ab} 和 WL_{ef}。

(5) 提取所有的相交墙线对。

相交墙线对的构成需要遵循以下原则：①两条墙线必须为相邻墙线；②当相交墙线数目 $C > 2$ 时，满足墙段构成条件的两条墙线不能构成相交墙线对，如图 3.10(e)中 WL_{ef} 与 WL_{gh}。因此，图 3.10(g)中提取的相交墙线对分别为 WL_{cd} 和 WL_{ef}、WL_{mn} 和 WL_{gh}。

(6) 恢复相交墙线对中两条墙线的连接关系。

根据两条相交墙线的几何关系，分以下四种情况进行处理。

① 两条墙线之间不平行：如图 3.10(a)中 WL_{cd}、WL_{ef}，分别延长这两条墙线至延长线的交点 p，形成 WL_{cp}、WL_{ep}。

② 两条墙线之间平行并且共线：两条墙线中平行于墙线的方向上相距最远的两个节点合并为一条新的墙线。

③ 两条墙线不满足构成墙段的条件：如图 3.10(d)中 WL_{ab}、WL_{cd}，根据两条墙线在与柱子交点处的两条垂线提取中心垂线，分别延长两条墙线至与中心垂线的交点 g、h，形成 WL_{ag}、WL_{ch}，并新增 WL_{gh}。

④ 两条墙线满足构成墙段的条件：如图 3.10(c)和(h)共同存在的墙线 WL_{ab} 和 WL_{cd} 所示，如果墙线的延长线与柱子边界存在其他交点，那么延长墙线至与柱子边界的下一个交点，从而形成 WL_{ae}、WL_{cf}。判断墙线在与柱子边界交点处的垂线与另一条墙线的相交关系，若两者相交于另一条墙线内部，如图 3.10(c)所示，则缩短 WL_{cf} 至与垂线的交点 p，形成 WL_{cp}，新增 WL_{ep}；如果两者相交于墙线的节点，如图 3.10(h)所示，那么根据墙线与柱子边界的交点 e、f，新增 WL_{ef}。

2) 带门窗墙体符号连通性恢复

门窗符号类型众多，难以统一描述，因此根据门窗图元的几何特征计算门窗符号的外接矩形 R，采用 R 对门窗符号进行统一描述。如果局部墙体符号分布于 R 某中轴线两侧，那么称该中轴线为 R 的垂直轴线，另一条中轴线称为 R 的水平轴线。根据门窗符号的绘图方式和几何特征，R 两侧局部墙体符号中各有一条平行于 R 垂直轴线的墙线，称为 R 的依附墙线。虽然门窗与墙体符号的几何关系复杂多样，但是单侧墙体符号的局部特征可以概括为 Ⅰ、Ⅱ、Ⅲ 三种类型(图 3.11)。其中，类型 Ⅰ 表示门窗单侧依附于局部墙体符号的端线[图 3.11(a)]；类型 Ⅱ 表示门窗单侧仅依附于局部墙体符号的边线[图 3.11(b)]；类型 Ⅲ 表示门窗单侧依附于局部墙体符号的边线并与其相连的端线[图 3.11(c)]或边线[图 3.11(d)]关联。

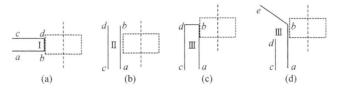

图 3.11　门窗单侧墙体符号局部特征的类型

采用渐进扩张与图形推理相结合的方法判断门窗两侧墙体符号局部特征的类型。其中，渐进扩张是根据 R 获取的相交墙线及其几何关系，将 R 某些边按预定范围 ε 逐步向外扩张，直至搜索到两侧墙体各一条以上的相交墙线。图形推理是基于建筑平面图的图形理解，根据搜索到 R 两侧的相交墙线，结合墙体符号的图形特征，推理门窗两侧墙体符号局部特征的类型。本节将以图 3.12 为例，论述渐进扩张与图形推理的基本流程。

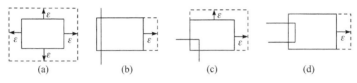

图 3.12　外接矩形 R 的渐进扩张

(1) 合并相邻外接矩形。

可能存在简单门窗图块组合表达复杂门窗类型的情况，因此需要对满足一定阈值条件的相邻外接矩形进行合并。

(2) 搜索 R 两侧局部墙体符号各一条以上的相交墙线。

如果某墙线穿越 R 的边界或内部，或者节点交于 R 的边界或内部，那么将该墙线作为 R 的相交墙线。假设 R 与两侧局部墙体符号的允许最大间隙为 $d_{\max}$，渐进扩张大小为 ε，累计扩张次数为 E，相交墙线数目为 N。如果 $E\varepsilon > d_{\max}$ 且 $N = 0$，那么跳过对该门窗的墙体符号连通性的恢复。根据 N 的取值分别进行以下处理。

① $N = 0$：如图 3.12(a)将 R 的四条边分别向外扩张 ε，转(2)。

② $N = 1$：R 中有两条边与相交墙线平行，如图 3.12(b)将其中与相交墙线之间距离较远的边向外扩张 ε，转(2)。

③ $N = 2$：如果两条相交墙线相连，那么相交墙线为单侧局部墙体符号的墙线，如图 3.12(c)将 R 中未与相交墙线相交的两条边分别向外扩张 ε，转(2)；如果两条相交墙线不相连，那么搜索到 R 两侧各一条墙线，转(3)。

④ $N = 3$：如果三条相交墙线相连，那么相交墙线为单侧局部墙体符号的墙线，如图 3.12(d)将 R 中相交两条墙线的边的平行边向外扩张 ε，转(2)；如果三条相交墙线不相连，那么将其中相连的两条墙线和剩余的一条墙线分别作为 R

两侧的墙线，转(3)。

⑤ $N = 4$：如果存在三条相交墙线相连，那么将相交的三条墙线作为某侧局部墙体符号的墙线，剩余一条相交墙线作为另一侧局部墙体符号的墙线，转(3)；如果各有两条相交墙线相连，那么分别将相连的两条相交墙线作为 R 两侧的墙线，转(3)。

⑥ $N = 5$：将相连的三条相交墙线和剩余的两条相交墙线分别作为 R 两侧局部墙体符号的墙线，转(3)。

⑦ $N = 6$：将相连的三条相交墙线和剩余的三条相交墙线分别作为 R 两侧局部墙体符号的墙线，转(3)。

(3) 推理 R 两侧墙体符号局部特征的类型。

设 R 单侧相交墙线数目为 S，根据 S 的取值进行以下推理。

① $S = 1$：将该墙线作为依附墙线，判断依附墙线的长度，该长度小于 μ 时局部特征类型为Ⅰ；大于等于 μ 时局部特征类型为Ⅱ。

② $S = 2$：将其中平行于 R 垂直轴线的墙线作为依附墙线，将两条墙线的公共点作为依附墙线的起点。判断依附墙线的长度，该长度小于 μ 时局部特征类型为Ⅰ；该长度大于等于 μ 时局部特征类型为Ⅲ。

③ $S = 3$：局部特征类型为Ⅰ。

3) 带门窗墙体符号连通性恢复示例

假设默认墙体恢复厚度为 W，通常取房间隔断的厚度为 120mm。根据 R 两侧墙体符号的局部特征，进行门窗点状要素转换和墙体符号连通性恢复，基本流程如下。

(1) 修正门窗外接矩形 R。

通过指定 R 四条侧边的位置对 R 进行修正，策略如下。

① 判断是否存在类型Ⅰ：若存在，则取长度较短的依附墙线在节点处的两条垂线作为 R 上下侧边，两侧依附墙线作为 R 左右侧边，转④；若不存在，则转②。

② 判断是否存在类型Ⅲ：若存在，类型Ⅲ侧的依附墙线在起点处的垂线与另一侧依附墙线相交且交点在节点上，将该垂线及该侧依附墙线上距离起点 W 处的垂线作为 R 上下侧边，两侧依附墙线作为 R 左右侧边，转④。若不存在，则转③。

③ 将 R 水平轴线两侧距离 $W/2$ 处的平行线作为 R 上下侧边，两侧依附墙线作为 R 左右侧边，转④。

④ 根据相邻侧边的交点得到修正后的 R。

(2) 将门窗转换为室内位置地图点状要素。

将修正后 R 的中心点作为门窗点状要素的位置，将两侧依附墙线的距离作为门窗的宽度信息。

(3) 两侧墙体符号连通性恢复。

根据 R 的边界生成四条墙线，若生成的墙线与 R 两侧的依附墙线重合，则清除重合的两条墙线；若存在压盖部分，则首先根据压盖关系进行截断，然后清除重合的两条墙线。

图 3.13 为带门窗墙体符号连通性恢复示例。图 3.13(a)为 R 两侧墙体符号的局部特征均为类型Ⅲ的情形。BL_{gh} 在起点 g 处的垂线相交于 BL_{ab} 内部，将该垂线和 BL_{gh} 上距离起点 g 为 $W/2$ 处的垂线作为上下侧边，将 BL_{ab} 和 BL_{gh} 作为左右侧边，图 3.13(b)为对 R 进行修正的结果。将修正后 R 的中心点作为门窗点状要素的位置，将 BL_{ab} 和 BL_{gh} 之间的距离作为门窗的宽度信息。将 R 转换为 WL_{mn}、WL_{np}、WL_{pg} 和 WL_{gm}，根据 BL_{ab} 和 WL_{mn} 的压盖关系，将 BL_{ab} 截断为 WL_{an}、WL_{nm} 和 WL_{mb}，清除重合的 WL_{mn} 和 WL_{nm}，根据 BL_{gh} 和 WL_{pg} 的压盖关系，将 BL_{gh} 截断为 WL_{gp} 和 WL_{ph}，清除重合的 WL_{pg} 和 WL_{gp}，图 3.13(c)为墙体符号连通性恢复后的结果。对图 3.13(d)中 R 进行修正的结果如图 3.13(e)所示，墙体符号连通性恢复后的结果如图 3.13(f)所示。

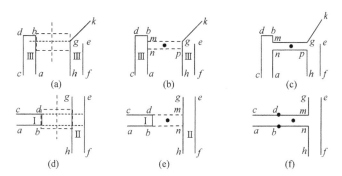

图 3.13　带门窗墙体符号连通性恢复示例

3. 墙体中线提取及其拓扑构建

1) 墙体中线提取算法

提取墙体中线前需要对恢复后的墙体符号进行预处理，主要包括：①修复绘图误差，墙线节点之间距离小于一定阈值时应当具有相同的坐标值；②归一化墙线，将共线且相连或压盖的墙线合并为一条墙线，如图 3.13(f)中 WL_{cd} 和 WL_{md} 需要合并为 WL_{cm}；③判断墙线类型，将长度小于墙体厚度阈值 μ 的墙线作为端线，其他墙线作为边线。

建立墙体中线节点列表 P，向列表 P 中添加节点时，如果列表中不存在坐标相同的中线节点，那么直接将节点加入列表，同时返回加入的节点在列表中的索引；如果存在坐标相同的中线节点，那么不再将节点加入列表，同时返回列表中与添加节点坐标相同的节点索引。建立墙体中线列表 L，根据墙体符号连通性恢复之后得到的连续墙体符号。下面结合图 3.14 所示情形，论述自动提取墙体中线算法。

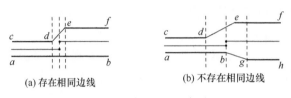

(a) 存在相同边线　　　　　　　(b) 不存在相同边线

图 3.14　中线平行的相邻墙段

(1) 生成墙段列表。

根据墙段的定义及其构成条件，提取平面图中墙体符号的所有墙段，同时记录墙段在邻接节点处的相邻墙段。为每个墙段建立墙段中线节点引用列表 P_i，向列表 P_i 添加中线节点引用时，若列表中存在相同索引，则不再添加。

(2) 求解墙段的几何参数。

直线墙段的中线参数可以表示为墙段两条边线之间的直线参数 $ax + by + c = 0$。弧线墙段中线的参数可以表示为两条弧形边线之间的同心圆弧所在圆的参数 $(x - a)^2 + (y - b)^2 = r^2$。

(3) 根据各墙段与相邻墙段的中线参数，求取所有墙段的墙体中线节点。

如果两个墙段中存在弧形墙段或两者中线不平行，那么将求取的中线交点加入列表 P，并将返回的节点索引分别加入两个墙段的节点引用列表。如果中线均为直线且平行，那么分以下两种情况进行处理。

① 两个墙段中存在相同的边线。如图 3.14(a)所示，根据 BL_{cd}、BL_{ef} 在节点 d、e 处的两条垂线，提取中心垂线，求取中心垂线与两条墙段中线的交点，将其加入列表 P，将返回的索引加入对应墙段的节点引用列表。

② 两个墙段中不存在相同的边线。如图 3.14(b)所示，根据 BL_{cd}、BL_{ef}、BL_{ab}、BL_{gh} 在节点 d、e、b、g 处的四条垂线，提取相距最远的两条垂线之间的中心垂线，求取中心垂线与两条墙段中线的交点，加入列表 P，将返回的索引加入对应墙段的节点引用列表。

以上两种情况中，两条墙段的中线与中心垂线的两个交点加入中线节点列表 P 时，返回的节点索引不同，根据得到的两个中线节点，生成一条墙体中线，并将其加入列表 L。

(4) 生成墙体中线。

根据中线节点的坐标值对各墙段的引用节点进行排序，相邻的两个中线节点生成一条墙体中线，并将其加入列表 L。

如图 3.8 所示，$WS_{[mn,kr]}$ 在 N_k 与相邻 $WS_{[dt,ki]}$ 的中线交点处生成中线节点 G，在 N_n 或 N_r 与相邻 $WS_{[pr,qv]}$ 的中线交点处生成中线节点 I。$WS_{[dt,bm]}$ 在 N_m 与相邻 $WS_{[mn,kr]}$ 的中线交点处生成中线节点 H。因此，$WS_{[mn,kr]}$ 共得到三个中线节点，可生成两条墙体中线。

2) 拓扑关系自动构建

通过墙体中线提取得到的只是室内空间独立的边界几何信息，需要通过拓扑关系构建才能生成满足位置服务需求的室内空间面状要素多边形数据及其拓扑信息。由本节墙体中线提取算法可以看出，墙体中线节点对应于室内位置地图几何对象模型中节点对象，可以将中线节点在列表 P 中的索引作为节点对象标识；各个墙段根据中线节点引用列表 P_i 中节点坐标值的顺序生成的墙体中线，与室内位置地图几何对象模型中边链对象相对应，可以将墙体中线在列表 L 中的索引作为边链对象标识。

如图 3.15 所示，假设节点 $a\sim k$ 分别对应于提取的墙体中线节点，各节点的标识如表 3.3 所示；边链 $C_1\sim C_{12}$ 分别对应于各个墙段最终生成的墙体中线，每条边链的标识、起点标识和终点标识如表 3.4 所示。在没有多边形内点的情况下，极左路径算法是较为成熟且采用最多的多边形拓扑关系构建算法。基于极左路径算法，通过优化搜索策略，可以实现空间单元拓扑信息的自动构建，主要流程如下。

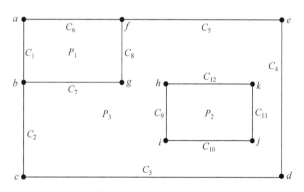

图 3.15　墙体中线拓扑关系自动构建示例

表 3.3　墙体边界节点对象示例

节点	a	b	c	d	e	f	g	h	i	j	k
标识	NID_a	NID_b	NID_c	NID_d	NID_e	NID_f	NID_g	NID_h	NID_i	NID_j	NID_k

表 3.4 墙体边链对象示例

边链	标识	起点标识	终点标识	边链	标识	起点标识	终点标识
C_1	CID_C_1	NID_a	NID_b	C_7	CID_C_7	NID_b	NID_g
C_2	CID_C_2	NID_b	NID_c	C_8	CID_C_8	NID_g	NID_f
C_3	CID_C_3	NID_c	NID_d	C_9	CID_C_9	NID_h	NID_i
C_4	CID_C_4	NID_d	NID_e	C_{10}	CID_C_{10}	NID_i	NID_j
C_5	CID_C_5	NID_e	NID_f	C_{11}	CID_C_{11}	NID_j	NID_k
C_6	CID_C_6	NID_f	NID_a	C_{12}	CID_C_{12}	NID_k	NID_h

(1) 生成所有节点对象关联的边链对象标识集合。

假设节点 N 的标识为 NID_N，其关联的边链标识列表为 L_N，从所有边链对象中提取起点标识或终点标识为 NID_N 的边链对象标识并将其加入列表 L_N。如果节点 N 是某边链的终止节点，那么需要将引用该边链的标识标记为负（"−"）。如图 3.15 所示，节点 b 关联的边链标识列表为{− CID_C_1，CID_C_2，CID_C_7}。转(2)。

(2) 判断各个节点关联边链对象的后继关系。

对于节点 N，计算关联的各边链以 N 为中心时与 X 轴的夹角 α_i ($-\pi < \alpha_i < \pi$)。根据 α_i 的数值由小到大对关联边链进行排序，相邻的边链之间夹角较小的边链称为另一条边链的后继，最后 1 条边链是第 1 条边链的后继。在图 3.15 中，节点 b 关联的边链 C_2 为边链 C_7 的后继。转(3)。

(3) 根据极左路径原理搜索边链对象构成的所有简单多边形。

顺序遍历节点列表，如果某节点关联的所有边链都已被访问，那么继续判断下一个节点。如果存在未被访问的边链，那么任选其中一条作为简单多边形 P 的初始边链，获取该边链在终点处(边链标识的引用标记为负时获取起点处)的后继边链 L，如果 L 未被访问，那么将其加入 P 边线列表，继续判断下一条后继边链直至 P 闭合。转(4)。

(4) 判断所有简单多边形的边界类型。

根据式(3.1)计算简单多边形的面积 S，如果 S 大于 0，那么该多边形为外边界多边形；如果 S 小于 0，那么该多边形为内边界多边形。

$$S = \frac{1}{2} \sum_{i=1}^{n-1} (y_{i+1} + y_i)(x_{i+1} - x_i) \tag{3.1}$$

式中，x_i、y_i 分别代表多边形节点的横坐标和纵坐标。

(5) 处理所有内边界多边形。

对于内边界多边形 P'，判断任一节点是否位于外边界多边形内部。如果节点位于多个外边界多边形内部，那么将 P' 作为面积最小的外边界多边形的内边界。如果 P' 的任一节点不位于所有外边界多边形的内部，那么删除 P'。图 3.15 中边链经过拓扑关系自动构建，生成的多边形对象如表 3.5 所示。

表 3.5　墙体中线生成的多边形对象示例

多边形	标识	外边界边链列表	内边界多边形标识
P_1	PID_P_1	CID_C_1| CID_C_7| CID_C_8| CID_C_6	NULL
P_2	PID_P_2	CID_C_9 |CID_C_{10}| CID_C_{11}| CID_C_{12}	NULL
P_3	PID_P_3	CID_C_2 | CID_C_3| CID_C_4| CID_C_5| $-$ CID_C_8 | $-$CID_C_7	PID_P_2

4. 空间数据生成算法实验与分析

1) 空间数据生成实验数据准备

选取某展览馆的建筑平面图作为空间数据自动生成的实验数据。基于 AutoCAD 平台对建筑平面图进行预处理，将预处理后的平面图导入实验系统，根据图层、图块识别墙体、柱子、门窗符号，如图 3.16 所示。从局部放大效果可以看出，该建筑平面图中柱子、门窗与墙线之间的关联特征较为复杂，如图 3.16 中⑧表示门两侧的墙体符号局部特征为类型Ⅱ与类型Ⅲ组合的情形。

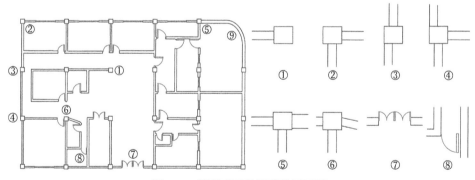

图 3.16　预处理后的展览馆平面图

2) 空间数据自动生成实验

实验中墙体厚度阈值 μ 取 500mm，门窗外接矩形 R 与两侧墙体的允许最大间隙 $d_{\max}$ 取 500mm，R 渐进扩张范围 ε 取 20mm，默认墙体恢复厚度 W 取 120mm。对图 3.16 中的建筑平面图进行墙体符号连通性恢复，得到的墙体符号及其局部放大效果如图 3.17 所示，其中门窗转换为点状的缺口对象后与墙体符号进行了叠加显示。对比图 3.17 与图 3.16 可以看出，本书提出的方法在带柱墙体符号连通性恢复方面不仅能够处理图 3.16 中①、②的简单情形，而且针对图 3.16 中③、④、⑤的复杂情形均能有效恢复相关墙体之间的连通性；在带门窗墙体符号连通性恢复方面，针对图 3.16 中⑦和⑧的特殊情形，能够对门窗两侧局部墙体符号的墙线做出正确处理，较好地恢复了相关墙体符号的连通性。

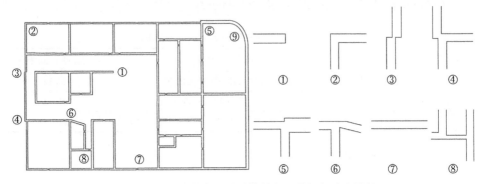

图 3.17　连通性恢复后的墙体符号及其局部放大效果

　　图 3.17 中的墙线经过误差修复、归一化和类型判别后，得到 103 条边线(含 2 条弧形边线)和 6 条端线，构成 66 个墙段。通过墙体中线提取，得到 52 个中线节点，生成 70 条墙体中线，墙体中线提取结果及其局部放大效果如图 3.18 所示。对比图 3.18 与图 3.17 可以看出，墙体中线提取算法针对变宽、弧形等复杂情形具有很好的适用性。通过对墙体中线进行拓扑关系的构建，生成 19 个空间单元，其中 1 个具有内边界信息。在此实验环境条件下，以上墙体符号连通性恢复、墙体中线提取和拓扑关系构建的平均实验时间分别为 33.2ms、46.8ms 和 327.2ms。

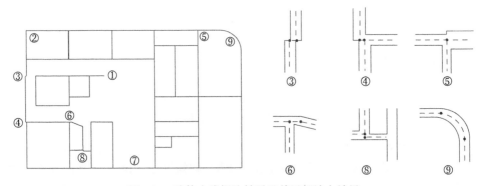

图 3.18　墙体中线提取结果及其局部放大效果

3) 空间数据生成实验结果分析

　　以上室内位置地图空间数据自动生成实验说明，墙体符号连通性恢复方法能够较好地处理墙体与柱子、门窗符号的复杂几何关系(图 3.16 中⑥、⑧等)，算法易于实现且具有较好的适用性，并得到了连续墙体符号形成的室内空间划分；墙体中线提取算法是基于相邻墙段中线的几何关系生成中线节点，能够有效处理变宽(图 3.18 中⑥)、弧形(图 3.18 中⑨)等复杂墙体类型。另外，相比基于建筑平面图的三维重建，本书的方法能够获取室内空间划分及其相邻和连通关系，有效实现了室内位置地图空间数据的自动生成。当然，以上方法对建筑平面图的数据质量要求较高，当绘图不规范造成墙线缺失时，需要在建筑平面图预处理过程中对相关错误进行修正。

3.3　室内位置地图语义数据处理的模型与方法

3.3.1　室内位置地图语义数据处理内容

1. 室内位置地图语义数据模型

室内位置地图语义数据主要指室内对象各种属性特征和位置服务相关内容等方面的语义信息，本书将其分为基本属性、深度内容和动态信息三部分，并建立室内位置地图语义数据模型，如图 3.19 所示。

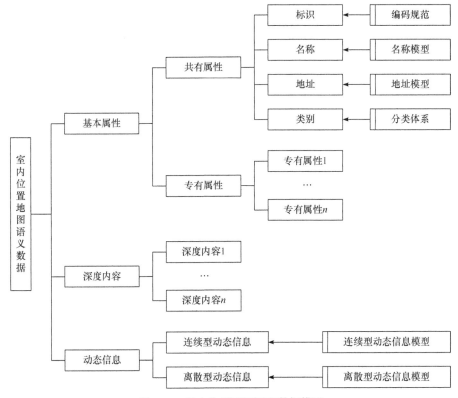

图 3.19　室内位置地图语义数据模型

1) 基本属性

基本属性是面向室内位置服务功能需求而描述的室内对象显性属性特征，分为共有属性和专有属性两部分。

共有属性是绝大多数室内对象通常都会具备的属性特征。某种程度上可以将其理解为室内对象的必备属性，主要包括标识、名称、地址和类别四个方面。①标识：属于一种对象编码，主要用于区分不同的室内对象。对象标识的制定需要遵循相应的编码规范。②名称：由于人们理解角度和描述习惯的差异，相同室内对象的名称可能存在不同的语义描述。因此，为了便于名称语义内容的识别和处理，需要建立包含中文名称、英文名称、别名、简称等内容的室内对象名称模型。③地址：采用结构化的自然语言描述的室内对象位置语义信息。地址中包含表示不同位置级别的地址要素，通过相应的地址模型实现地址要素的结构化组织。④类别：属于一种对象标签，主要用于描述室内对象的功能作用或服务内容等。对象类别的制定需要遵循统一的分类体系。

专有属性是不同类型室内对象各自具备的属性特征。由于对象类型的差异，专有属性的具体表象也会存在一定区别。因此，需要结合室内位置服务的功能需求，选取主要属性特征进行描述。例如，电梯的专有属性主要包括服务楼层、生产厂商、最大载重、检修日期和求救电话等；店铺的专有属性主要包括联系电话、营业时间、品牌 Logo、互联网协议(internet protocol，IP)地址和媒体访问控制(media access control，MAC)地址等。

2) 深度内容

深度内容是面向室内位置服务功能需求而获取的室内对象隐性内容知识，相比基本属性更加侧重于对象深层次服务特征和功能作用等方面的语义描述，是实现室内位置服务个性化和智能化的重要基础。例如，电梯的深度内容主要包括运行高峰时段和日均使用频率等；店铺的深度内容主要包括客户评价和消费群体等。室内对象的深度内容难以通过常规手段获取，因此需要利用互联网、传感网和行业网等网络蕴含的泛在信息，利用统计分析、知识发现等数据挖掘手段进行处理，从而生成室内对象的相关内容。

3) 动态信息

动态信息是室内对象具备的一种存在显著时效特点的实时或准实时的位置服务相关信息，或将其理解为一种位置服务相关的事件信息，采用动态叠加的方式关联至室内对象。根据动态信息的存在方式及其变化特征，可以将其分为连续型动态信息和离散型动态信息两种类型。

(1) 连续型动态信息。

连续型动态信息指长期或周期性地存在并且更新频率较快的动态信息，如店铺的当前排队人数等。连续型动态信息的模型主要包括信息来源、信息主题、信息内容、更新频率、发布时间和采集时间等。相同室内对象叠加连续型动态信息时需要优先选择更新频率较快的信息来源，并且不能重复叠加相同主题的连续型动态信息。

(2) 离散型动态信息。

离散型动态信息指阶段性存在并具有明显有效作用时间的动态信息，如店铺的团购或打折信息等。离散型动态信息的模型主要包括信息来源、信息主题、信息内容、有效时段、发布时间和采集时间等。相同室内对象叠加多条相同信息主题和信息内容的离散型动态信息时，如果动态信息的有效时段不存在交集，那么作为各自独立的动态信息分别进行叠加；否则，需要对有效时段存在交集的动态信息进行合并再进行动态信息的叠加。

2. 室内位置地图属性语义关系

语义关系代表两个概念之间有意义的关联，最早在语言学、逻辑学、心理学和计算机等领域被定义和研究。概念和关系是构成语义关系的两个重要元素。其中，概念是语义的基本单元，关系是衔接各种概念和知识的链条[71]。室内位置地图属性语义关系主要指室内对象属性特征的命名方式、语义内容等方面的关系，能够更加有效地反映室内位置地图语义数据内在关联特征。本书将其分为映射关系、等价关系、等级关系和转换关系等类型，如图 3.20 所示。

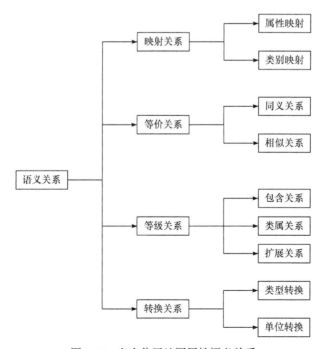

图 3.20 室内位置地图属性语义关系

1) 映射关系

映射关系指两个概念之间在语义上的一种相互对应关系。由于不同来源室内对象语义数据属性命名规范和对象分类体系的差异，需要通过映射关系来解决语义不一致的问题。映射关系主要分为属性映射和类别映射两种情况。

(1) 属性映射指不同来源室内对象语义数据之间属性特征的相互对应关系。通过属性映射能够解决属性特征命名规范不一致的问题。图 3.21 给出了数据源 *A* 和数据源 *B* 关于商场店铺的属性映射关系。

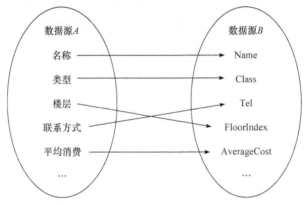

图 3.21　数据源 *A* 和数据源 *B* 关于商场店铺的属性映射关系

(2) 类别映射用于建立不同分类体系的对应关系。由于不同来源语义数据中室内对象分类体系的差异，相同室内对象在不同语义数据来源中的类别特征存在一定差别。图 3.22 给出了分类体系 *A* 和分类体系 *B* 关于服装子类的类别映射关系。

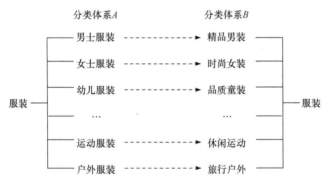

图 3.22　分类体系 *A* 和分类体系 *B* 关于服装子类的类别映射关系

2) 等价关系

等价关系指两个概念语义表达上相同或相近的关系。自然语言描述的室内对象属性内容存在一定的主观性，造成相同属性特征语义内容的差异。等价关系主要分为同义关系和相似关系两种情况。

(1) 同义关系指两个概念语义表达上完全相同的关系。例如，NIKE 与耐克、KEER 与千叶珠宝代表相同的品牌等。室内对象命名不规范等造成多个对象存在同义关系的情况。因此，需要根据室内对象的名称模型，构建室内对象名称知识库，从而建立不同名称语义的关联关系。

(2) 相似关系指两个概念语义表达上并不完全相同，但具有一定相似度的关系，如太平鸟男装和太平鸟服装等。造成相似关系的主要原因包括相同对象命名不规范和不同对象语义相似等，通常根据字符串的文本相似度进行评价。

3) 等级关系

等级关系指两个概念语义上表现为整体与部分的包含关系、大类与子类的类属关系以及内容语义之间的扩展关系，从而形成语义表达的层级结构。等级关系主要分为包含关系、类属关系和扩展关系三种类型。

(1) 包含关系指两个概念语义表达上存在的整体与部分关系。对于室内位置地图语义数据而言，包含关系主要存在于概念模型中不同层次的对象，如建筑对象包含楼层对象、楼层对象包含空间单元和服务设施等。

(2) 类属关系指语义深浅不同的概念之间的关系，即某概念的语义包含在另一概念的语义外延中。室内对象的类别特征是最为典型的类属关系，如男装和女装均属于服装的子类等。

(3) 扩展关系指两个概念语义表达上的延续或继承关系。例如，楼层地址可以通过继承建筑地址并加上楼层号扩展而来，空间单元地址可以通过楼层地址加上房间号扩展而来或直接继承楼层地址。

4) 转换关系

转换关系主要指进行多源语义数据匹配及融合处理时，由于变量类型或数值单位的不一致，需要将其中某一来源语义内容转换为另一来源对应语义内容的关系。转换关系主要分为类型转换和单位转换两种类型。

(1) 类型转换指具有相同属性特征但不同变量值类型的室内对象之间的转换关系。例如，楼层号可能采用整形变量 -1，1，2，3，$\cdots$，也可能采用字符串变量 B_1，F_1，F_2，F_3，$\cdots$，需要通过建立相应的类型转换规则，实现语义内容的转换与融合。

(2) 单位转换主要指整型或浮点型变量单位的转换关系。例如，描述空间单元面积的浮点型数值单位为平方米(m^2)或平方厘米(cm^2)，描述门窗宽度的浮点型数值单位为米(m)或厘米(cm)等，因此需要通过单位转换实现数值量度的统一。

3.3.2　泛在信息室内语义位置关联机制

当前室内位置地图语义数据的完整性和现势性较差，并且缺乏室内位置服务相关的服务内容信息，因此需要通过语义位置关联，建立泛在信息与室内对象的匹配关系，根据泛在信息中蕴含的室内对象语义信息，经过属性数据融合、深度内容挖掘和动态信息叠加等处理，完善现有室内位置地图的语义数据。

1. 室内语义位置模型

位置指现实世界或虚拟世界中特定目标所占用的空间，是泛在信息与室内位置地图关联的纽带。通过位置来组织、描述和理解现实世界与虚拟世界中人、事、物之间的关系是实现室内位置地图泛在信息关联、融合及叠加的重要途径[12]。现实世界中能够表达位置信息的方式主要包括地名、地址和坐标等。虚拟世界中表达位置信息的方式主要包括电话号码、IP 地址和 MAC 地址等。语义位置是特定场景与粒度空间位置特征及含义的描述，不同位置描述适用的场景和粒度不同。由于室内位置地图具有大尺度和精细化的特点，位置信息描述的精度要高，并且要适应室内对象的层次特征。为此，本书将适用于室内对象位置信息表达的语义位置模型分为以下类型。

1) 对象名称语义位置模型

名称作为室内对象的一种基本属性，通常用于区分相同建筑对象包含的室内对象，因此名称本身在一定程度上具有描述室内对象位置的功能。但是，由于室内对象名称具有一定的通用性，即不同建筑对象可能存在相同名称的室内对象，如大型商场内店铺名称等，需要通过建筑对象名称加以限定，从而区分室内外全局环境下不同的室内对象。对象名称语义位置模型本质上是室内对象名称与建筑对象名称构成复合名称，采用易于人们理解的方式进行组合来表达室内对象的位置信息。

2) 标准地址语义位置模型

地址是一种采用结构化的自然语言描述的位置语义信息。地址要素是构成地址信息不可再分的基本单元，能够指代不同级别的空间范围。地址模型是地址要素结构化组织和地址信息标准化的重要基础。由于人文环境不同和历史沿革等，我国不同地区通常根据自身实际情况建立相应的地址模型。为了便于室内地址信息的标准化处理，本书采用相对冗余的方式，建立适用于室内位置信息描述的标准地址语义位置模型(表 3.6)。其中，地址要素根据指代的空间范围分为 9 级，分别对应行政区划、建筑位置和室内位置三个方面。

表 3.6　室内位置信息描述的标准地址语义位置模型

地址要素	级别	分类	特征词
省级	1	行政区划	省、自治区、直辖市、特别行政区
地级	2		地级市、地区、盟、自治州

续表

地址要素	级别	分类	特征词
县级	3	行政区划	市辖区、县级市、县、旗、…
乡级	4		乡、镇、街道、…
道路名	5	建筑位置	路、街、巷、大道、…
门牌号	6		号、…
楼层号	7	室内位置	楼、层、F、B
房间号	8		号、户、室

3) 空间坐标语义位置模型

坐标是特定坐标系下采用坐标值描述的位置信息。坐标系是空间坐标语义位置模型的核心，根据是否包含高度信息，可以将其分为平面坐标系和三维坐标系两种类型。常用的平面坐标系主要包括地理坐标系、投影平面坐标系和独立平面坐标系等类型；常用的三维坐标系主要包括大地坐标系、投影高程复合坐标系和独立三维坐标系等类型。空间坐标语义位置需要说明具体的坐标系类型以及对应的坐标值。

4) 相对位置语义位置模型

相对位置是以某已知位置信息的室内对象为参照，通过相对于参照对象的拓扑、方位及距离等信息来描述目标对象位置信息。相对位置语义位置描述需要说明具体的参照对象以及目标对象相对于参照对象的拓扑、方位和距离等信息。

5) 电话号码语义位置模型

电话号码包括固定电话号码和移动电话号码两种类型。虽然固定电话和移动电话归属地能够指代某一具体的行政区划或空间范围，但是号码本身的位置描述精度不能满足室内位置的精度需求。因此，需要预先建立电话号码与特定室内对象的关联关系，从而实现电话号码语义位置的描述。

6) IP 地址语义位置模型

IP 地址相当于互联网上每一台主机(或服务器)的编号。通过 IP 地址能够唯一指向互联网上室内位置服务相关内容和服务信息。IP 地址语义位置描述需要预先建立具体 IP 地址与特定室内对象的关联关系。

7) MAC 地址语义位置模型

MAC 地址属于一种物理地址或硬件地址，用于定义网络设备的位置。通过 MAC 地址能够唯一识别泛在网络的硬件对象，进而获取蕴含的位置相关信息。MAC 地址语义位置描述需要预先建立具体 MAC 地址与特定室内对象的关联关系。

2. 语义位置关联机制

语义位置关联是将来源广泛、类型复杂、时空参考异构的泛在信息，基于室内位置地图的语义位置模型，在语义和知识层次上通过位置进行深度感知关联，实现目标对象的全方位发现，如图 3.23 所示。

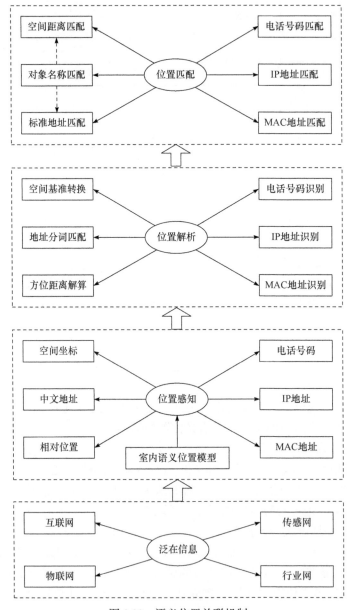

图 3.23　语义位置关联机制

1) 位置感知

位置感知指以语义位置模型为基础,通过定位系统、网页解析、终端识别等方式提取泛在信息蕴含的语义位置的过程。位置感知的结果可能是中文地址、空间坐标、相对位置、电话号码、IP 地址和 MAC 地址等。其中,基于地理坐标系的空间坐标和自然语言描述的中文地址是常见的两种形式。

2) 位置解析

位置解析指根据泛在信息的位置感知结果,针对特定语义位置模型的位置信息进行提取、识别、转换等处理,从而形成标准化室内语义位置信息的过程。其中,空间坐标需要与室内位置地图转换至统一的空间基准;中文地址需要经过地址分词匹配,生成规范化的标准地址信息;相对位置需要根据参照对象位置信息利用拓扑、方位距离解算获取目标对象空间坐标或标准地址形式的语义位置;电话号码需要区分固定电话和移动电话,并按照相应号码规范识别后转换至标准描述;IP 地址和 MAC 地址直接识别相应的语义位置内容。

3) 位置匹配

位置匹配是根据泛在信息的位置解析结果,通过位置语义建立泛在信息与室内对象的匹配关系。根据泛在信息蕴含的语义位置信息类型,位置匹配主要包括对象名称匹配、标准地址匹配、空间距离匹配、电话号码匹配、IP 地址匹配和MAC 地址匹配六种形式。但是,由于泛在信息和室内位置地图采用的空间基准参考各异,空间坐标描述室内对象位置的精度存在较大的局限性,并且泛在信息蕴含的空间坐标通常存在偏移等加密处理,造成通过空间距离匹配建立的泛在信息与室内对象匹配关系的适用性较差。因此,本书主要针对对象名称、标准地址、电话号码、IP 地址和 MAC 地址五种语义位置模型的位置匹配方法进行研究。

3.3.3　泛在信息室内语义位置匹配方法

1. 室内语义位置模型可信度评价

不同语义位置模型描述室内对象位置的准确度存在一定差别,从而造成通过语义位置进行室内对象匹配的结果存在不同的可信度。为此,采用问卷调查和专家打分的方式,对不同语义位置模型的可信度进行评价。假设 $R(P)$ 表示语义位置模型 P 的可信度,将语义位置匹配结果划分为五级,对应的可信度区间如表 3.7 所示。根据表 3.7 采用百分制设计评分调查问卷,通过 30 名从事位置服务领域研究及应用的专家和技术人员,为对象名称、标准地址、MAC 地址、IP 地址和电话号码五种语义位置模型的可信度进行评分,结果如表 3.8 所示。对表 3.8 进行统计和计算后,得到五种语义位置模型可信度的评价结果,如表 3.9 所示。

表 3.7　语义位置匹配结果分级

匹配结果	无效匹配	极粗匹配	较粗匹配	较准匹配	精准匹配
可信度 $R(P)$	$0 \leqslant R(P) < 0.4$	$0.4 \leqslant R(P) < 0.5$	$0.5 \leqslant R(P) < 0.7$	$0.7 \leqslant R(P) < 0.9$	$0.9 \leqslant R(P) \leqslant 1.0$

表 3.8　室内语义位置模型可信度评分统计

编号	对象名称	标准地址	电话号码	MAC地址	IP地址	编号	对象名称	标准地址	电话号码	MAC地址	IP地址
1	80	70	70	80	20	16	50	60	40	60	40
2	65	60	80	70	25	17	60	50	68	60	55
3	72	65	60	60	40	18	86	72	58	75	45
4	92	80	60	70	60	19	90	75	65	70	59
5	83	70	65	60	36	20	95	80	72	60	60
6	50	50	40	50	20	21	60	65	55	50	40
7	76	64	55	65	45	22	58	72	70	40	20
8	82	50	50	75	60	23	75	60	60	60	40
9	90	75	60	75	60	24	75	85	65	65	45
10	93	80	80	80	60	25	80	60	60	60	60
11	100	85	60	100	50	26	90	100	100	90	60
12	60	60	50	60	40	27	90	75	65	60	50
13	70	75	60	80	10	28	80	70	50	45	30
14	70	60	60	60	30	29	75	60	55	50	45
15	68	72	60	70	35	30	65	45	50	50	40

表 3.9　室内语义位置模型可信度评价结果

语义位置模型	对象名称	标准地址	MAC地址	电话号码	IP地址
可信度	0.76	0.68	0.65	0.61	0.42

2. 室内语义位置匹配度计算方法

泛在信息室内语义位置匹配需要综合语义位置模型可信度和语义位置内容相似度,来共同评价匹配的准确程度,称为语义位置匹配度。语义位置匹配度可分为单一语义位置匹配度和组合语义位置匹配度。根据语义位置匹配度,结合

表 3.7 中可信度的分级区间判断匹配结果。

1) 单一语义位置匹配度

如果泛在信息仅包含单一类型的语义位置信息，那么根据式(3.2)计算单一语义位置匹配度：

$$M(P) = R(P)S(P) \tag{3.2}$$

式中，P 表示某种语义位置；$R(P)$ 表示该语义位置模型的可信度；$S(P)$ 表示语义位置内容的相似度；$M(P)$ 表示单一语义位置的匹配度。

2) 组合语义位置匹配度

如果泛在信息包含多种类型的语义位置，那么不同类型语义位置的单一语义位置匹配度能够从不同方面对语义位置匹配结果作出进一步证明，从而提高语义位置匹配的精准度。为此，本书基于证据理论的基本思想[72-74]，提出了组合语义位置匹配度的计算方法：

$$C(P_1^n) = 1 - \prod_{i=1}^{n}(1 - M(P_i)) \tag{3.3}$$

式中，$P_i(1 \le i \le n)$ 表示组合语义位置中的一种；$M(P_i)$ 表示该语义位置的单一语义位置匹配度；$C(P_1^n)$ 表示组合语义位置匹配度。

3.3.4　室内语义位置内容相似度评价

由于不同类型语义位置内容的描述方式存在较大差别，难以采用统一的方法评价各种语义位置内容相似度。为此，本书基于规则建立了不同语义位置内容相似度的评价方法。其中，标准地址和对象名称相似度评价涉及的相关权值是根据专家经验设置的初始值，今后可以利用大量样本数据对其进行调整和完善。

1. 标准地址相似度评价

室内对象按照标准地址模型存储建筑对象结构化地址信息，根据地址语义扩展关系，可以得到楼层和室内对象的标准地址。假设室内对象结构化地址为 S_1，泛在信息字符串地址为 A_2，本书建立基于规则的地址相似度 Sim_Address(S_1, A_2)评价方法，如图 3.24 所示。

1) 地址标准化处理

由于自然语言描述的地址存在表达不规范和地址要素缺失等情况，直接通过字符串编辑距离作为地址相似度评价的方法存在较大的局限性。因此，需要根据地名词典和特征词库对泛在信息字符串地址 A_2 进行中文地址分词处理，得到不同级别的地址要素，并根据标准地址语义模型生成结构化地址 S_2。

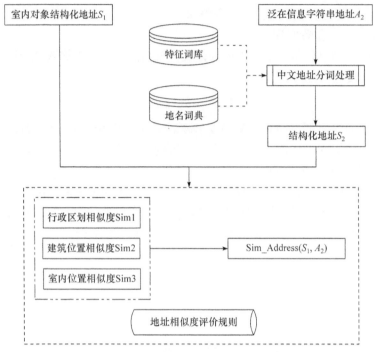

图 3.24　基于规则的标准地址相似度评价

2) 行政区划相似度

不同级别行政区划地址要素对相似度存在不同程度的影响，即表现为不同的权重 W_i。根据人们认知和理解地址语义的方式，行政区划部分的权重随着地址要素由粗略到精细逐渐增加。基于以上分析，计算行政区划相似度的主要流程如下。

(1) 动态分配不同地址要素权重 W_i。S_1 中最高行政级别地址要素权重为 1，下一个内容不为空的行政区划地址要素的权重为上一个非空地址要素权重加 1。

(2) 判断地址要素内容匹配结果 P_i。顺序遍历 S_1 中行政区划的地址要素，对于 S_1 中内容不为空的某地址要素，若 S_2 中对应地址要素内容为空，则 $P_i = 0$；若 S_2 中对应地址要素内容相同，则 $P_i = 1$；若 S_2 中对应地址要素内容不同，则 $P_i = -1$。

(3) 计算行政区划相似度 Sim1。如果地址要素匹配结果中存在 $P_i = -1$，那么 Sim1 = -1；否则，根据式(3.4)计算行政区划相似度：

$$Sim1 = \frac{\sum W_i P_i}{\sum W_i} \tag{3.4}$$

3) 建筑位置相似度

根据 S_1 与 S_2 中建筑位置的地址要素内容，以及泛在信息字符串地址 A_2 和室内对象所属建筑名称的关系，评价建筑位置相似度 Sim2，规则如下。

规则 1：若 S_1 与 S_2 的道路名和门牌号相同，则 Sim2 = 1。

规则 2：若 S_2 中门牌号为空且地址字符串 A_2 包含建筑对象名称，则 Sim2 = 1。

规则 3：若不满足规则 1 和规则 2，则 Sim2 = −1。

4) 室内位置相似度

根据 S_1 与 S_2 中室内位置的地址要素内容，评价室内位置相似度 Sim3，规则如下。

规则 1：若 S_1 与 S_2 的楼层号和房间号相同，则 Sim3 = 1。

规则 2：若 S_1 与 S_2 的楼层号或房间号不同，则 Sim3 = −1。

规则 3：若 S_2 中楼层号与房间号为空，则 Sim3 = 0。

规则 4：若不满足规则 1、规则 2 和规则 3，则 Sim3 = 0.5。

5) 地址相似度计算

根据 S_1 与 S_2 中行政区划相似度 Sim1、建筑位置相似度 Sim2 和室内位置相似度 Sim3，评价地址相似度 Sim_Address(S_1, A_2)，规则如下。

规则 1：若 Sim1 = −1 或 Sim2 = −1 或 Sim3 = −1，则 Sim_Address(S_1, A_2) = 0。

规则 2：若不满足规则 1，则 Sim_Address(S_1, A_2) = Sim1×0.2 + Sim2×0.6 + Sim3×0.2。

2. 对象名称相似度评价

室内对象名称通常表现为自然语言描述的词语或短语等，相比室外对象名称存在以下特征：①室内对象名称主要表现为没有明显规律的字符串，如周大福、ZARA、CASIO 等；②室内对象名称具有一定的通用性，如不同商场内包含相同店铺名称等；③室内对象名称作为一种语义位置时，需要将建筑名称作为一种限定条件来说明室内对象所属的建筑对象。假设室内位置地图中对象名称为 N_1，所属建筑对象的名称为 N，泛在信息对象名称为 N_2，建立基于规则的对象名称相似度 Sim_Name(N_1, N_2)评价方法，如图 3.25 所示。

1) 对象名称知识库

对象名称知识库是根据室内对象名称模型建立的名称相关知识集合。根据图 3.25 可以看出，对象名称知识库在基于规则的对象名称相似度评价中处于重要地位。如表 3.10 所示，对象名称知识主要包括中文名称、英文名称、别名、简称和类型。

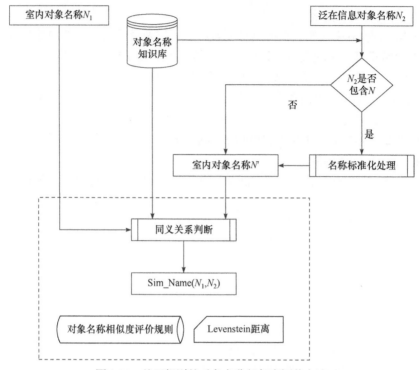

图 3.25 基于规则的对象名称相似度评价方法

表 3.10 对象名称知识库示例

中文名称	英文名称	别名	简称	类型
北京新东安广场	北京 apm	新东安市场	新东安广场	建筑
阿迪达斯	adidas	—	阿迪	品牌
卡西欧	CASIO	—	—	品牌

2) 名称标准化处理

泛在信息对象名称通常以包含建筑对象名称作为限定条件，因此为了保证名称相似度评价的准确性，需要对其进行标准化处理，主要包括以下两个步骤。

(1) 结合对象名称知识库中对象类型为建筑且对象名称包含 N 的知识词条，判断泛在信息对象名称 N_2 是否包含该词条内四种类型的名称。如果不包含建筑对象名称，那么名称标准化处理结束；如果包含建筑对象名称，那么进行下一步处理。

(2) 移除泛在信息对象名称中包含的建筑对象名称，同时去除建筑对象名称相邻的"店"等通名词汇以及"()"等特殊符号，剩余部分的名称即为泛在信息对应的室内对象名称 N'。例如，"ZARA(西单大悦城店)"经过标准化处理的室内对象名称为"ZARA"。

3) 名称相似度评价

Levenstein 距离是应用最为广泛的字符串相似度计算方法，它通过添加、删除、插入和替换等字符操作将某一字符串 Z_1 变成另一字符串 Z_2 的最少编辑次数来度量 Z_1 与 Z_2 之间的相似度，又称为字符串编辑距离法，其表达式为

$$\text{Levenstein}(Z_1, Z_2) = 1 - \frac{\text{EditDist}}{\text{MaxLenth}} \tag{3.5}$$

式中，MaxLenth 表示字符串 Z_1 与 Z_2 的最大长度；EditDist 表示最少编辑次数。Levenstein(Z_1, Z_2)取值为 0～1，值越大表示 Z_1 与 Z_2 相似度越高。

规则 1：如果泛在信息名称 N_2 不包含建筑名称，且泛在信息不包含地址信息或地址信息相似度小于 0.6，名称 N_1 与名称 N' 属于同义关系，那么 Sim_Name(N_1, N_2) = 0.5。

规则 2：如果泛在信息名称 N_2 不包含建筑名称，且泛在信息不包含地址信息或地址信息相似度小于 0.6，名称 N_1 与名称 N' 不是同义关系，那么当编辑距离 Levenstein(N_1, N') ⩾ 0.6 时，Sim_Name(N_1, N_2) = Levenstein(N_1, N') × 0.5；否则，Sim_Name(N_1, N_2) = 0。

规则 3：如果泛在信息名称 N_2 包含建筑名称，或泛在信息包含地址信息且地址信息相似度大于等于 0.6，名称 N_1 与名称 N' 属于同义关系，那么 Sim_Name(N_1, N_2) = 1。

规则 4：如果泛在信息名称 N_2 包含建筑名称，或泛在信息包含地址信息且地址信息相似度大于等于 0.6，名称 N_1 与名称 N' 不是同义关系，那么当编辑距离 Levenstein(N_1, N') ⩾ 0.6 时，Sim_Name(N_1, N_2) = Levenstein(N_1, N')；否则，Sim_Name(N_1, N_2) = 0。

3. 其他语义位置相似度评价

MAC 地址、IP 地址和电话号码都具有各自的描述规范，并且内容表达要求较为精确，位置内容稍微出现差异时便不能实现正确的位置关联。因此，针对以上三种语义位置通过内容对比进行相似度评价，若相同则相似度为 1，若不同则相似度为 0。

3.4 室内位置地图路径数据处理的模型与方法

路径信息作为室内位置地图数据的重要组成部分，是实现室内路径规划与导

航的重要基础。当前室内路径采用的数据模型主要包括语义模型、栅格模型和网络模型等。但是，由于室内空间环境的特殊性，现有的室内路径数据模型在室内路径表达与路径数据获取等方面的适用性较差。为此，本书提出了一种室内栅格通行区域模型，并研究了栅格通行区域的自动提取算法。选取某商场单楼层进行不同栅格尺度的通行区域自动提取和路径规划实验，验证模型的有效性和算法的适用性。

3.4.1　现有室内路径数据模型

建筑对象多楼层垂直叠加，使得其与室内外路径规划与导航存在重要区别，通常采用分楼层路径规划的方式进行简化，相邻楼层之间通过电梯、楼梯等跨楼层通行设施实现连通[75]。因此，单楼层室内路径建模和路径数据提取是路径数据处理的关键。为了实现室内位置服务中的路径规划与导航功能，需要采用相应的数据模型描述室内对象之间的连通关系等路径信息，从而满足路径规划和路径表达对室内路径数据的需求。另外，室内路径数据模型还需要考虑路径数据获取的难易程度，即是否能够实现路径数据的自动化或半自动化提取。目前，用于描述室内路径信息的数据模型主要包括语义模型[76-79]、栅格模型[80-82]和网络模型[83-85]等，其中网络模型是当前室内位置地图应用最为广泛的路径数据模型[86-91]。

图 3.26 为某楼层室内平面环境示意图，面状要素 A、B、C、D 分别代表通过墙体等边界划分的不同室内空间，d_1、d_2、d_3 分别代表相邻室内空间的出入口。根据室内位置地图几何对象模型和对象拓扑关系，分别将 A、B、C、D 抽象为通过节点和边链构成的多边形对象；将 d_1、d_2、d_3 抽象为具有宽度信息的点状缺口对象，并依附于相邻室内空间公共的边链，从而建立相邻室内空间的连通关系。以图 3.26 为例，对现有室内路径数据模型及其适用性进行分析。

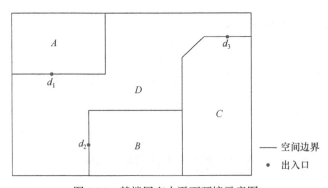

图 3.26　某楼层室内平面环境示意图

1. 语义模型

语义模型是一种基于拓扑空间建立的对象连通图，来描述室内对象之间连通性的路径数据模型。它通过不包含位置信息的对象表示室内实体的语义信息，利用连通性表示对象之间是否存在连通关系。因此，语义模型并不具备几何特征。下面分别从对象和连通性两个方面介绍室内路径的语义模型。

1) 对象

此处所指的对象不同于室内位置地图概念模型中的室内对象，它只是对楼层内客观存在的室内对象名称、类型等语义信息的一种抽象表达。它不仅可以表示房间、楼道、大厅等室内空间单元，也可以表示楼梯、直梯、扶梯等室内通行设施。图 3.26 所示的室内平面环境中，室内空间 A、B、C、D 分别可以抽象为语义模型中的对象。

2) 连通性

室内路径语义模型的连通性同样不具备几何特征，它只是对室内对象之间连通关系的一种抽象表达，用于表示两个室内对象之间是否可以直接连通。图 3.26 所示室内平面环境中，室内空间 A 与室内空间 D 之间具备连通性，而与室内空间 B 或 C 之间不具备连通性。根据室内位置地图几何对象模型和对象拓扑关系，易于提取和建立用于描述室内路径信息的对象连通图。图 3.27 即为图 3.26 对应的对象连通图。

其中，室内空间 A、B、C、D 分别抽象为语义模型中的对象；根据出入口 d_1、d_2、d_3 依附的公共边界建立对应室内空间的连通性。如果将具备连通性的室内对象之间的路径表示为单位距离，不存在连通关系的室内对象之间的路径表示为无穷大，那么应用 A^* 算法等路径规划算法便能够判断任意室内对象之间是否存在

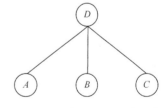

图 3.27　语义模型描述的路径信息

间接的连通关系。例如，图 3.27 中室内空间 A 与 B 之间需要经过室内空间 D 才能建立连通关系。

虽然根据室内位置地图空间数据易于建立对应的对象连通图，但是采用语义模型的室内路径信息不具备几何特征，导致用于室内位置服务中路径规划与导航时存在一定的局限性。首先，仅能够分析室内对象之间的连通性，但不支持基于最短距离的路径规划；其次，能够实现室内对象连通性的语义描述，但不支持路径规划结果的可视化表达。

2. 栅格模型

栅格模型是按照相同间隔对连续室内空间环境进行二维划分，并根据每个栅格所代表的实际空间范围包含的室内对象特征，判断栅格是否可以通行，从而实现连续室内空间环境的离散化表示。基于栅格模型描述室内路径信息主要包括栅格划分、栅格类型和行进方向三个方面的内容。

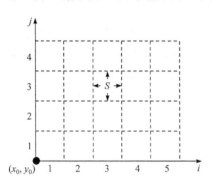

图 3.28　离散栅格的划分

1) 栅格划分

室内空间环境经过栅格划分才能得到离散化的栅格集合，每个栅格通过行号 $i(i=1,2,3,\cdots,m)$ 和列号 $j(j=1,2,3,\cdots,n)$ 的组合可以唯一标识所处的栅格空间位置。划分离散栅格时主要涉及栅格原点和栅格尺度两个方面的影响因素。其中，栅格原点指行号和列号均为 1 的栅格的左下角对应的室内平面坐标(图 3.28)，通常取空间数据的最小横坐标 x_0 和纵坐标 y_0，表示为 (x_0, y_0)；栅格尺度指划分栅格时采用的间隔大小，即栅格的边长，表示为 S。

2) 栅格类型

通过特定栅格尺度进行栅格划分，生成离散化的栅格集合后，需要根据每个栅格所代表的实际室内范围存在的室内对象特征来判断栅格类型。栅格主要分为通行栅格、障碍栅格、缺口栅格三种。如果某栅格所代表的室内局部空间不存在阻碍通行的障碍物，那么该栅格为通行栅格；如果存在如墙体、家具、天井等障碍物，那么该栅格为障碍栅格；如果存在门等可通行的缺口，那么该栅格为可通行的缺口栅格，图 3.26 中 $d_1 \sim d_3$ 所处的栅格为缺口栅格。

3) 行进方向

根据当前栅格与周围相邻栅格的位置关系，可以将当前栅格下一步可能行进的相邻栅格分为 8 方向邻接和 4 方向邻接两种情况。其中，8 方向邻接指通过边界或顶点与当前栅格相邻的栅格均可作为下一步行进的相邻栅格，同时根据相邻栅格的位置关系，将其按照顺时针方向采用整数 1~8 划分为 8 个邻接方向[图 3.29(a)]，沿奇数邻接方向每次行进的距离等于栅格尺度 S，沿偶数邻接方向每次行进的距离为 $\sqrt{2}S$；4 方向邻接指只能通过边界与当前栅格相邻的栅格作为下一步行进的相邻栅格，同样按照顺时针方向采用整数 1~4 将其划分为 4 个邻接方向[图 3.29(b)]，相邻栅格之间每次行进的距离为 S。

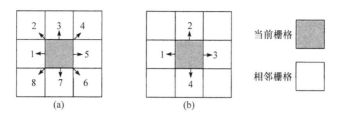

图 3.29　相邻栅格的邻接方向

基于栅格模型进行室内路径规划时，首先需要根据起点和终点对应的室内平面坐标，分别计算所处的起始栅格和终止栅格；然后设置栅格的行进方向为 8 方向或 4 方向的相邻栅格，将起始栅格作为当前栅格开始判断下一步可能行进至的通行栅格及行进的距离；最后基于 A*算法将行进至的栅格作为当前栅格，并继续判断下一步的行进栅格直至到达终止栅格，至此便完成了从起始栅格到终止栅格所经过栅格列表的获取，将栅格位置转换为室内平面坐标即可获得最终的室内路径。如图 3.26 所示的平面环境，经过栅格划分和类型判断，得到的室内路径规划如图 3.30 所示。图中采用行进方向为 8 方向相邻栅格和 A*算法，求得起始栅格 P 到终止栅格 Q 的最短路径。

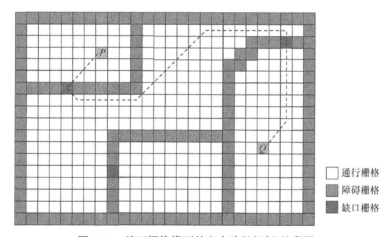

图 3.30　基于栅格模型的室内路径规划(见彩图)

3. 网络模型

网络模型是一种基于欧几里得空间建立的节点关系图，描述室内对象之间连通关系的路径数据模型。它通过包含位置信息的节点表示楼层内客观存在的实体对象，通过路径表示节点之间是否存在连通关系。由于节点具备几何特征，连接两个节点之间的路径同样具备几何特征。下面从节点和路径两个方面，说明基于网络模型的室内位置地图路径信息。

1) 节点

几何意义上类似于室内位置地图几何对象模型中的节点对象，即利用 Point 对象表示位置信息，属于一种几何拓扑对象，其包含了引用该节点作为起点或终点的路径对象标识的集合。根据网络模型将室内对象抽象为节点的方式，可以将网络中的节点分为对象节点和路径节点两种类型。

(1) 对象节点。

对象节点代表具体室内对象的节点，主要用于表示室内导航与位置服务中的目标对象，如房间、楼梯、电梯和咨询台等。将房间抽象为节点时主要存在两种方式，一种是采用房间门的中心点，若房间存在多个门，则需要抽象为多个节点；另一种是采用房间内部的中心点，但是该方式不太适用于房间形状较为复杂的情况。

(2) 路径节点。

路径是对象节点之间的连接。如果直线连接两个节点作为路径，那么该路径可能存在穿越墙体或其他室内障碍的情况，从而造成路径信息的错误。因此，需要在连接不同室内对象节点的路径上，增加代表相应室内空间的路径交叉点或转折点，称之为路径节点。例如，走廊区域内通常选择中轴线的转折点或交叉点作为路径节点。

2) 路径

几何意义上类似于室内位置地图几何对象模型中的边链对象，即通过引用节点对象的标识表示路径起点和终点的位置信息，路径即为连接起点与终点之间的直线段。它同样属于一种几何拓扑对象，但是只需要表示与节点之间的"点-链"拓扑关系，而不包含路径左右两侧多边形的拓扑信息。

室内环境中通常将走廊的中轴线作为主要的路径信息，然后在垂直方向上将对象节点与走廊路径相连接构成整个楼层室内环境的拓扑网络，走廊部分路网上的节点即为路径节点。图 3.31 为图 3.26 中室内平面环境基于网络模型的室内路径信息。其中，室内空间 A、B、C 分别根据出入口 d_1、d_2、d_3 抽象为对象节点，室内空间 D 根据走廊的中轴线以及对象节点到中轴线的垂线生成系列路径节点，相关路径节点和对象节点的连线构成拓扑路网。路径中两个节点之间的距离，即为基于网络模型的实际空间距离，采用 A* 算法便能够生成对应起始节点和终止节点之间的最短路径。

构建路径网络模型需要解决的关键问题是如何自动提取室内路网，现有基于约束 Delaunay 三角网剖分提取走廊中轴线[92-94]以及采用"Door-Door"[95]生成房间内部路径的方法，需要走廊及其他室内空间具有明确的几何信息，并且难以处理空间内部存在障碍物等复杂情况的室内环境[96]。然而，室内位置服务的应用

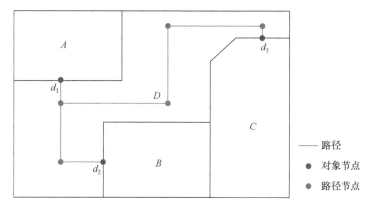

图 3.31　基于网络模型的室内路径信息

环境大多是大型公共建筑，室内空间结构复杂，走廊区域大多存在天井、展台等障碍物，并且通常不会单独采集几何信息，难以实现室内路径的自动提取，从而造成当前主要通过矢量化采集生成室内路径的情况，较大程度上降低了路径数据的获取效率。

3.4.2　室内栅格通行区域模型

1. 模型的基本原理

基于栅格模型进行路径规划时需要不断遍历当前栅格的相邻栅格，从而判断下一步的行进方向。因此，当室内空间范围较大或栅格尺度较小而导致栅格数目较多时，会增大路径规划算法的搜索空间，难以满足室内实时路径规划与导航的应用需求。为此，在栅格模型的基础上对关联相同室内对象的通行栅格进行聚合，从而形成内部任意两个栅格之间可以无障碍通行的栅格通行区域，同时建立相邻栅格通行区域之间的连通关系。图 3.32 以图 3.26 为基础，给出了基于网络模型的室内路径信息。

栅格模型中任意两个目标栅格之间直接通行时，需要经过的栅格集合称为途经栅格，即与目标栅格中心点的连线相交的栅格集合，如图 3.33 所示。途经栅格是判断栅格之间是否可以直接通行和实现栅格通行区域自动提取的重要基础。如果两个通行栅格之间的途经栅格均为通行栅格，那么它们之间可以直接通行；否则，不能直接通行。假设室内栅格模型的栅格尺度为 S，通行栅格 G_A 的行列号分别为 i_A、j_A，通行栅格 G_B 的行列号分别为 i_B、j_B。如果栅格 G_A 与栅格 G_B 之间可以直接通行，那么它们之间实际的室内行进距离为 $\sqrt{(i_A - i_B)^2 + (j_A - j_B)^2} \times S$。

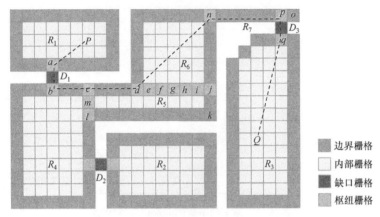

图 3.32　室内栅格通行区域示例(见彩图)

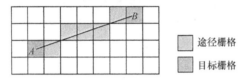

图 3.33　目标栅格间的途经栅格(见彩图)

传统栅格模型应用于室内路径时主要包括通行栅格、障碍栅格、缺口栅格三种类型。为了实现室内栅格通行区域的自动提取和路径规划结果的语义表达，需要对传统的栅格模型进行扩展和完善，主要包括栅格的关联对象、隶属区域和栅格类型三个方面。

1) 关联对象

关联对象主要用于表示栅格的语义信息，通过栅格关联的室内空间或其他类型的室内对象标识来描述。栅格关联对象是将相互独立的通行栅格聚合成栅格通行区域和赋予通行区域语义信息的重要基础。图 3.32 中栅格 a 的关联对象为室内空间 A，栅格 c 的关联对象为室内空间 D。

2) 隶属区域

经过栅格通行区域提取，可通行的栅格至少隶属于一个栅格通行区域。如果可通行的栅格隶属于多个栅格通行区域，那么所隶属的栅格通行区域之间可以通过该栅格实现连通。图 3.32 中栅格 d 的隶属区域为 R_5 和 R_6。

3) 栅格类型

根据栅格的关联对象、隶属区域和相邻栅格的性质，将其分为障碍栅格、缺口栅格、内部栅格、边界栅格和枢纽栅格五种类型。

(1) 障碍栅格。

如果栅格所代表的室内局部范围内存在墙体等空间单元边界、天井等不可穿越空间或家具等室内障碍物，那么该栅格为不可通行的障碍栅格。

(2) 缺口栅格。

室内位置地图概念模型中将门等缺口抽象为点状要素，并依附于墙体等室内空间的边界，它是构成室内空间连通关系的重要基础。因此，需要将缺口中心点所处的栅格作为缺口栅格，并将对应的缺口作为栅格的关联对象。

(3) 内部栅格。

如果某栅格隶属于唯一的栅格通行区域，并且奇数邻接方向的相邻栅格满足以下 3 点，那么称该栅格为唯一隶属的栅格通行区域的内部栅格：①相邻栅格均为通行栅格；②相邻栅格的关联对象相同；③相邻栅格的隶属区域均包含当前栅格唯一隶属的通行区域。图 3.32 中栅格 P 与栅格 Q 分别为栅格通行区域 R_1 和 R_3 的内部栅格。

(4) 边界栅格。

如果某栅格隶属于唯一的栅格通行区域，但不满足内部栅格的条件，那么称该栅格为隶属栅格通行区域的边界栅格。边界栅格主要用于描述栅格通行区域的范围，它是构成栅格通行区域几何轮廓的重要基础。图 3.32 中栅格 k 为栅格通行区域 R_5 的边界栅格。

(5) 枢纽栅格。

如果某栅格隶属于多个栅格通行区域，那么称该栅格为隶属多个栅格通行区域的枢纽栅格。它主要用于建立相邻栅格通行区域之间的连通关系，并且与对应栅格通行区域的边界栅格共同构成了栅格通行区域的几何轮廓。图 3.32 中栅格 c、m、l 为通行区域 R_4 和 R_5 的枢纽栅格，栅格 n 为通行区域 R_6 和 R_7 的枢纽栅格。

根据栅格通行区域的空间特征和相邻栅格通行区域之间的连通关系，应用 A^* 算法便可以实现基于最短距离的室内路径规划。图 3.32 中包含 $R_1 \sim R_7$ 共 7 个关联不同室内空间的栅格通行区域(简称为空间区域)，以及 $D_1 \sim D_3$ 共 3 个关联不同出入口的通行区域(简称为缺口区域)，通过枢纽栅格建立相邻栅格通行区域之间的连通关系。其中，空间区域 R_1 内的栅格 P 可以直接行进到与缺口区域 D_1 连通的枢纽栅格 a，经过 D_1 可以直接行进到与空间区域 R_4 连通的枢纽栅格 b，经过空间区域 R_4 可以直接行进到与空间区域 R_5 连通的枢纽栅格 c、m、l 或与缺口区域 D_2 连通的枢纽栅格。基于上述栅格通行区域路径规划原理和栅格之间的行进距离，图 3.32 中采用 A^* 算法得到栅格 P 至栅格 Q 的最短路径为 $P\text{-}a\text{-}b\text{-}c\text{-}d\text{-}n\text{-}p\text{-}q\text{-}Q$。

2. 区域模型的表示

为了将基于栅格通行区域模型的路径信息应用于室内位置服务，还需要对栅格通行区域的模型数据进行组织和存储。室内栅格通行区域模型的表示主要包括通行区域表示和连通关系表示两部分。

1) 通行区域表示

栅格通行区域采用栅格空间描述通行区域的边界范围，并通过通行区域内包含的边界栅格和枢纽栅格构成区域的几何轮廓，主要包括区域标识、区域轮廓、关联对象和连通区域四个方面。

(1) 区域标识。

区域标识是用于区分不同栅格通行区域的唯一编码或名称。图 3.32 中分别采用 $R_1 \sim R_7$ 和 $D_1 \sim D_3$ 对提取的栅格通行区域进行唯一描述。

(2) 区域轮廓。

根据栅格通行区域包含的栅格数目以及栅格之间的位置关系，将通行区域的轮廓分为点、线、面三种类型。点状轮廓表示该栅格通行区域仅包含唯一的栅格，采用该栅格位置表示通行区域的空间信息。例如，缺口区域便是典型的点状轮廓通行区域[图 3.34(a)]。线状轮廓代表栅格通行区域所有栅格的位置共线，可以采用首尾栅格的位置构成的直线段表示[图 3.34(b)]。面状轮廓采用栅格通行区域包含的边界栅格与枢纽栅格的位置沿顺时针方向构成的多边形表示[图 3.34(c)]。

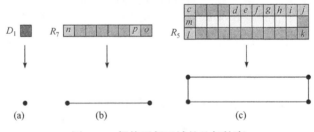

图 3.34　栅格通行区域的几何轮廓

栅格通行区域的几何轮廓采用栅格位置的坐标串来描述。点状轮廓与线状轮廓的几何特征相对简单，易于通过栅格通行区域的栅格数目及其位置关系判断和生成对应的几何轮廓。对于栅格通行区域面状几何轮廓的生成，首先，选取栅格通行区域包含的列号与行号最小的栅格作为起始栅格；然后，遍历相邻栅格中隶属区域包含当前通行区域的边界栅格或枢纽栅格，并基于极左路径原理选取构成多边形顶点的下一个栅格位置；最后，对多边形存在共线关系的顶点进行化简进而生成对应的多边形轮廓。图 3.34 分别给出了图 3.32 中存在的三种几何轮廓的栅格通行区域。

(3) 关联对象。

关联对象用于表示栅格通行区域的语义信息，通过关联的室内对象标识描述。栅格通行区域内包含的所有栅格具有相同的关联对象。图 3.32 中栅格通行区域 R_1 的关联对象为室内空间 A，栅格通行区域 $R_4 \sim R_7$ 的关联对象为室内空间 D。

(4) 连通区域。

连通区域用于表示从当前栅格通行区域内的任意栅格，可以直接行进至的栅格通行区域的集合。如果不存在可以直接行进至的栅格通行区域，那么连通区域为空。图 3.32 中区域 R_4 的连通区域为 $\{D_1, D_2, R_5\}$。

2) 连通关系表示

按照通行区域的表示方法对各个栅格通行区域进行组织，需要通过连通关系建立栅格通行区域之间的通行特征。连通关系的表示分为区域对偶和枢纽集合两个方面。

(1) 区域对偶。

区域对偶用于表示相互之间存在连通关系的两个栅格通行区域。假设栅格通行区域 A 和栅格通行区域 B 之间相互连通，那么它们构成的区域对偶表示为 $\langle A, B \rangle$，并且 $\langle A, B \rangle = \langle B, A \rangle$。例如，图 3.32 中栅格通行区域 R_4 与 R_5 构成的区域对偶可以表示为 $\langle R_4, R_5 \rangle$ 或 $\langle R_5, R_4 \rangle$。

(2) 枢纽集合。

枢纽集合与特定的区域对偶相对应，用于表示从区域对偶中某一栅格通行区域直接行进到另一栅格通行区域时，可以到达的枢纽栅格的集合。例如，图 3.32 中区域对偶 $\langle R_4, R_5 \rangle$ 的枢纽集合为 $\{c, m, l\}$。

3.4.3 栅格通行区域自动提取

室内栅格通行区域的自动提取步骤主要包括栅格模型初始化、通行区域初次提取以及通行区域邻域融合。为了简化算法的描述和便于算法的实现，建立栅格列表 GList[R] 存储栅格通行区域 R 内所有类型的栅格，建立栅格列表 BGList[R] 存储 R 内的边界栅格和枢纽栅格，建立栅格通行区域列表 SRList 和 DRList 分别存储提取到的空间区域和缺口区域。另外，建立以下自动提取过程中的通用方法。

方法 1：判断栅格 G 至栅格通行区域 R 的通行性，表示为 BTrav(G, R)。对于列表 BGList[R] 中的任意栅格 G_i，如果 G 与 G_i 之间的途经栅格存在某栅格为空，或为障碍栅格，或为隶属区域不包含 R 的内部栅格及枢纽栅格，那么 BTrav(G, R) = false；否则，BTrav(G, R) = true。

方法 2：判断区域 R_1 内栅格 G 至区域 R_2 的可融性，表示为 BMerg(G, R_1, R_2)。对于列表 BGList[R_2]中的任意栅格 G_i，如果 G 与 G_i 之间的途经栅格中存在某栅格为空，或为障碍栅格，或为隶属区域不包含 R_1 或 R_2 的内部栅格及枢纽栅格，那么 BMerg(G, R_1, R_2) = false；否则，BMerg(G, R_1, R_2) = true。

方法 3：向栅格 G 添加隶属区域 R。如果栅格 G 的隶属区域中存在 R，那么不再添加；否则，将 R 加入 G 的隶属区域，并判断添加后栅格 G 的隶属区域数目是否大于 1，若是，则设置 G 的类型为枢纽栅格。

方法 4：从栅格 G 中删除隶属区域 R。如果删除后栅格 G 的隶属区域数目小于 2，那么将 G 的类型设置为边界栅格。

方法 5：判断栅格 G 是否为区域 R 的内部栅格，表示为 BGinR(G, R)。遍历 G 所有奇数邻接方向 k 的相邻栅格 G_k，如果 G_k 的隶属区域均包含 R，并且 G 的隶属区域包含 R，那么 BGinR(G, R) = true；否则，BGinR(G, R) = false。

方法 6：从区域 R 删除栅格 G。首先，从列表 GList[R]删除 G，如果 G 是 R 的边界栅格或枢纽栅格，那么再从列表 BGList[R]删除 G；然后，按照方法 4 从栅格 G 删除隶属区域 R；接着，遍历 G 所有奇数邻接方向 k 的相邻栅格 G_k，如果 G_k 的类型为内部栅格且 BGinR(G, R) = false，那么设置 G_k 为边界栅格，并将 G_k 加入列表 BGList[R]。

方法 7：设置栅格 G 为区域 R 的内部栅格。如果 G 为边界栅格，那么直接设置 R 的类型为内部栅格；如果 G 为枢纽栅格，那么遍历 G 隶属区域包含的区域 R_i，若 $R_i \neq R$，则按照方法 6 从 R_i 删除 G，并按照方法 4 从 G 的隶属区域中删除 R_i。

方法 8：向区域 R 添加栅格 G。首先，将 G 加入列表 GList[R]；然后，若 BGinR(G, R) = false，则将 G 加入 BGList[R]；接着，按照方法 3 向 G 添加隶属区域 R；最后，遍历 G 所有奇数邻接方向 k 的相邻栅格 G_k，若 G_k 不是内部栅格且 BGinR(G_k, R) = true，则按照方法 7 设置 G_k 为 R 的内部栅格。

1. 室内栅格模型初始化

室内栅格模型初始化是实现室内栅格通行区域自动提取的重要基础，它需要结合室内位置地图的数据模型及组织方式，按照相应的栅格尺度生成离散化的室内栅格，同时初始化每个栅格的类型、关联对象、隶属区域等信息。假设栅格尺度为 S，栅格模型初始化的主要流程如下。

1) 划分离散栅格

选取室内位置地图最小横坐标与纵坐标作为原点，沿坐标轴方向采用间隔 S 将室内平面空间划分为一系列的离散栅格，并为每个栅格分配唯一的行列号。栅格尺度越小，反映室内环境特征的程度越精细，但是会导致栅格数目增加，并会影响提取栅格通行区域的效率。栅格尺度越大，划分的栅格数目越少，但是反映室内环境特征的程度较为粗略，可能导致走廊等狭窄室内空间连通性的缺失。

2) 判断栅格属性

根据室内位置地图对象类型及其通行特征判断相关栅格的属性。如果某室内空间 R_s 为可通行的区域，那么位于 R_s 内部的栅格初始化为边界栅格，关联对象为 R_s，隶属区域为空；与 R_s 边界相交的栅格初始化为障碍栅格，关联对象和隶属区域均为空。如果 R_s 为不可通行的区域，那么与 R_s 的边界及其内部相交的栅格均初始化为障碍栅格，关联对象和隶属区域为空。

3) 生成缺口栅格

门等缺口需要依附于墙体等室内空间的边界，从而造成缺口中心点所处的栅格被判为障碍栅格。因此，如果缺口 d 的中心点位于栅格 G 内部，那么设置栅格 G 为缺口栅格，栅格 G 的关联对象为 d。图 3.35 为图 3.26 中室内平面环境经过栅格模型初始化后的结果，其中缺口栅格 G_1、G_2、G_3 的关联对象分别为图 3.26 中的出入口 d_1、d_2、d_3。另外，如果栅格模型初始化后，经过某种方式的检验发现存在室内空间连通性缺失的情况，那么需要减小栅格尺度 S，并重新进行初始化。

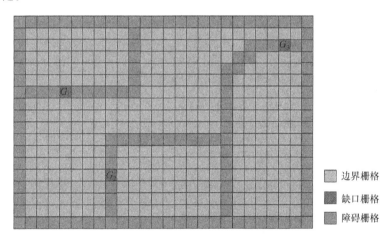

图 3.35　室内栅格模型初始化示例

2. 栅格通行区域初次提取

栅格通行区域初次提取是根据室内栅格模型初始化之后的栅格类型等信息，将关联相同室内对象的边界栅格聚合为不同的通行区域，并建立通行区域之间的连通关系。建立待扩展栅格列表 SGlist 和种子栅格 SGrid，初次提取的主要流程如下。

(1) 按照行列号递增的顺序遍历每行栅格。若已经遍历所有栅格，则转(7)；

否则，将该次遍历至的栅格作为种子栅格 SGrid，转(3)。

(2) 若待扩展栅格列表 SGlist 为空，则转(1)；否则，取出列表中最后的栅格作为种子栅格 SGrid，转(3)。

(3) 判断种子栅格 SGrid 的栅格类型。若该种子栅格 SGrid 为障碍栅格或隶属区域不为空，则转(2)；否则，转(4)。

(4) 新建栅格通行区域 R，向 R 添加 SGrid，并将 SGrid 的关联对象作为 R 的关联对象。若 SGrid 为缺口栅格，则将 R 加入 DRList，转(2)；若 SGrid 为边界栅格，则转(5)。

(5) 遍历列表 GList[R]。若已经遍历列表中所有栅格，则将 R 加入 SRList，转(2)；否则，获取遍历至的栅格 Grid，若 Grid 是内部栅格或枢纽栅格，则转(5)，若 Grid 是边界栅格，则转(6)。

(6) 按照邻接方向 1~8 的顺序遍历 Grid 的相邻栅格。若相邻栅格已经全部遍历，则转(5)；否则，根据遍历至的邻接方向 k 和相邻栅格 G_k，分以下情况进行处理。

① G_k 为空，或类型为障碍栅格、缺口栅格、内部栅格，或隶属区域包含 R，或与 Grid 的关联对象不同，转(6)。

② k 为偶数。获取邻接方向 $k-1$、$k+1$ 的相邻栅格 G_{k-1}、G_{k+1}，若 $k=1$，则 $k-1=8$，若 $k=8$，则 $k+1=1$。若 G_{k-1} 与 G_{k+1} 的隶属区域包含不同于 R 的相同区域，则转(6)；否则，若 BTrav(G, R) = true，则向 R 添加 G_k，转(6)；若 BTrav(G, R) = false，则将 G_k 加入 SGlist，转(6)。

③ k 为奇数。若 BTrav(G, R) = true，则向 R 添加 G_k，转(6)；若 BTrav(G, R) = false，则将 G_k 加入 SGlist，转(6)。

(7) 建立缺口区域与空间区域的连通关系。遍历列表 DRList 中的缺口区域 DRgn，并获取包含的缺口栅格 DGrid，按照邻接方向 1~8 遍历 DGrid 的相邻栅格，对于隶属区域包含某栅格通行区域 RA 的所有相邻栅格，选择距离 DGrid 最近的相邻栅格 AGrid，将 DRgn 加入区域 RA 的连通区域和 AGrid 的隶属区域，将 RA 加入 DRgn 的连通区域，转(8)。

(8) 结束通行区域初次提取。图 3.35 经过栅格通行区域初次提取后，得到的结果如图 3.36 所示。其中，包含 R_1~R_8 共 8 个关联不同室内空间的空间区域和 D_1~D_3 共 3 个关联不同出入口的缺口区域。

3. 栅格通行区域邻域融合

室内空间边界不规则或环境特征较为复杂等，会导致初次提取结果包含部分栅格数目较少的通行区域，如图 3.36 中区域 R_7 和 R_8 所示。为了降低室内栅格通行区域的复杂度和提高路径规划的效率，需要对满足融合阈值和融合条件的栅格通行区域进行化简，并重新建立融合后通行区域的连通关系。其中，融合阈值指通行区域 R 中非枢纽栅格类型的栅格数目占据全部栅格数目的比例；融合条件指将满足融合阈值的栅格通行区域 R，其所包含的栅格融合至相邻通行区域后，不会降低通行区域 R 连通的通行区域之间的连通性。另外，邻域融合需要遵循由小至大的顺序，即优先融合非枢纽栅格类型的栅格数目较少的区域。如果区域 R 满足融合阈值，那么判断 R 是否满足融合条件，并给出邻域融合的主要流程。

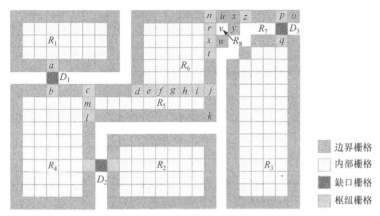

图 3.36　栅格通行区域初次提取示例

(1) 根据通行区域 R 连通的通行区域数目 N，将其分为三种情况进行处理。

① $N = 0$：满足融合条件，转(5)。

② $N = 1$：假设 R 的连通区域为 LR，若 LR 为缺口区域，则不满足融合条件，转(6)；否则，满足融合条件，从 LR 的连通区域中删除 R，从 LR 枢纽栅格的隶属区域中删除 R，转(6)。

③ $N > 1$：对于 R 的任意两个连通区域 LR_1 和 LR_2，若 LR_1 的连通区域包含 LR_2，或 LR_1 存在不同于 R 的连通区域 LR_3 且其连通区域包含 LR_2，或 R 中存在某栅格 G 满足 $BMerg(G, R, LR_1) = true$ 和 $BMerg(G, R, LR_2) = true$，则满足融合条件，转(2)；否则，不满足融合条件，转(6)。

(2) 遍历区域 R 的连通区域 LR，从 LR 的连通区域中删除 R。遍历列表 GList[R] 所有栅格的隶属区域并删除 R，转(3)。

(3) 建立变量 GNum 存储列表 GList[R] 的当前栅格数目，转(4)。

(4) 若列表 GList[R] 为空，则转(5)；否则，遍历 GList[R] 取出该次遍历至的栅格 GE，分以下情况进行处理。

① 对于区域 R 的任意连通区域 LR，如果满足 $BTrav(GE, LR) = false$，那么从 R 中删除 GE，设置栅格类型为边界栅格、关联对象为空、隶属区域为空，转(4)。

② GE 为枢纽栅格或内部栅格，从 R 中删除 GE。如果 GList[R] 不为空且已

遍历至最后一个栅格，则设置从第一个栅格开始重新遍历 GList[R]，转(4)。

③ GE 的隶属区域为空。若 GList[R]已遍历至最后一个栅格，则判断当前 GList[R]的栅格数目是否等于 GNum，若是，则转(5)；否则，设置从第一个栅格开始重新遍历 GList[R]，并更新 GNum 为 GList[R]当前栅格数目，转(4)。

④ GE 为边界栅格且隶属区域不为空。按照邻接方向 1~8 遍历栅格 GE 的相邻栅格，若相邻栅格已经全部遍历，则转(3)；否则，根据邻接方向 k 和相邻栅格 G_k 分为以下情况进行处理，其中假设 GE 的隶属区域为 ER。

(a) G_k 为空，或为障碍栅格、枢纽栅格、缺口栅格、内部栅格，或为隶属区域包含 ER 的边界栅格，转(4)。

(b) k 为偶数。获取邻接方向 $k-1$、$k+1$ 的相邻栅格 G_{k-1}、G_{k+1}，若 $k=1$，则 $k-1=8$，若 $k=1$，则 $k+1=1$。若 G_{k-1} 与 G_{k+1} 的隶属区域包含不同于 R 的相同区域，则转(4)。若 BTrav(G_k, ER) = false，则转(4)。若 BTrav(G_k, ER) = true，则向 ER 添加 G_k，从 R 删除 GE，若 GList[R]不为空且已遍历至最后一个栅格，则设置从第一个栅格开始重新遍历 GList[R]，转(4)。

(c) k 为奇数。若 BTrav(G_k, ER) = true，则向 ER 添加 G_k，从 R 删除 GE，若 GList[R]不为空且已遍历至最后一个栅格，则设置从第一个栅格开始重新遍历 GList[R]，转(4)。

(5) 从列表 SRList 删除 R，转(6)。

(6) 结束区域 R 的邻域融合。

假设图 3.36 中区域 R_7 与 R_8 满足融合阈值。由于 R_7 的非枢纽栅格类型的栅格数目小于 R_8，先对 R_7 进行邻域融合处理。R_7 的连通区域包括 R_8 与 D_3，两者不连通，R_8 的连通区域 R_6 与 R_7 的连通区域 D_3 不连通，D_3 的连通区域 R_3 与 R_7 的连通区域 R_8 不连通，并且 GList[R_7]中不存在某栅格 G 满足 BMerg(G, R_7, R_8) = true 且 BMerg(G, R_7, D_3) = true，因此 R_7 不满足融合条件。R_8 的连通区域包括 R_6 与 R_7，两者不连通，R_6 的连通区域 R_5 与 R_8 的连通区域 R_7 不连通，R_7 的连通区域 D_3 与 R_8 的连通区域 R_6 不连通，但是 R_8 中存在栅格 G(如栅格 n、u、x、z)满足 BMerg(G, R_8, R_6) = true 且 BMerg(G, R_8, R_7) = true，因此 R_8 满足融合条件。根据通行区域邻域融合的算法，对 R_8 进行邻域融合，得到的化简结果如图 3.32 所示。

3.4.4　栅格通行区域提取与路径规划实验与分析

1. 栅格通行区域提取实验数据准备

为了验证室内栅格通行区域模型和通行区域自动提取算法的有效性与适

用性，选取某商场单楼层进行栅格通行区域自动提取和路径规划实验。实验楼层室内位置地图数据主要分为楼层边界、室内空间、出入口和室内路网四层(图 3.37)。其中，楼层边界用于描述实验楼层整体的边界范围；室内空间包括店铺、天井等不同类型的面状要素；走廊区域表现为楼层边界范围内除去室内空间的部分；出入口表示门等缺口对象的中心点。由于实验楼层走廊区域不具备明确的边界几何信息，并且内部存在天井、自动扶梯等障碍物，难以通过约束 Delaunay 三角剖分等方法直接提取走廊中轴线。因此，实验楼层的室内路网数据是通过交互式采集获取的。

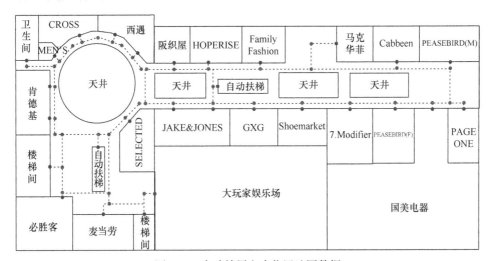

图 3.37　实验楼层室内位置地图数据

2. 通行区域提取实验与分析

根据室内栅格模型的初始化方法，结合图 3.37 室内位置地图数据的特征及组织方式，首先，依据楼层的边界范围采用栅格尺度 S 生成离散化的系列栅格。其次，将位于楼层范围内的栅格设置为边界栅格，关联对象为走廊，隶属区域为空；与楼层边界相交的栅格设置为障碍栅格，关联对象和隶属区域均为空。再次，将与天井区域相交的栅格均设置为障碍栅格；将位于店铺等室内空间内部的边界栅格关联对象设置为对应的室内空间，与空间边界相交的边界栅格设置为障碍栅格。最后，将位于出入口的栅格设置为缺口栅格，关联对象设置为对应的出入口。当栅格尺度 S 分别取 1.5m 和 0.75m 时，图 3.37 中实验楼层经过栅格模型初始化后的结果分别如图 3.38(a)和(b)所示。通过图 3.38 中不同尺度室内栅格模型的计算结果可以看出，栅格尺度较小时能够更为精细地反映室内环境中可以通行的空间区域，但是会极大地增加栅格的数目。

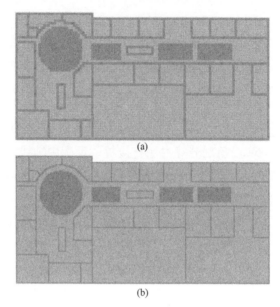

图 3.38　实验楼层室内栅格模型初始化结果

　　根据栅格通行区域的初次提取算法，对实验楼层栅格模型初始化的结果进行通行栅格的聚合，生成关联不同室内空间的空间区域和关联不同出入口的缺口区域，并建立相邻通行区域之间的连通关系。栅格尺度为 1.5m 的栅格模型初始化结果[图 3.38(a)]经过栅格通行区域初次提取的结果如图 3.39(a)所示，共提取到 69个空间区域和 29 个缺口区域；栅格尺度为 0.75m 的栅格模型初始化结果[图 3.38(b)]经过栅格通行区域初次提取的结果如图 3.39(b)所示，共提取到 89 个空间区域和 29 个缺口区域。可以看出，随着栅格尺度的减小，初次提取的栅格通行区域数目会相应增加，特别是几何特征较为复杂的室内空间(如走廊区域等)包含栅格数目较少的通行区域较多。然而，部分栅格数目较少的通行区域对反映室内主要路径信息的作用并不明显，并且会增加栅格通行区域的复杂度，因此需要经过栅格通行区域邻域融合，对初次提取结果进行化简。

　　根据通行区域的邻域融合算法，对实验楼层初次提取的通行区域中满足融合阈值 δ 的区域进行融合与化简，并重新建立融合后相关通行区域之间的连通关系。设置栅格尺度为 1.5m 的通行区域融合阈值 δ 为 9 个栅格，图 3.39(a)所示的通行区域经过邻域融合，剩余 55 个空间区域和 29 个缺口区域，邻域融合的结果如图 3.40(a)所示。设置栅格尺度为 0.75m 的通行区域融合阈值 δ 为 36 个栅格，图 3.39(b)所示的通行区域经过邻域融合，剩余 61 个空间区域和 29 个缺口区域，邻域融合的结果如图 3.40(b)所示。可以看出，经过栅格通行区域的邻域融合，能够有效化简实际空间范围较小的通行区域，从而降低栅格通行区域的复杂

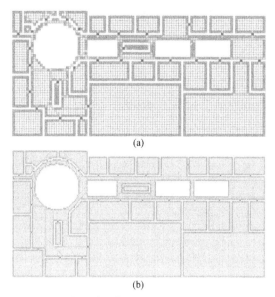

图 3.39　实验楼层栅格通行区域初次提取结果

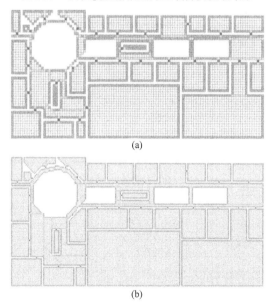

图 3.40　实验楼层栅格通行区域邻域融合结果

度；不同栅格尺度最终提取的栅格通行区域数目差别较小，融合后的栅格通行区域能够较好地反映室内主要路径信息。

3. 室内路径规划实验与分析

为了验证室内栅格通行区域模型的有效性，以及不同栅格尺度对室内路径规划结果的影响，本书基于实验楼层不同栅格尺度的通行区域提取结果，根据通行区域模型的基本原理，采用 A*算法进行了室内路径规划实验。图 3.37 中以必胜客中心位置为起点，目的地为马克华菲，基于图 3.40(a)中栅格尺度为 1.5m 的通行区域，路径规划的结果如图 3.41(a)所示；基于图 3.40(b)中栅格尺度为 0.75m 的通行区域，路径规划的结果如图 3.41(b)所示。

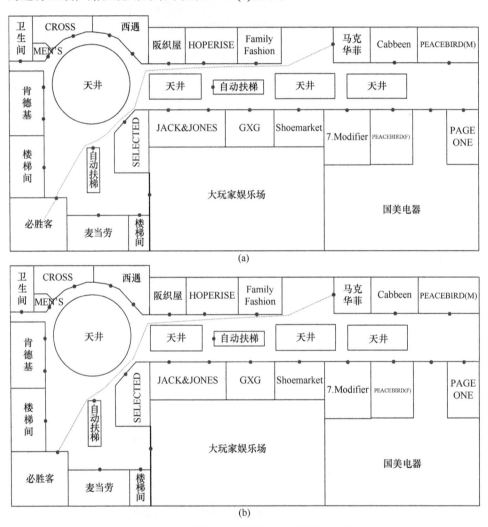

(a)

(b)

图 3.41 实验楼层基于栅格通行区域的路径规划

为了对比栅格通行区域模型和网络模型在路径规划效果方面的差别，基于图 3.37 中实验楼层通过矢量化采集获取的室内路网数据，同样采用 A*算法规划了从必胜客中心位置到马克华菲的最短路径，将其路径规划结果与图 3.41 中基于栅格通行区域的路径规划结果进行了叠加对比，如图 3.42 所示。

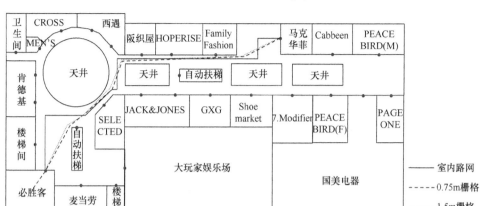

图 3.42 实验楼层室内路网和栅格通行区域路径规划对比

对比图 3.41 中两种不同栅格尺度通行区域的路径规划结果，以及图 3.42 中栅格通行区域和室内路网的路径规划效果，得出以下结论。

(1) 建立的室内栅格通行区域模型，能够有效支持复杂室内环境中基于最短距离的路径规划和规划结果的可视化表达。

(2) 栅格尺度较小的通行区域路径规划结果相对接近于室内环境中实际的最短距离，但是不同栅格尺度路径规划结果的差别不是特别明显。因此，在保证不损失室内空间连通性的前提下，为了提高栅格通行区域自动提取和路径规划的效率，适合选择相对较大的栅格尺度提取室内栅格通行区域。

(3) 相比现有的网络模型，栅格通行区域模型的路径规划结果能够更为真实地反映室内环境中实际的最短距离，并且能够有效改善网络模型存在的曲折或迂回等问题，路径规划结果更加符合复杂室内环境中路径信息的认知规律。

第4章　室内位置地图情境建模

情境是触发室内位置地图动态建模、推理与表达的基础。本章围绕情境信息中的活动，阐述室内位置地图情境建模、推理与表达触发机制。主要内容包括：提出基于活动的室内位置地图情境理论框架，并参考用户使用地图的活动，对室内位置地图情境进行分类分级；采用面向对象方法建立室内位置地图情境三层模型，并采用面向对象建模技术，描述三层室内位置地图情境模型的逻辑结构与形式化表达流程；构建基于规则的室内位置地图情境推理三级结构，并建立室内位置地图情境推理规则、解析与运行流程及情境推理服务机制。

4.1　室内位置地图情境概念及特征

4.1.1　情境的一般概念

情境是情景与语境的结合体，其表征了现实世界的情形和话语可被理解的背景知识[97]。对于情境的认识，不同专业和领域的专家对其有各自的理解、定义和解释。目前，主要通过列举法和分类法[98]对情境进行定义，如表4.1所示。

表 4.1　情境的定义

定义方式	学者	时间	情境定义
列举法	Schilit 等[99]	1994 年	位置、周围用户特征、物体以及物体变化
	Brown 等[100]	1997 年	附近的人、当前的时间以及周围环境中的湿度、温度
	Ryan 等[101]	1997 年	用户的特征、位置、周围的环境状态以及时间
	Abowd 等[102]	1998 年	用户的关注焦点、用户所处的位置和方向等
分类法	Brown 等[100]	1997 年	计算情境、用户情境和物理情境
	Schmidt 等[103]	1999 年	物理环境、人的因素和时间
	Abown 等[104]	1999 年	位置、时间、身份和活动
	Chen 等[105]	2000 年	主动情境和被动情境
	Benereeetti 等[106]	2001 年	物理情境、用户信息、社会环境和文化情境

目前最为经典和被普遍认可的一种定义是由 Abown 等[104]提出的：情境是能够用来描述实体(如人、地点或物体)情形的任何信息，这些实体和用户与应用程序(包括用户和应用软件本身)之间的互动是相关的。本质而言，情境描述的是特

定对象(人或物)所处位置周围相关客观环境信息的总和,它包括用户、设备、位置、物理环境、软件环境等要素。郝倩[98]、齐晓飞[9]归纳了不同领域学者共同认可的三种观点:第一种观点认为,情境只有与另一个实体(如任务、代理或交互等)相关联才存在;第二种观点认为,情境是一系列与某一实体相关的项目的组合,其中项目包括概念、规则以及命题等;第三种观点认为,只有当一个项目对解决当前的问题有帮助时,才将该项目看成一个情境。

因此,情境具有一定的客观存在性,但其包含要素的类型和数量是随着用户需求、时间、地点、活动等客观条件的变化而动态改变的。

4.1.2　概念和特征界定

对于室内位置地图而言,无论是地图表达过程中的要素选取、符号设计、模板选择等,还是地图应用中的路线规划、定位导航等,均受到情境的影响。因此,要使所设计和制作的室内位置地图能够解决用户当前活动中的实际问题,有必要界定清楚室内位置地图情境的概念和特征。

1. 室内位置地图情境的概念

相比一般情境,室内位置地图情境是情境的一种特例。参考 Dey 等[107]提出的定义,室内位置地图情境可以理解为与室内位置地图相关的人、地点或物体的任何信息,而且与用户和应用程序之间互动相关。但是,这一认识存在两种不确定:一是“人、地点或物体的任何信息”过于宽泛;二是未解释“与室内位置地图相关”的内涵,需要进一步解释情境与环境、用户、设备之间的内在联系。齐晓飞等[108]在对情境的主流观点进行总结的基础上,提出了位置地图情境的定义,这一定义为本书界定室内位置地图情境提供了直接借鉴,但这一认识是从地图制作和使用两个方面展开的,缺乏基于“人-机-物”统一系统论视角的考察,也缺乏对室内位置地图的“人在回路”理念的体现。

参考上述概念,围绕室内位置地图“人在回路”的本质特征,将室内位置地图情境定义为:对室内位置地图的表达与服务有直接影响的人、位置、环境和设备等因素的集合。室内位置地图情境驱动着室内位置地图的内容提取、图层组织、符号映射、模板组合和地图显示的全过程。

2. 室内位置地图情境的特征

在界定室内位置地图情境概念的基础上,下面总结其特征。
1) 情境的时空特征
室内位置地图被看成一种计算系统时,具有随时间及环境变化而实时改变自身状态的特征，而且情境通常围绕特定的位置进行组织和描述，因此其与特定的时间(时间段)和空间位置相关。特别是在时间方面，室内位置地图系统通常基于(一段时间的)历史情境信息和当前时刻的活动状态，共同判定下一时刻用户可能需要的室内位置地图表达形式。

2) 情境的系统性特征

情境的系统性特征主要表现为"人-机-物"三元的统一，即用户、室内位置地图系统和环境三者之间的高度内在相关性。这种系统性特征也符合普适计算环境中情境信息间的显著相关性特点。情境的系统性和相关性特征，使得可以基于特定规则进行情境推理，包括基于一种情境激活另外一种或几种情境，以及某一情境下地图表达内容和表达方法的推理。

3) 情境的自推理特征

情境的自推理特征主要表现为由一种情境可以推理并触发另一种情境的发生，而且这种推理计算可以在情境的自身层次完成。情境推理主要表现在两个方面：一是高层推理，即由一种情境推理得到另一种或几种情境；二是底层推理，即传感器获得的信息往往不能直接参与情境推理计算，需要通过情境的推理对其进行合理化的解译和表征，使之可以参与并修正当前的情境状态。例如，一个位置传感器通常只能观测获得地理经纬度坐标数值，因此需要通过底层情境推理，推断用户目前所处的楼层或房间，进而激活高层推理，判断用户的当前活动等状态。

4) 情境的不精确和非完整性

由于室内位置地图的计算环境具有高度的动态性特征，描述上下文环境的情境信息具有高度的时效性，情境获得和使用过程之间通常会存在一定的延迟；基于传感器采集和推理计算等获得的情境信息也可能存在错误的情形，或是采集与接收之间由于通信断开或传送失败等造成部分情境信息存在未知性；传感器采集和用户主动输入的情境信息之间存在冗余或者冲突的现象等，使得情境信息表现出一定的不精确性或非完整性。

4.1.3　室内位置地图情境信息的分类

本书将描述情境的信息称为情境信息。目前，情境信息主要按照信息的类型和信息的不同产生方式进行分类，如表 4.2 所示。

表 4.2　情境信息的分类

分类标准	情境信息
情境信息的类型	位置情境
	环境情境

续表

分类标准	情境信息
情境信息的类型	时间情境
	活动情境
情境信息的不同产生方式	预设情境
	实时情境
	派生情境

　　按照情境信息的类型进行分类分级，能够方便地描述每一种信息的作用方式，有助于提高情境模型的通用性和共享性。刘芳静[33]将情境要素分为三大类，即用户、设备和环境，并以室内位置地图设计为研究对象，概括了室内位置地图情境要素的分类体系。参照该分类体系，围绕"人在回路"这一理念，对室内位置地图情境信息进行如下分类，如图 4.1 所示。

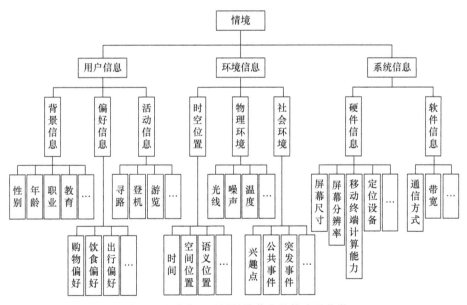

图 4.1　室内位置地图情境信息的构成及分类

　　按照"人-机-物"进行划分，将情境分为用户信息、环境信息和系统信息三大类：①用户信息分为背景信息(如性别、年龄、职业、教育等)、偏好信息(可以从购物、饮食、出行等方面进一步细分)和活动信息(如寻路、登机、游览等)。②环境信息包括时空位置信息(如时间、空间位置、语义位置等)、物理环境信息(如光线、噪声、温度等)和社会环境信息(如兴趣点、公共事件、突发事件等）；这里，时间信息主要表现为时刻和时间段[109]，而位置主要包括位置的地理坐标、位置名称、位置关联以及位置属性，室内位置地图中位置信息的描述应该是一种语义位置[110, 111]。③系统信息主要包括硬件信息(如屏幕尺寸、屏幕分辨率、移动终端计算能力、定位设备等)和软件信息(如通信方式、带宽等)。

用户、环境和系统信息的不同组合构成了驱动室内位置地图表达的不同情境。这些情境共同作用于室内位置地图表达的各个过程，驱动地图实时动态变化，提供个性化的位置服务。

4.2　基于活动的室内位置地图情境理论框架

4.2.1　活动理论与室内位置地图情境

活动理论是一种以活动为中心的研究和剖析人的心理变化的发生或发展的心理学理论[112]。20 世纪 90 年代以后，随着计算机技术的普及，人们发现以人脑为研究基础的认知科学并不能解决用户与计算机之间的交互问题，而活动理论将计算机视为中介工具，将用户使用计算机理解成一种活动，这样把用户、用户活动与计算机关联在一起，有助于增强用户操作和计算机交互之间的沟通和理解，因此活动理论被引入人机交互领域。室内位置地图的承载体是手机、Pad 等智能终端，其属于计算机的一种，室内位置地图可视为人与计算机交互的界面。因此，活动理论可作为构建室内位置地图的基础理论之一。

Engeström[113]于 1987 年提出了著名的活动结构模型。他将人的活动分为主体、客体、工具、规则、团体和分工六个部分，而这六个部分又进一步构成生产、交流、分配和消费四个子系统。详情如图 4.2 所示，图中，实线指直接联系，虚线指间接联系。

室内位置地图最大的特点就是要随时随地满足用户个性化位置需求。其中，用户的个性化包括两方面：用户自身的个性化(即用户特征)和用户行为的个性化(即用户活动)。Meng 等[114]在探讨移动地理服务中的概念框架时指出了建立一种能够同时描述活动和情境信息模型的重要性。因此，活动在室内位置地图，乃至位置服务领域占据着不可或缺的地位。

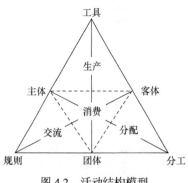

图 4.2　活动结构模型

　　那么，应如何理解室内位置地图中活动与情境之间的关系呢？从情境概念来看，活动应该是情境的一部分，两者之间是一种包含与被包含的关系。但追本溯源，活动理论和情境理论作为人类对客观世界抽象的两种方式，区别只在于所站的立场和观察的角度不同。其中，活动理论以人的活动为主体，研究客观世界对其的影响和作用，重点在于人的活动；情境理论则以客观世界为主体，研究人在所处的客观条件下可能遇到的境况，重点在于外部的客观世界。因此，从活动和情境的本源出发，情境与活动应该是平行的，两者之间是一种并列关系，Reichenbacher[115]在分析地理实体之间的相关性时也指出了活动与情境的相互作用(图 4.3)，这是不是和前面描述的关系矛盾呢？其实不然，活动理论认为活动是由主体、客体、工具、规则、团体和分工六个要素组成，通过拓展活动理论，可以很好地建立活动要素与情境信息之间的映射关系[116]，即情境与活动所要描述的对象几乎是一致的。因此，它们之间既可以理解为包含与被包含的关系，也可以理解为并列关系，如图 4.4 所示。

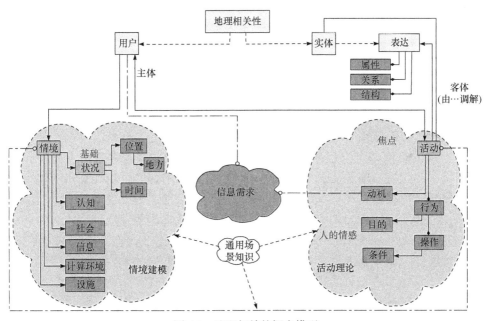

图 4.3　地理相关的概念模型

　　由图 4.4 可以看出，情境信息是可以通过活动联系起来的。活动分层认为，受到动机、目标和条件等因素的限制，不同细节活动受到情境信息影响的方式和方法也不相同。因此，可以通过将图 4.4 中的"活动"环进一步细化为活动、行为和操作三个层次的形式，得出不同情境信息对不同细节活动的影响，进而将情境信息联系起来，使得构建一个统一的情境成为可能。

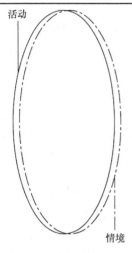

图 4.4　活动与情境的关系

因此，室内位置地图中的情境和活动是不可分割的，一方面活动可以作为情境信息的主导和牵引，通过它可以将众多情境信息聚合起来；另一方面它也将情境模型具体化、实例化，目前在普适情境模型还难以建立和应用的情况下，具有较大的实际意义。

4.2.2　基于活动的室内位置地图情境分类分级

室内位置地图情境的分类分级是指按照情境描述范围的大小及其属性特征将其划分为不同的类型或级别，从而便于进行室内位置地图情境的建模、推理与表达，明确不同情境之间的区别和联系。

1. 活动与室内位置地图情境分类分级

目前，情境的分类偏重情境信息，主要包括按照信息的类型划分和按照信息的产生方式划分两种。前一种方式把情境理解成单一的情境信息，后一种方式主要考虑用户与情境之间的交互，两种方式并没有很好地把与当前情境相关的全部信息覆盖进来，对于由所有情境信息构建的统一情境模型分类分级并没有进行深入探讨，导致无法完整描述不同情境之间的差异，难以实现情境切换。

对于情境的分级研究，由于不同应用领域对情境的关注角度不同，普遍缺少对情境的粒度研究。但对于室内位置地图情境来讲，经常会出现嵌套的现象，即一个情境可能会被包含在另一个情境之中。例如，去机场登机情境，导航去机场情境就是其中一部分，它们之间的关系应描述为：导航去机场情境包含于去机场登机情境。如何有效地描述其区别是室内位置地图情境分级必须解决的问题。

情境作为诠释客观世界与人类行为之间密切联系的抽象，它们之间的差异更多地体现在与之相关的情境信息上，主要有两种方式：一是与不同情境模型相关的情境信息数量和种类不同；二是同一种情境信息在不同情境模型中的影响方式和方法不同。对于第一种方式，情境模型包含的情境信息内容非常广泛，导致不同情境信息之间的组合难以描述，甚至无法穷举，因此其并不适合室内位置地图情境的分类分级。对于第二种方式，显然情境模型的分级标准需要借助于某一情境信息。在众多的室内位置地图情境信息中，从活动信息的角度出发去研究情境的分类分级，能够包含情境信息的全部内容，同时活动又具有相对成熟的分层体系，因此，本书主要采用这种方式。

2. 室内位置地图情境分级

活动理论认为活动包含活动、行为和操作三个层次。同理，情境也可以利用"动机—目标—条件"的形式进行分级，但与活动分层不同的是，情境分级主要依据不同情境信息对情境的影响。按照从微观到宏观的顺序：首先，情境是处处存在的，是一种连续的并以不同情境信息为向量的多维情境模型，由于活动的存在或者发展需要经历一个过程，因此最底层情境是一种瞬时情境，称其为原子情境或操作情境；其次，情境信息对情境影响的数量和方式是不同的，这种不同的直接诱因就是用户行为的改变，即在一定用户行为内，情境信息对情境的影响是固定的，因此本书利用这样一种固定形式，将这一过程内原子情境集合称为行为情境；最后，用户活动是一个复杂的过程，活动包含若干行为，行为彼此之间也存在牵连，都会受到用户整个活动的制约，为此，将若干行为情境构成的一个能够制约其行为的情境称为活动情境。情境分级的详细描述如图 4.5 所示。

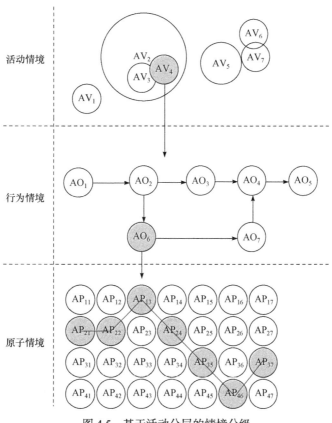

图 4.5　基于活动分层的情境分级

当然，三级情境结构也并不是一成不变的，受到情境复杂程度的影响，一个情境也可能只包含情境分级中的一级或两级。在这种包含过程中，原子情境是基础，行为情境和活动情境要视活动的复杂程度而定，三级情境的特点如表 4.3 所示。

表 4.3　三级情境的特点

三级情境	特点
活动情境	复杂情境的顶层，受用户心理活动和客观条件的影响，由行为情境构成，是一种不连续的、相对独立的情境
行为情境	复杂情境的中间层，受总体活动情境的制约，由原子情境构成，是一种连续的、可重用的情境
原子情境	一种通用情境，情境的描述与表达方式不随活动和行为情境的改变而改变，存在于客观世界的每一个角落

3. 室内位置地图情境分类

情境分级将情境分为三种细节层次，同理，情境分类也将对这三级情境分别进行区分，如表 4.4 所示。

表 4.4　情境分类

情境类型	情境内容
活动情境	流程活动、非流程活动和复合活动
行为情境	定位、导航、查询、识别和事件检查
原子情境	叠加兴趣点、叠加时间距离、叠加语义位置、叠加事件和叠加特殊场景

对于原子情境，依据情境对室内位置地图表达的作用，将室内位置地图的操作情境分为叠加兴趣点、叠加时间距离、叠加语义位置、叠加事件和叠加特殊场景五类。对于行为情境，按照不同的应用领域，用户行为划分的方式很多。室内位置地图作为移动地图的重要组成部分，用户行为也具有明显的特点。Reichenbacher[29]将用户行为分为定位、导航、查询、识别与事件检查五种。每一种行为解决的问题不同，受到的影响因素也不相同，为此，本书将行为情境分为五类。对于活动情境，按照活动过程的难易程度，将其分为流程活动、非流程活动和复合活动。

4.2.3　基于活动的室内位置地图情境建模理论框架

1. 概念框架

概念框架指信息到达时，用户对其进行解读的方法或者思路。它受人类大脑的基本构造影响，直接制约和控制人们对现实世界的理解程度。普适计算早期，人们对情境的解读主要包括两个部分：情境信息的获取与情境推理，其中，情境信息的获取主要完成情境信息的预处理，而情境推理是依据处理过的情境信息进一步挖掘用户的深层次需求。近年来，随着计算机技术、网络技术以及传感器的迅速发展，越来越多的因素被获取并增加到情境信息中来，使得情境模型日渐庞杂，从众多情境信息中挖掘潜在的用户需求变得异常困难，情境推理变得更为复杂。因此，情境建模作为连接情境信息获取与情境推理之间的桥梁应运而生，使得人们对情境的解读增加到三个部分：情境信息提取、情境建模和情境推理。

　　室内位置地图情境是普适计算情境的一个特殊应用实例，它继承了普适计算情境的概念框架，同时，由于载体和表达方式都发生了变化，室内位置地图的情境框架也比普适计算情境增加了更多的元素。它要求情境推理的结果在室内位置地图中展示出来，即情境推理的结果以图形化的方式描述出来。

　　由于室内位置地图表达包括底图要素和叠加要素两大类，室内位置地图情境也在这两个方面分别影响着室内位置地图的呈现方式。此外，包括不同层次情境的室内位置地图切换也是室内位置地图表达需要考虑的方面。因此，室内位置地图情境概念框架由四个部分组成，即情境信息获取、情境建模、情境推理和情境表达，详细描述如图 4.6 所示。

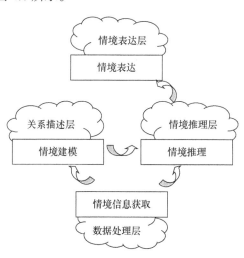

图 4.6　室内位置地图情境概念框架

　　情境信息获取是数据处理层，它是整个情境模型的数据来源，主要完成底层情境信息的转换和形式化描述，实现不同数据源、不同获取途径的情境信息统一和共享。情境建模是不同情境信息之间的关系描述层，它是情境推理的前提和依据，主要完成不同情境信息之间的关系构建。情境推理是室内位置地图情境的核心，主要根据建立的情境模型和已经提取的情境信息，根据算法、规则、经验乃至常识挖掘当前情境的深层次需求。情境表达是室内位置地图情境结果的最终呈现形式，它直接影响用户对情境服务结果的满意程度，本书主要描述情境推理结果与室内位置地图表达模板的映射关系。

2. 逻辑框架

逻辑框架是从待解决的核心问题入手，向上逐级展开，得到其影响及结果，向下逐级推演得到问题的根源。在室内位置地图情境中，概念框架就是待解决的核心问题，室内位置地图情境的逻辑框架就是围绕概念框架提出的几个方面，发掘其来源依据及归属去向。本书的重点是室内位置地图情境的理论和方法研究，这里主要阐述后三个阶段的逻辑框架。

1) 情境建模阶段

情境建模阶段主要完成众多情境信息之间相互关系的描述。在基于活动的情境逻辑框架设计中，活动不仅是情境模型的重要参与者，也是不同情境信息之间的连接桥梁，因此室内位置地图情境建模可以依据活动与其他情境信息的相互作用构建关系模型。如图 4.7 所示，室内位置地图情境建模分为活动建模、关系建模和情境信息建模三部分。

(1) 活动建模过程描述用户的室内位置地图使用活动，按照活动的三种细节层次，将其再分为活动建模、行为建模和操作建模，每一种类型都代表情境的不同粒度。活动建模还需要描述不同细节层次活动之间的关系，包括活动与行为、行为与操作，从活动的不同维度描述活动模型。

(2) 关系建模过程描述活动与其他情境信息之间的关系。同理，按照活动的不同细节层次，也可将其分为活动与情境信息的关系建模、行为与情境信息的关系建模以及操作与情境信息的关系建模。

(3) 情境信息建模过程描述与室内位置地图情境相关的其他情境信息(除活动信息以外)自身的逻辑转换关系，包括位置、时间、用户、天气、交通、兴趣点和事件等建模。

2) 情境推理阶段

情境推理阶段主要完成情境推理规则的构建。基于活动的室内位置地图情境推理建模分为三部分，考虑到情境信息的实时提取和情境模型的匹配，情境推理规则按照流程分为活动匹配、情境信息提取和综合推理三部分，如图 4.7 所示。

(1) 活动匹配是情境推理的第一阶段，主要通过实时获取的情境信息与用户活动的匹配判断，获取当前用户活动状态。按照活动的层次与匹配顺序，活动匹配包括活动匹配、行为匹配和操作匹配。

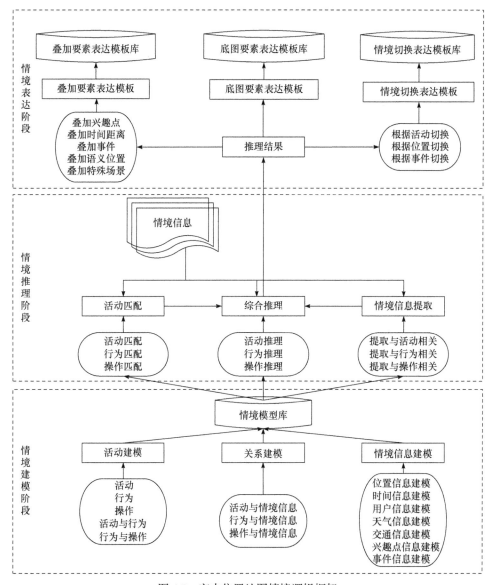

图 4.7　室内位置地图情境逻辑框架

(2) 情境信息提取是情境推理的中间阶段，主要通过情境模型中的关系模型和匹配成功的活动，获取与当前活动相关的情境信息，为下一步综合推理提供数据，具体包括提取与活动相关的情境信息、提取与行为相关的情境信息和提取与操作相关的情境信息。

(3) 综合推理是情境推理的核心，主要依据当前的活动状态和与之相关的情境信息，根据算法、经验和常识等挖掘用户的潜在需求，包括活动推理、行为推理和操作推理三类。

3) 情境表达阶段

情境表达阶段主要将前面推理出来的结果与室内位置地图表达的方式方法联系起来。考虑到室内位置地图表达以"底图+叠加要素"的方式实现地图服务，同时考虑到不同情境之间的切换，室内位置地图情境表达可以分为底图要素表达、叠加要素表达和情境切换表达三大类，如图4.7所示。

(1) 底图要素表达主要通过分析单一情境信息与底图要素表达模板的触发关系，解析相应的情境推理结果，并选择适宜的底图要素表达模板。

(2) 叠加要素表达主要通过分析不同叠加类型与叠加要素表达模板的触发关系，解析包括叠加兴趣点、叠加时间距离、叠加语义位置、叠加事件和叠加特殊场景五种，并选择适宜的叠加要素表达模板。

(3) 情境切换表达主要依据不同切换情境的特点，建立不同切换情境与切换方法、切换条件的关系，进而选择适宜的室内位置地图情境切换表达模板。

3. 应用框架

逻辑框架把情境在室内位置地图中的应用分为情境建模、情境推理和情境表达三个主要环节，并描述了每一环节的逻辑结构。下面介绍这三个环节在室内位置地图情境中的应用流程，如图4.8所示。

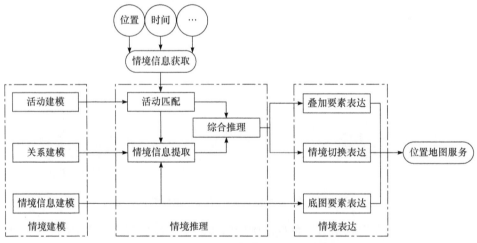

图4.8 室内位置地图情境应用框架图

由图4.8可以看出，情境建模在情境推理之前完成，情境推理需要用到实时获取的情境信息及与之相关的情境模型；在情境推理中，活动匹配与情境建模中的活动建模有关，情境信息提取与情境建模中的关系建模和情境信息建模有关，综合推理则是联合利用前面匹配的活动及提取的与之相关情境信息再进一步综合分析；在情境表达中，叠加要素表达和情境切换表达与综合推理有关，而底图要素表达与情境信息建模的关联度更高。

4.3 基于活动的室内位置地图情境建模

4.3.1 室内位置地图情境三层模型的构建

由对室内位置地图情境的分类分级可以看出，处于不同层次、不同类别的室内位置地图情境，其作用范围不同，与之相关的情境信息也各有差异；与此同时，不同情境彼此之间并不是相互独立的，一个活动情境可能会包含多个行为情境与操作情境，反之，一个操作情境或者行为情境会受到活动情境的限制。因此，室内位置地图情境建模需要解决以下两个问题：一是建立不同层次情境之间的逻辑关系(活动情境与行为情境，行为情境与操作情境)；二是将与特定情境相关的情境信息聚合起来，构建一个相互影响、相互作用的关系模型。在影响室内位置地图情境的众多情境信息中，活动不仅与用户关系最为紧密，它通过将用户使用室内位置地图的行为进行归类(导航、定位、浏览和查询等)，建立用户与地图之间的联系；还可以将用户的活动细分为多个过程，分别研究每一过程受到的情境信息影响，进而建立起不同活动与多种情境信息之间的关系。

综上所述，活动在室内位置地图情境中与其他情境信息的关系最为紧密；同时，它作为情境分类分级的参考，对人们理解和使用室内位置地图情境很有帮助。为此，本书构建了基于活动的室内位置地图情境模型[108]。

1. 情境建模的基本思路

室内位置地图情境建模的基本思路是将活动从地图的情境信息中单独抽取出来，通过将活动分解成若干行为来研究其与不同情境信息(这时的情境信息不包括活动)之间的关联，把能够反映用户当前所处情境的各种信息聚合起来。该建模可以分为三部分：一是研究如何将活动分解成行为、操作，即活动要素建模，它是室内位置地图情境建模的最顶层，主要描述某种活动、行为与操作之间的关系；二是研究活动、行为和操作与不同情境信息之间的关系，即关系要素建模，它是连接活动模型与情境信息模型之间的纽带，主要描述某种活动与情境信息模型之间的关系；三是研究不同情境信息自身的建模，即情境要素信息建模，它是室内位置地图情境模型的最基本组成单元，主要描述某种情境信息自身的逻辑关系。

2. 活动要素建模

根据活动理论包含的活动、行为和操作三个层次，室内位置地图的活动要素建模也应包含这三个部分，描述了活动的组成以及不同层次活动之间的关系。

1) 活动建模

活动是活动模型的最顶层，按照活动的复杂程度，将活动分为流程活动、非流程活动和复合活动三类。

(1) 流程活动。

流程活动描述的是具有一定步骤并且需要依次执行的活动。例如，病人去医院看病，通常可以分为六个步骤：①在挂号室挂号；②前往相应科室就诊，得到医生开的处方；③到收费处缴费，拿到缴费证明；④去药房取药；⑤返回原来就诊的科室，进行重诊；⑥离开医院，就诊结束。这六个步骤是依次执行的，如图 4.9 所示，前面每一个步骤都是后面的前提，用户不可能跳过步骤 N，而直接由步骤 $N-1$ 到步骤 $N+1$，也不可能执行完步骤 $N+1$ 再执行步骤 N(这里暂不考虑出错等异常情况)。

图 4.9　流程活动(看病)

(2) 非流程活动。

非流程活动与流程活动恰好相反，属于一种没有明确需求的、需要根据周围情境信息直接判断用户目的的活动。例如，用户去商场购物，假如当前用户的兴趣点对象有 4 个(图 4.10)：①UNIQLO；②SELECTED；③SASA；④Five Plus。对于这四个对象，究竟用户对哪一个最感兴趣或者给用户推荐谁并不是一成不变的，女士可能会喜欢去 Five Plus 和 SASA，因为 Five Plus 专营女装，而 SASA 是一种化妆品店，男士却可能会对 SELECTED 和 UNIQLO 更感兴趣，因

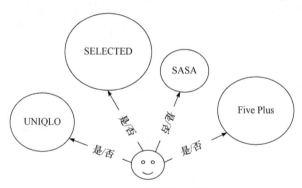

图 4.10　非流程活动(购物)

为 SELECTED 专营男装，而 UNIQLO 的衣服比较简洁、随意，更符合年轻男士的审美情趣。

(3) 复合活动。

复合活动是前两种活动的组合，描述的是一种既会受到流程活动影响，又会受到非流程活动影响的活动。例如，用户去机场登机，有一些步骤是用户必须经历的，如换机票、安检及进入候机厅等，而有一些步骤却需要根据用户的意愿及周围的信息而定，例如，若时间充裕，恰好又在中午吃饭时间段，且附近有一家用户偏好的餐馆，则用户此时就会选择去餐饮，因此去购物、去休闲和去餐饮等步骤就是登机活动中的非流程活动。应该讲，流程活动是复合活动的主线，流程活动控制并制约非流程活动的步骤和结果，因为如果流程活动的某些信息不允许，非流程活动也没有可能会被执行。同理，非流程活动也影响流程活动的执行，因为随着非流程活动的插入，流程活动的某些情境信息必定会随之改变，进而影响流程活动的进程或结果。

表 4.5 描述了活动模型的组成。

表 4.5　活动模型

活动类型	活动案例
流程活动	就诊、…
非流程活动	购物、旅游、…
复合活动	登机、乘火车、…

2) 行为建模

行为是活动模型的中间层，按照用户对地图的使用行为，将行为分为定位、导航、查询、识别和事件检查五类。详细描述如表 4.6 所示。

表 4.6　室内位置地图中的不同使用行为

行为	描述
定位	使用者或某个对象的位置(一般是一个)
导航	怎样从一个位置到另一个位置
查询	使用者或相关对象的位置和信息(一般是多个)
识别	是什么？是谁
事件检查	发生了什么(交通事故，突发事件等)

情境与活动一样是一种连续的抽象，即情境和活动在任何时间、任何地点都是以一种不间断的状态持续存在的。但是，室内位置地图并不需要对地图使用者在情境或活动中的任何一点都作出反应，因为有些情境是室内位置地图情境需要解决的情境，有些则不然。因此，本书将室内位置地图中的情境限定为定位、导航、查询、识别和事件检查五种行为所引发的情境，便于进一步的情境建模与推理。

(1) 定位。

定位指定地方的位置。通常在用户不知道自己的方位或者查询某一对象结束后确定它的位置时使用。因此，定位可以分为定位用户位置和定位兴趣点位置两类。

(2) 导航。

导航指引导用户沿着规划的线路从某一位置移动到另一位置的过程。与其他行为相比，导航是一种过程性的行为，这就决定了在导航过程中，可能会与其他行为发生重叠，也正是因为这种过程性，导航会有终止或者暂停的状况发生。按照导航的自动化程度，导航分为流程导航和非流程导航两种。

(3) 查询。

查询指查找、寻找在某一个或几个地方的、符合一定条件的信息。查询的对象可以是兴趣点位置，也可以是兴趣点属性。查询方式包括自动查询和手动查询两种：其中手动查询指根据用户的输入而确定查询内容，自动查询指根据周围情境信息的特征，主动查询用户当前可能最感兴趣的信息。

(4) 识别。

识别又称归类和定性，指按照一定的原则，对有关对象进行鉴定和辨别。识别主要用来确定兴趣点的类型和特征，进而根据用户的偏好模板确定室内位置地图需要提供的服务。

(5) 事件检查。

事件检查指获取与某一事件相关的位置、时间、状态以及属性信息。事件包含的内容很多，活动建模中事件的选取应与活动的内容有关，若是登机活动，用户关注的更多是交通事故和晚点信息，若是购物活动，用户关注的更多是打折信息。

行为模型的组成如表 4.7 所示。

表 4.7　行为模型

行为类型	行为内容
定位	定位用户位置、定位兴趣点位置
导航	流程导航、非流程导航

续表

行为类型	行为内容
查询	兴趣点位置、兴趣点属性
识别	兴趣点类型与特征
事件检查	交通事故、打折信息、晚点信息、…

3) 操作建模

操作是活动模型的最底层，按照地图对活动的映射方式，将操作分为叠加兴趣点、叠加时间距离、叠加特殊场景、叠加语义位置和叠加事件五类。

(1) 叠加兴趣点。

叠加兴趣点指根据当前情境信息的特征，将用户可能最感兴趣的对象叠加在室内位置地图上。每个情境中兴趣点的类型和数量都不尽相同，因此叠加兴趣点常常同用户的偏好模板联系在一起，此外还有时间、位置等情境信息的限制，这些都影响兴趣点叠加的结果。

(2) 叠加时间距离。

叠加时间距离指根据当前情境信息的特征，将与时间和距离有关的信息推荐给用户。当用户在做某项活动时，常常会计算剩余时间或距离来判断当前活动能否继续进行。

(3) 叠加特殊场景。

叠加特殊场景指根据当前位置周围场景的特征，将一些复杂的、可能会对用户活动产生影响的特殊场景叠加在室内位置地图上。例如，在高速路出入口或立交桥附近，用户可能会错过出入口的标志，或者由于立交桥的复杂性，用户不知道如何行走，这时就需要把特殊场景的信息叠加上，供用户辅助分析。

(4) 叠加语义位置。

叠加语义位置指根据当前情境信息的特征，将用户自己或指定对象的不同形式位置信息提取出来叠加在地图上。例如，当用户在室外街道上获取当前位置信息时，需要将带有街道名称的地理位置推荐给用户，而当用户在室内空间定位时，需要把与周围对象相关的语义位置叠加在地图上。

(5) 叠加事件。

叠加事件指根据用户活动或随处情境信息的不同，将适宜的事件信息推荐给用户。例如，当用户处于购物活动中，就需要将附近的打折信息推荐给用户，而当用户在去机场登机的导航路上时，可能就会更关心交通事故的信息。

表 4.8 描述了操作模型的组成。

表 4.8　操作模型

操作类型	操作内容
叠加兴趣点	兴趣点位置、兴趣点信息
叠加时间距离	时间信息、距离信息
叠加特殊场景	兴趣点信息
叠加语义位置	位置信息
叠加事件	交通事故、打折信息、晚点信息、…

4) 活动与行为建模

活动与行为模型描述的是活动与行为之间的关系。这种关系可以分为两部分：一是活动与行为的组成，即在一种活动中，究竟会包含多少行为；二是不同行为之间的联系，即不同行为之间是如何关联在一起的。

(1) 活动与行为的组成。

活动理论认为，活动可以理解成由一系列的行为组合构成的一种流程模型。因此，活动与行为之间是一种包含与被包含的关系，但对室内位置地图服务来讲，这种包含与被包含关系是存在差别的，对于一般活动与导航行为来讲，一个活动与所对应的导航行为的个数是固定的(这里暂不考虑往返)；对于事件检查行为，一般受活动时间的限制，行为个数与活动时间成正比；对于其他行为与活动的关系，却无法估计，因此这时的关系除了会受到一般情境信息的影响，还会受到用户意愿的控制。表 4.9 描述了活动与行为的组成关系。

表 4.9　活动与行为的组成关系

行为类型	活动
导航	一个活动对应的导航行为的个数是固定的
定位	一个活动对应的行为是无法确定的
查询	
识别	
事件检查	一个活动对应的事件检查行为与时间成正比

(2) 不同行为之间的联系。

在客观世界中，不同行为之间并不是孤立存在的。为了能够清楚地描述不同行为之间的关系，简化活动建模的复杂性，这里采用面向对象的思想，将不同行为之间的关联关系分为顺序关联、转移关联和循环关联三类。

假设 A_1、A_2、A_3、A_4 表示四种行为，三类关联关系如图 4.11 所示。①当 A_1

完成后，再执行 A_2，则 A_1 与 A_2 之间满足顺序关联。②在执行 A_1 的过程中，若停止(停止指活动不再执行)执行 A_1 转而执行 A_3，则 A_1 与 A_3 之间满足转移关联。③在执行 A_1 的过程中，若暂停(暂停是指活动由于某种因素需要临时中止，直到满足某种条件后会继续执行)执行 A_1(或执行 A_1 结束后)转而执行 A_4，执行 A_4 结束后(或在执行 A_4 的过程中暂停)，继续执行 A_1，则 A_1 与 A_4 之间满足循环关联。

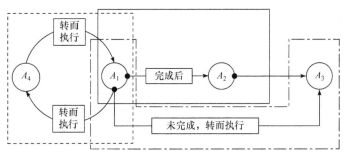

图 4.11　活动模型中的三类关联关系

5) 行为与操作建模

行为与操作模型描述的是行为与操作之间的关系。一种行为确定后，室内位置地图提供的操作并不是唯一的，并且每一种行为会用到的操作是相对固定的，因此行为和操作之间满足包含关系，即一种行为可以对应多个操作，但与此同时操作却并不唯一属于某种行为，即一个操作也可以由多种行为共同包含。表 4.10 描述了行为与操作的对应关系。

表 4.10　行为与操作的对应关系

行为类型	操作类型
导航	叠加兴趣点、叠加时间距离、叠加特殊场景和叠加事件
定位	叠加语义位置
查询	叠加兴趣点
识别	
事件检查	叠加事件

3. 关系要素建模

关系要素建模研究的是不同细节活动与一般情境信息(除活动)之间的关系，它是连接活动模型与一般情境信息模型之间的纽带。这里以室内位置地图活动的三层结构为基础，分别论述活动与情境信息关系建模、行为与情境信息关系建模以及操作与情境信息关系建模。

1) 活动与情境信息关系建模

活动与情境信息的关系建模是整个室内位置地图情境关系建模的基础，其用于解决在后续的情境推理中如何根据用户所处的情境信息判断当前的活动。按照活动类型的不同，活动与情境信息之间的关系建模可以分为流程活动与情境信息关系建模、非流程活动与情境信息关系建模以及复合活动与情境信息关系建模三种。

(1) 流程活动与情境信息关系建模。

流程活动是一种分步骤、分流程进行的活动。其中，每一个步骤或流程发生或消亡都有对应的时间和位置，因此流程活动与位置信息和时间信息有关，主要涉及位置信息的起止点和时间信息的起止点对应的情境信息模型。另外，不同活动受到的兴趣点影响的类型也不尽相同，如看病活动，用户在去医院的路上，对药店的兴趣度就会比服装店高，而且兴趣点模型又描述了不同步骤或流程的起止点属性信息。图 4.12 描述了与流程活动相关的情境信息。

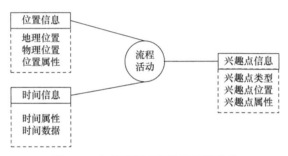

图 4.12　与流程活动相关的情境信息

(2) 非流程活动与情境信息关系建模。

非流程活动目的性不强，而随用户位置移动和周围兴趣点而改变，是可以根据用户偏好确定的一种任意活动。因此，非流程活动主要与用户信息和兴趣点信息有关。兴趣点信息主要涉及兴趣点类型、兴趣点位置、兴趣点属性，用户信息主要涉及用户位置、用户属性、用户偏好。图 4.13 描述了与非流程活动相关的情境信息。

图 4.13　与非流程活动相关的情境信息

(3) 复合活动与情境信息关系建模。

复合活动是非流程活动与流程活动的结合体。在复合活动中，既受到流程活动情境信息的影响，也受到非流程活动情境信息的影响。图 4.14 描述了与复合活动相关的情境信息。

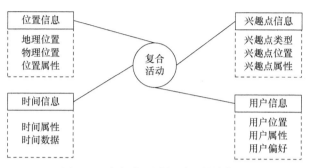

图 4.14　与复合活动相关的情境信息

2) 行为与情境信息关系建模

行为与情境信息的关系建模是室内位置地图情境关系建模的重要环节。一方面起到在活动基础上进一步判断用户行为的作用；另一方面直接与操作相关，利用当前的用户行为，进一步获取室内位置地图操作。按照行为的划分方式，行为与情境信息的关系建模可以分为导航行为与情境信息关系建模、定位行为与情境信息关系建模、查询行为与情境信息关系建模、识别行为与情境信息关系建模以及事件检查行为与情境信息关系建模。

(1) 导航行为与情境信息关系建模。

导航行为与情境信息关系建模的意义在于能够根据用户所处导航行为中的位置和与之相关的其他情境信息状况，确定室内位置地图情境信息的推送内容和方式。导航是过程，而不是一个点，在导航的不同过程中，情境信息的影响方式是有区别的。一般认为，影响导航的情境信息有位置信息、时间信息、兴趣点信息、天气信息、交通信息和其他信息，如图 4.15 所示。

其中，位置信息用来推算当前的位置和导航线路；时间信息用来约束导航条件；兴趣点信息用来推算出用户在当前条件下可能会需要的建筑物或其他对象；交通信息用来推算出交通是否通畅；天气信息用来推算出天气状况可能会对道路行驶造成的影响；其他信息用来添加目标活动对导航的作用。

(2) 定位行为与情境信息关系建模。

定位行为与情境信息关系建模的意义在于能够根据用户的特点，获取并确定恰当的位置信息推送形式。位置信息包括绝对位置和相对位置两种。绝对位置一般提供给移动终端或服务器后台，而相对位置一般提供给用户。定位行为主要与设备、用户与位置三种信息有关，如图 4.16 所示。其中，位置信息用来提取定位结果；用户信息和设备信息用来推算出位置信息的表达方式。

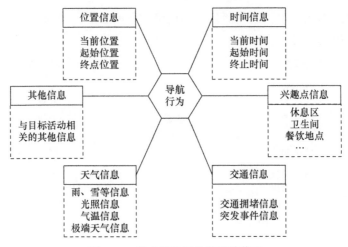

图 4.15　影响导航行为的情境信息

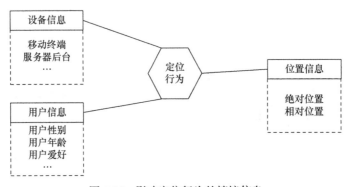

图 4.16　影响定位行为的情境信息

(3) 查询行为与情境信息关系建模。

查询行为与情境信息关系建模的意义在于情境模型能够根据用户爱好或需求在一定范围内查找相关的兴趣点信息。因此，查询行为主要与位置信息、兴趣点信息和用户信息有关，如图 4.17 所示。其中，位置信息用来推算出用户或兴趣点的位置；兴趣点信息用来推算出用户所感兴趣对象的属性信息；用户信息用来推算出用户的偏好等信息。

(4) 识别行为与情境信息关系建模。

识别行为与情境信息关系建模的意义在于能够根据用户的倾向提取出相关兴趣点信息。识别行为主要与用户信息和兴趣点信息相关，如图 4.18 所示。其中，兴趣点信息用来推算出用户感兴趣对象的属性信息；用户信息用来推算出用户的偏好等信息。

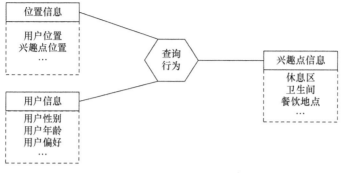

图 4.17　影响查询行为的情境信息

图 4.18　影响识别行为的情境信息

(5) 事件检查行为与情境信息关系建模。

事件检查行为与情境信息关系建模的意义在于能够根据用户所处的位置及时间，按照一定范围，将可能会对用户行为产生影响的事件信息提取出来并提供给用户。因此，事件检查主要与位置信息、时间信息和事件信息有关，如图 4.19所示。其中，位置信息用来推算出用户和事件发生的位置(包括地理位置、物理位置和语义位置)，同时它还明确了事件查询的范围；时间信息主要用来推算出事件发生时间和当前时间，并判断这两段时间是否存在关联；事件信息主要用来推算出事件的类型和级别。

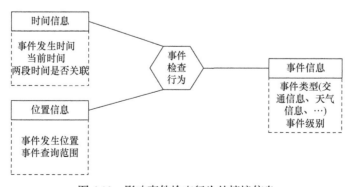

图 4.19　影响事件检查行为的情境信息

3) 操作与情境信息关系建模

操作与情境信息的关系建模是整个室内位置地图情境关系建模的最终目的，是室内位置地图情境推理结果的直接依据，也是室内位置地图情境表达模板选择的基础。按照不同的操作方式，操作与情境信息的关系建模可以分为叠加兴趣点操作与情境信息关系建模、叠加时间距离操作与情境信息关系建模、叠加特殊场景操作与情境信息关系建模、叠加语义位置操作与情境信息关系建模以及叠加事件操作与情境信息关系建模五类。

(1) 叠加兴趣点操作与情境信息关系建模。

叠加兴趣点操作是根据用户所处情境的特点，将用户一定范围内的兴趣点信息以恰当的方式推荐给用户。与叠加兴趣点操作相关的情境信息主要有位置信息、时间信息、兴趣点信息和用户信息。其中，位置信息用来获取用户距离特定兴趣点的远近程度；时间信息用来判断用户在兴趣点上能够消耗的最大时间差；兴趣点信息用来获取兴趣点的类型、位置和属性；用户信息用来判断用户兴趣点的查询范围以及用户对兴趣点的偏好，如图 4.20 所示。

图 4.20　影响叠加兴趣点操作的情境信息

(2) 叠加时间距离操作与情境信息关系建模。

叠加时间距离操作是根据用户相对于某位置或兴趣点的时间距离判断用户能否到达，并将与之相关的时间或距离信息推荐给用户。与叠加时间距离操作相关的情境信息主要有位置信息、时间信息、交通信息、天气信息、用户信息和兴趣点信息。其中，位置信息用来获取用户距离特定位置或兴趣点的远近程度；时间信息用来判断用户能否到达某位置或某兴趣点；兴趣点信息用来获取兴趣点的位置、类型和属性；用户信息用来获取用户的行驶方式及速度；天气信息和交通信息用来获取其对速度的影响，如图 4.21 所示。

(4) 叠加特殊场景操作与情境信息关系建模。

叠加特殊场景操作是根据用户所处的位置，将用户一定范围内的兴趣点信息以恰当的方式推荐给用户。与叠加特殊场景操作相关的情境信息主要有位置信息和兴趣点信息。其中，位置信息用来获取用户距离特定兴趣点的远近程度；兴趣点信息用来获取兴趣点的类型和属性，如图 4.22 所示。

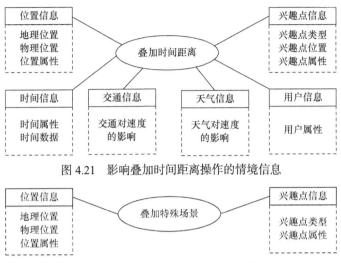

图 4.21　影响叠加时间距离操作的情境信息

图 4.22　影响叠加特殊场景操作的情境信息

(4) 叠加语义位置操作与情境信息关系建模。

叠加语义位置操作是根据用户所处情境的特点，将用户的位置信息以恰当的方式推荐给用户。与叠加语义位置操作相关的情境信息主要有位置信息和用户信息。其中，位置信息用来获取用户的位置数据；用户信息用来判断用户当前的活动和行为，如图 4.23 所示。

图 4.23　影响叠加语义位置操作的情境信息

(5) 叠加事件操作与情境信息关系建模。

叠加事件操作是根据用户所处的位置，将用户一定范围内的事件信息以恰当的方式推荐给用户。与叠加事件操作相关的情境信息主要有位置信息和事件信息。其中，位置信息用来获取用户距离事件的远近程度；事件信息用来获取事件的类型、属性和级别，如图 4.24 所示。

4. 情境信息要素建模

情境信息要素建模是室内位置地图情境建模的最底层，在该层模型中，每一种情境信息都被建成一个与用户行为互相独立的模型，便于情境信息共享与重用

图 4.24　影响叠加事件操作的情境信息

的同时，也有利于其他情境信息和用户行为的添加。这里对与室内位置地图情境关系最紧密的情境信息进行建模。

1) 位置信息建模

位置信息模型是室内位置地图数据的基础模型，它不仅包括物理位置、地理位置，还包括位置属性和位置关系等信息，如表 4.11 所示。

表 4.11　位置信息的描述

物理位置	地理位置	位置属性			位置关系
		标识	状态	类别	
点状：(x_1, y_1, z_1) 线状：(x_1, y_1, z_1)，$\cdots$，(x_n, y_n, z_n) 面状：(x_1, y_1, z_1)，$\cdots$，(x_n, y_n, z_n) 体状：$(x_1, y_1, z_1)^i$，$\cdots$，$(x_n, y_n, z_n)^i$，第 i 层	见表4.12	起点 终点 节点_起点 节点_终点 当前 兴趣点 $\cdots$	室内 室外 室内外	点状 线状 面状 体状	见下文"(2)位置关系"

(1) 地理位置。

位置名称分四级：城市、街道、建筑物和室内空间，如郑州→陇海路→华润万家→一楼打印店。四级地名的关系描述如表 4.12 所示。

表 4.12　四级地名的关系描述(举例)

位置名称	城市	街道	建筑物	室内空间
郑州	(x_1, y_1, z_1)， (x_2, y_2, z_2)，$\cdots$			
郑州陇海路	郑州	(x_1, y_1, z_1)， (x_2, y_2, z_2)，$\cdots$		
郑州陇海路 华润万家	郑州	陇海路	(x_1, y_1, z_1)， (x_2, y_2, z_2)，$\cdots$	
郑州陇海路华润 万家一楼打印店	郑州	陇海路	华润万家	(x_1, y_1, z_1)， (x_2, y_2, z_2)，$\cdots$

(2) 位置关系

① 物理位置转地理位置(坐标转地名)。设坐标位置为 A，相应的四级地名位置从大到小依次为 a_1、a_2、a_3、a_4。若满足 $i = 1, 2, 3$ 时 $A \in a$ 且 $A \notin a_{i+1}$，或满

足 $i=4$ 时 $A \in a_i$ ，则坐标位置 A 对应的地名位置为 a_i 。

② 地理位置转物理位置(地名转坐标)。设地名位置为 a ，相应四级地名的坐标位置从大到小依次为 A_1 、 A_2 、 A_3 、 A_4 。若满足 $i=1,2,3$ 时 $A_i \notin \varnothing$ 且 $A_{i+1} \in \varnothing$ ，或满足 $i=4$ 时 $A_i \notin \varnothing$ ，则地名位置 a 对应的坐标位置为 A_i 。

2) 时间信息建模

室内位置地图情境中的时间信息分为时间数据、时间属性和时间转换三个部分，如表 4.13 所示。

表 4.13　时间信息的描述

时间数据						时间属性			时间转换
年	月	日	时	分	秒	类型	标识	状态	
****	**	**	**	**	**	点时间	起始时间、截止时间、当前时间、预计到达时间、节点_起始时间、节点_终止时间	北京时间	时间单位转换；时间点与时间段转换
						段时间	已行驶时间、总计时间、预计需要行驶时间、剩余时间		
						时间间隔	获取位置信息时间、获取交通信息时间、获取天气信息时间、获取兴趣点时间		

时间转换包括时间单位转换和时间点与时间段转换。

(1) 时间单位转换：1 天 $= 24$h；1h $= 60$min；1min $= 60$s；……

(2) 时间点与时间段转换：截止时间 $-$ 起始时间 $=$ 总计时间；当前时间 $-$ 已行驶时间 $=$ 剩余时间；当前时间 $+$ 预计需要行使时间 $=$ 预计到达时间；……

3) 用户信息建模

用户信息模型包括用户属性、用户事件、用户行为、用户输入和用户转换四部分，如表 4.14 所示。

表 4.14　用户信息的描述

用户属性					用户事件				用户行为	用户输入	用户转换
性别	年龄	偏好	行驶		票务						
			方式	速度	形式	时间	终点				
男、女	小于 20 岁、20~30 岁、30~40 岁、大于 40 岁	餐饮、购物、休闲	步行、乘车	5km/h、50km/h	飞机、火车、轮船、汽车	年、月、日、时、分	北京某机场	查询、定位、识别、导航、事件检查	兴趣点	用户转换	

(1) 用户转换。行驶方式转换为行驶速度：步行行驶方式转换为速度 5km/h；乘车行驶方式转换为速度 50km/h；……

(2) 用户信息模板：男，小于 20 岁，爱好餐饮，喜欢西餐；女，20～30 岁，爱好休闲，喜欢娱乐；女，30～40 岁，爱好购物，喜欢服饰品店；男，大于 40 岁，爱好休闲，喜欢运动；……

4) 天气信息建模

室内位置地图情境中天气信息建模主要是为了研究不良天气对通向室内的道路交通造成的影响。一般认为影响交通的天气因素主要有雨、雪和雾，因此天气信息建模也主要考虑这三方面对道路交通的影响，如表 4.15～表 4.17 所示。

表 4.15　天气信息(雨)描述

雨描述	降雨量	雨对速度的影响(模拟)
小雨	24h 降雨量小于 10mm	速度减 10%
中雨	24h 降雨量在 10～25mm	速度减 20%
大雨	24h 降雨量在 25～50mm	速度减 40%
暴雨	24h 降雨量在 50～100mm	速度减 60%
大暴雨	24h 降雨量在 100～200mm	速度减 80%
特大暴雨	24h 降雨量大于 200mm	速度减 99%

表 4.16　天气信息(雪)描述

雪描述	降雪量	雪对速度的影响(模拟)
小雪	24h 降雪量小于 2.5mm	速度减 10%
中雪	24h 降雪量在 2.5～5mm	速度减 20%
大雪	24h 降雪量在 5～10mm	速度减 50%
暴雪	24h 降雪量大于 10mm	速度减 99%

表 4.17　天气信息(雾)描述

雾描述	雾等级	雾对速度的影响(模拟)
轻雾	水平能见度距离在 1～10km	速度减 10%
雾	水平能见度距离低于 1km	速度减 20%
大雾	水平能见度距离在 200～500m	速度减 50%
浓雾	水平能见度距离在 50～200m	速度减 70%
强浓雾	水平能见度距离不足 50m	速度减 99%

5) 交通信息建模

交通信息建模与天气信息建模一样，主要考虑交通拥堵或突发事件对道路交通造成的影响。交通信息模型包括对交通描述、交通拥堵指数和交通对速度的影响三部分组成，如表 4.18 所示。

表 4.18 交通信息(拥堵)描述

交通描述	交通拥堵指数	交通对速度的影响(模拟)
畅通	0~2	速度减 10%
基本畅通	2~4	速度减 20%
轻度拥堵	4~6	速度减 50%
中度拥堵	6~8	速度减 70%
重度拥堵	8~10	速度减 99%

6) 兴趣点信息建模

兴趣点通常指室内位置地图中描述的空间对象，兴趣点信息模型包括兴趣点类型、兴趣点名称和兴趣点属性三部分，如表 4.19 所示。

表 4.19 兴趣点信息描述

兴趣点类型		兴趣点名称	兴趣点属性		
基本类型	引申类型		时间信息	空间位置	描述特征
休闲场所	电影院	大上海	8:00~24:00	(x_1, y_1, z_1), (x_2, y_2, z_2), …	10 个放映厅等

兴趣点类型包括：休闲场所，如电影院、咖啡厅、茶社等；购物场所，如服饰品店、鞋店、包具店、化妆品店、首饰店等；餐饮场所，如中餐厅、西餐厅、快餐厅等；道路交通，如加油站、停车场、高速路出入口、立交桥等；……

7) 事件信息建模

事件信息建模包括事件类型建模[如交通事故(表 4.20)、打折信息(表 4.21)、晚点信息(表 4.22)等]、事件位置建模和事件时间建模。

表 4.20 交通事故事件描述

交通事故	位置	时间
撞车(人)	点位置	点时间
路陷、桥塌	点位置	段时间(短)

续表

交通事故	位置	时间
禁行	线位置	段时间(长)
路、桥维修	线位置	段时间(最长)
……	……	……

表 4.21　打折信息事件描述

打折信息	幅度小	幅度中等	幅度大
餐饮	95%	90%	85%
服饰	90%	70%	50%
鞋帽	90%	70%	50%
包具	90%	70%	50%
饰品	95%	90%	85%
……	……	……	……

表 4.22　晚点信息事件描述

晚点信息	时间
火车	
飞机	年、月、日、时、分
汽车	
……	

　　综上可以给出室内位置地图情境模型的详细结构，如图 4.25 所示。

4.3.2　面向对象的室内位置地图情境建模

1. 面向对象的室内位置地图情境模型描述

　　面向对象的室内位置地图情境模型包含活动对象、情境信息对象和关系对象三部分。其中，活动对象描述与用户活动、行为和操作相关的活动信息；情境信息对象描述与室内位置地图相关的除活动以外的其他情境信息；关系对象描述活动信息与其他情境信息之间的关联关系。因此，室内位置地图情境模型可以描述为

$$C_{情境} = (A_{活动}, R_{关系}, O_{其他信息})$$

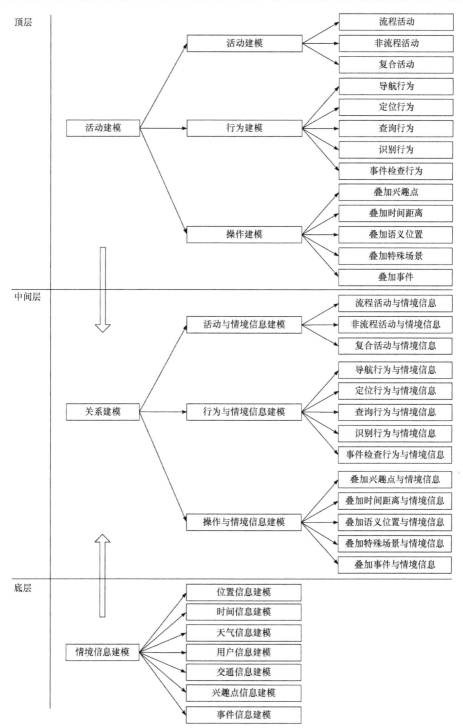

图 4.25　室内位置地图情境三层模型的详细结构图

$$R_{关系} = (A_{活动}, O_{其他信息})$$

式中，$A_{活动}$ 指活动对象；$R_{关系}$ 指关系对象；$O_{其他信息}$ 指其他情境信息对象。

1) 活动类描述

活动类是活动对象的抽象。活动、行为和操作描述的是活动的不同细节层次，因此与之对应的类也存在聚集关系，即活动类由行为类组成，行为类由操作类组成，三者之间属于嵌套关系，如图 4.26 所示，共包含三种活动(Activity)、五种行为(Action)和五种操作(Operate)。

(1) 活动类数据成员。

在三种不同层次的活动类中，数据成员主要有两种：行为对象和操作对象，分别对应行为类和操作类的实例。其中，行为对象是组成活动类的基本单元，操作对象是组成行为类的基本单元，而操作类已经是活动类的最底层，因此它只包含一般类型的面向对象数据。

另外，由于对象的实例化结果不同，某一层可能包含多组下层对象。即一个活动类包含多个行为对象，一个行为类也可能包含多个操作对象。

(2) 活动类成员函数。

为了描述不同层次之间活动的关联关系，需要建立活动关系模型，在面向对象的室内位置地图情境建模中体现为活动类的成员函数。活动类的成员函数主要包括顺序关系函数、循环关系函数和转换关系函数。行为类的成员函数主要包括关联关系函数。

2) 关系类描述

关系类是关系对象的抽象。由于活动类被分为三类，基于活动类的室内位置地图情境模型中的关系描述也应该分为三组：活动与情境信息关系(ActivityAndInformation)、行为与情境信息关系(ActionAndInformation)和操作与情境信息关系(OperateAndInformation)。三者之间属于继承关系，即对上一级活动存在影响的情境信息必然会在下一级关系类中出现，如图 4.27 所示，共包含三种活动关系、五种行为关系和五种操作关系。

(1) 关系类数据成员。

关系类描述的是活动类与其他情境信息类之间的关系，因此，关系类包含的数据成员较多，包括活动对象、行为对象、操作对象、位置对象、时间对象、天气对象、交通对象、兴趣点对象、用户对象、事件对象和其他对象等。

(2) 关系类成员函数。

关联关系是描述数据成员中的活动对象、行为对象和操作对象与其他情境之间的成员函数。需要注意的是，其他情境信息对象包含的属性或功能也不止一种，在建立其与活动的关系类时，产生关系的经常也只是一部分，这是关系类描述必须要明确的部分。

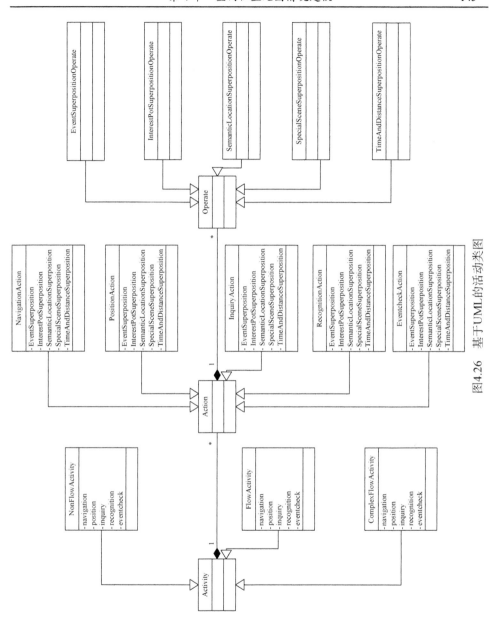

图4.26 基于UML的活动类图

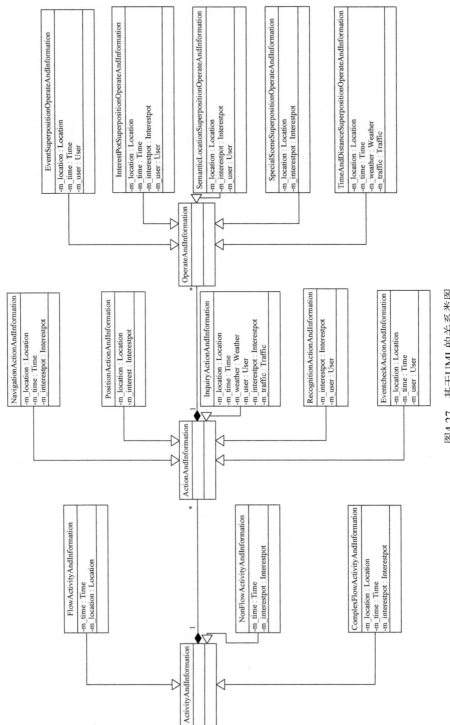

图4.27　基于UML的关系类图

3) 情境信息类描述

情境信息类是对除活动以外的其他情境信息的抽象。室内位置地图中情境信息之间的联系是通过活动也就是在关系类中描述的，因此这里的情境信息类描述的都是一个个独立的情境信息个体，包括每个个体的属性信息和关系信息。这里描述的情境信息类包括位置(Location)、时间(Time)、天气(Weather)、交通(Traffic)、兴趣点(Interespot)、用户(User)和事件(Event)，如图 4.28 所示。

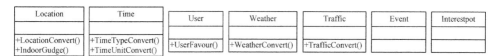

图 4.28　基于 UML 的其他情境信息类图

(1) 情境信息类数据成员。

由于情境信息类在面向对象的室内位置地图情境信息类中已经是最底层，其数据成员仅包含一般类型的数据成员，包括整型、数组型、指针型、字符串型、结构型、枚举型和 typedef 类型，主要完成基本情境信息属性或功能数据定义。

(2) 情境信息类成员函数。

情境信息类没有通用的情境信息函数，都是由自身的情境信息模型需求而定。①位置类包括位置转换函数和室内外判断函数；②时间类包括时间单位转换函数和时间点、时间段转换函数；③天气类包括天气速度转换函数；④交通类包括时间速度转换函数；⑤用户类包括用户偏好函数；⑥事件类和兴趣点类不包括函数。

2. 面向对象的室内位置地图情境形式化表达流程

面向对象的室内位置地图情境由很多类和对象组成，这些类和对象并不是独立的，它们通过派生或者组合的方式交织在一起，一个类的对象可能由另一个类构成，并且一个类的数据成员和成员函数也可能由上一个类继承而来，因此面向对象的室内位置地图情境描述需要满足一定流程，如图 4.29 所示。

具体流程如下：①活动分析。分析当前活动属于何种类型，列举与当前活动相关的行为，建立活动与不同行为之间的关系。在此基础上，研究与这些行为相关的操作，分别描述每一种行为与操作之间的关联关系。②活动类描述。依据活动三层结构，从上到下，逐次进行活动建模、行为建模和操作建模，再根据前面活动分析的结果，分别在活动类、行为类中描述与当前活动或行为相关的行为和操作对象。③情境信息分析。分析与当前活动相关的情境信息，得出其与活动相关的属性及功能特征。④情境信息类描述。根据情境信息分析结果，分别描述每一种情境信息类。⑤关系分析。分析活动与情境信息之间的关系，挖掘出活动

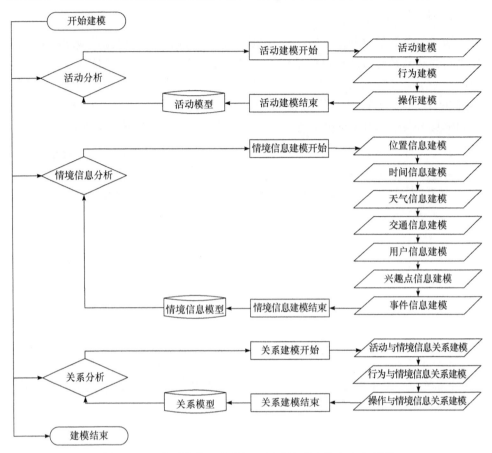

图 4.29　面向对象的室内位置地图情境形式化表达流程图

究竟与哪一种情境信息的哪一个方面产生联系。⑥关系类描述。根据关系分析结果，逐次建立活动、行为和操作与情境信息的关系类。其中，这三类之间满足继承关系。

4.3.3　室内位置地图情境模型实例化

　　室内位置地图情境模型的构建与描述方法，在本质上只是一种逻辑的表达，在实际应用中，缺乏对情境模型的实例化描述。下面给出室内位置地图情境模型的实例化流程，再以用户去机场登机情境为例，验证室内位置地图情境建模方法的应用。

1. 室内位置地图情境模型实例化流程

　　室内位置地图情境模型实例化是将基于活动建立的室内位置地图情境模型与

现实情境关联起来，将逻辑模型转变为应用模型。并不是情境建模的每一个过程都需要实例化，因为在室内位置地图情境三层模型中，有的过程建立的是普适模型，并不需要根据实际情境的不同而修改；有的过程却需要与现实的情境结合起来，才能构建实际的应用情境模型。室内位置地图情境模型实例化流程如图 4.30 所示。

从图中可以看出，该流程共包含三部分：活动模型实例化、关系模型实例化和情境信息模型实例化，详细描述如下。

1) 活动模型实例化

活动模型实例化包括活动类型的确定和不同层次活动之间关系(主要是活动与行为)的描述两部分。其中，活动类型的确定指根据已经建立的不同类型的活动、行为和操作的特点，判断当前情境究竟属于哪种活动、包含哪些行为和操作；不同层次活动之间关系的描述指活动与行为是如何关联在一起的(通过已经建立的关系方式)。

2) 关系模型实例化

关系模型实例化主要是处理由活动、行为和操作类型的确定引起的关系模型选取问题。

3) 情境信息模型实例化

情境信息模型实例化包括位置信息、时间信息、用户信息、兴趣点信息和事件信息的实例化五种。其中，用户信息根据实际用户特征进行实例化；事件信息和兴趣点信息根据当前情境有关的事件和兴趣点进行实例化；位置信息和时间信息需要根据兴趣点、当前情境以及活动三种因素综合进行实例化。

2. 机场登机情境建模实例

1) 机场登机情境的活动模型

(1) 机场登机活动是一种复合活动。

机场登机活动是一种分步骤的流程活动。其中，去机场、换登机牌、安检、候机等都是必须经历的行为，并且各个行为之间具有一定的流程关系。例如，换登机牌与候机，只有用户知道了候机地点，也就是换完登机牌，才会去登机，这是一种顺序关系，因此用户去机场登机活动符合流程活动的特点。另外，在机场候机等行为中，时间会较为充裕，用户经常选择去购物或者休闲，这时，这种行为的目的不再明确，通常由用户的兴趣和位置的远近而定，这时的机场登机活动又满足非流程活动的特点。结合复合活动的描述，机场登机活动属于复合活动。

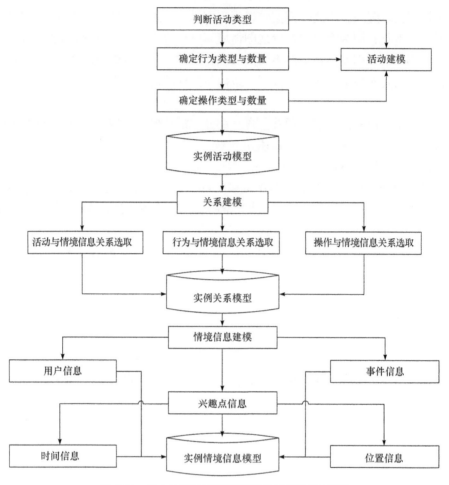

图 4.30　室内位置地图情境模型的实例化流程[117]

(2) 机场登机活动涉及五种行为。

机场登机活动不是静止状态下的心理活动，它涉及从一个地点过渡到另一个地点，因此导航行为是机场登机活动的一部分，如用户导航去机场(室外)、导航去候机室(室内)等；同样是由于机场登机过程时间充裕，用户也会选择定位、查询或识别其他的位置或兴趣点信息。例如，定位用户当前位置(室内)、查询餐馆、识别特殊符号(室内位置地图)等，因此查询、定位和识别行为也是机场登机活动的组成部分；另外，机场登机是一种特殊活动，它会受到某些事件的影响而改变甚至终止当前的用户活动，例如，飞机晚点，道路、桥梁塌陷等导致用户不能按时到达，因此机场登机活动也包括事件检查行为。

(3) 机场登机活动涉及五种操作。

操作与活动并不直接联系，但操作作为三层活动模型的最终实现形式，是活动分析必须要考虑的环节。机场登机行为包括五种全部类型，因此与这五种行为相关的全部操作也属于机场登机活动的组成部分。需要注意的是，在本书中，尽管在不同行为中可能会包含同一种操作，但实际上，由于行为的差异，所包含的同一种操作也略有差异，需要在情境建模时区分出来。

(4) 机场登机活动涉及三类关系。

机场登机活动涉及的五种行为通过顺序关联、循环关联和转移关联联系在一起，详细流程如图 4.31 所示。

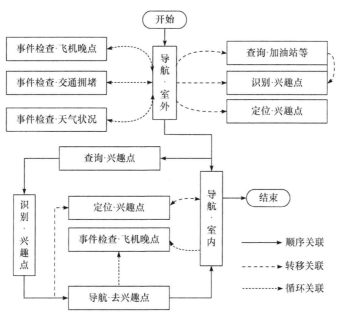

图 4.31　机场登机情境活动与行为关系

2) 机场登机情境的关系模型

机场登机关系模型涉及活动、行为与操作三种细节层次的关系描述，其中，行为与情境信息的关系模型在机场登机情境中更为复杂。因此，这里以导航行为中的导航开始判断，以事件检查行为中的天气、交通信息的影响为例研究机场登机关系模型的建立。

(1) 导航开始判断。

导航开始判断是根据用户的位置信息、时间信息、导航线路上的交通信息和所在区域的天气信息确定并提醒用户及时出发的活动过程，详细步骤如图 4.32 所示。

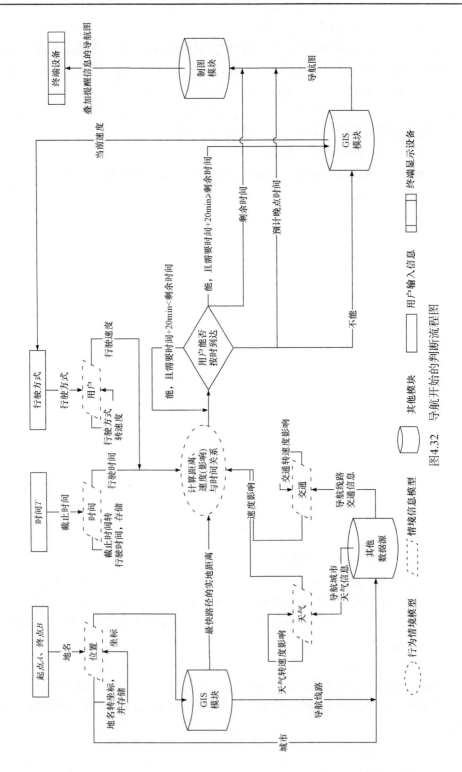

图 4.32 导航开始的判断流程图

第一步，位置信息模型首先从用户输入中获取起始点地名信息，然后把这种地名信息转换成坐标信息，最后将位置信息传递给地理信息系统(geographic information system, GIS)模块；时间信息模型从用户输入中获取截止时间信息，并通过当前时间和截止时间的比较获取剩余时间；用户信息模型从用户输入中获取用户特征信息及行驶方式，并将行驶方式转换成行驶速度；天气、交通信息模型从其他数据源获取天气和交通信息，并将其转换为速度影响信息。

第二步，情境模型从 GIS 模块中获取导航距离 S，从用户情境信息中获取行驶速度 V，从天气与交通情境信息获取对速度的影响 $\Delta V_{\text{天气}}$、$\Delta V_{\text{交通}}$，从时间情境信息中获取截止时间 $T_{\text{截止}}$、当前时间 $T_{\text{当前}}$。进行如下计算：①当前速度 $V_{\text{当前}} = V \times \Delta V_{\text{天气}} \times \Delta V_{\text{交通}}$，并将其传递给用户情境信息模型；②预计需要行驶时间 $T_{\text{预计需要行驶时间}} = S \div V_{\text{当前}}$，并将其传递给时间情境信息模型；③剩余时间 $T_{\text{剩余时间}} = T_{\text{截止}} - T_{\text{当前}} - T_{\text{预计需要行驶时间}}$，并将其传递给时间情境信息模型。

第三步，进行如下判断：①若 $T_{\text{剩余时间}} < 0$，则提醒制图模块不能按时到达信息及晚点时间 $T_{\text{晚点时间}}$；②若 $20\text{min} > T_{\text{剩余时间}} > 0$，则提醒制图模块出发信息及剩余时间 $T_{\text{剩余时间}}$；③若 $T_{\text{剩余时间}} > 20\text{min}$，则不提醒制图模块出发信息，直到剩余 20min 后，再提醒制图模块。

(2) 天气、交通信息的影响。

在分析室外天气、交通对导航的影响过程中，活动建模主要解决室内外位置判断、天气交通查询范围确定两个问题，如图 4.33 所示。

① 室内外位置判断。

第一步，情境模型从位置信息模型中获取当前位置坐标 $L_{\text{当前}}$，从兴趣点信息模型中获取最大兴趣点的范围(长度或宽度)，并以其为半径，搜索范围内的兴趣点信息，设为 $S_{\text{兴趣点1}}$，$S_{\text{兴趣点2}}$，$\cdots$。

第二步，进行如下判断：①若 $L_{\text{当前}} \subseteq S_{\text{兴趣点}i}$，$i = 1, 2, \cdots$，则表明在室内，将室内标识及兴趣点位置信息传递给位置信息模型；②若 $L_{\text{当前}} \notin S_{\text{兴趣点}i}$，$i = 1, 2, \cdots$，则表明在室外，将室外标识传递给位置信息模型。

② 天气交通查询范围确定。

天气查询范围确定：位置信息模型从定位系统获取定位坐标信息，并获取该坐标所在城市，即确定天气搜索范围。

交通查询范围确定：位置信息模型将当前位置和终点位置传递给 GIS 模块，GIS 模块将剩余的导航道路信息传递给其他数据源，其他数据源提取剩余导航道路上的交通信息。

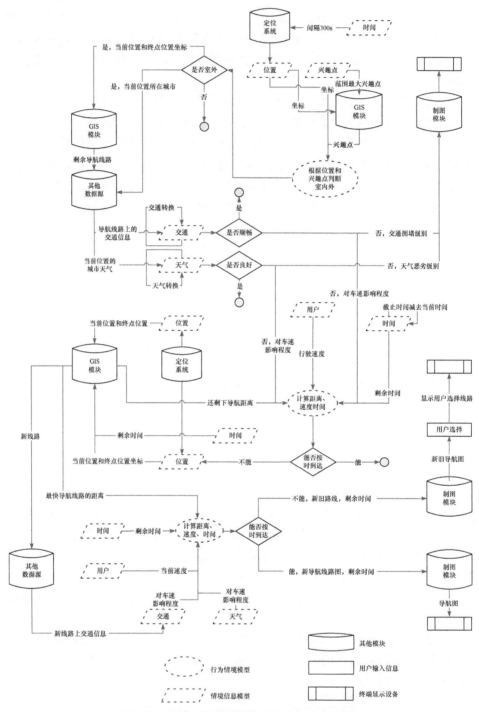

图 4.33 室外天气交通信息对导航的影响流程图

3) 机场登机情境的情境信息模型

(1) 用户信息模型。

机场登机情境用户信息模型实例化指根据用户的实际特征确定用户的属性和事件信息，如表 4.23 所示。

(2) 事件信息模型实例。

与机场登机情境相关的事件包括交通事故和晚点信息。在交通事故中，用户行驶不仅包括室内也包括室外，因此交通事故应描述与之相关的全部事件；在晚点信息中，用户事件描述的是去机场登机，因此晚点信息指机场的晚点。表 4.24 以晚点信息为例，建立室内位置地图机场登机情境事件信息模型。

表 4.23 用户信息实例

用户属性					用户事件		
性别	年龄	偏好	行驶		票务		
			方式	速度	形式	时间	终点
男	20~40 岁	餐饮	乘车	50km/h	飞机	2014 年 5 月 20 日 14 时 50 分	北京机场

表 4.24 晚点信息实例

晚点信息	时间
飞机	0 日 0 时 50 分

(3) 兴趣点信息模型实例。

参考用户信息模型实例，与机场登机情境相关的兴趣点类型包括餐饮场所和道路交通，兴趣点(麦当劳)信息实例如表 4.25 所示。

表 4.25 兴趣点(麦当劳)信息实例

兴趣点类型		兴趣点名称	兴趣点属性		
基本类型	引申类型		时间信息	空间位置	描述特征
餐饮场所	西餐	麦当劳	00：00~24：00	(x_1, y_1, z_1), (x_2, y_2, z_2), …	200 余座位

(4) 时间信息模型实例。

与机场登机情境相关的时间实例主要包括起始时间、截止时间、当前时间、节点_起始时间和节点_终止时间。其中，起始时间指用户起身出发去机场时间；截止时间指飞机起飞时间；节点_起始时间和节点_终止时间指在用户导航过程中，依

据导航的不同节点对时间的实际要求而对应的时间节点，例如，飞机起飞 30min
前停止办理登记手续。时间信息(截止)实例如表 4.26 所示。

表 4.26　时间信息(截止)实例

时间数据						时间属性		
年	月	日	时	分	秒	类型	标识	状态
2014	5	20	14	50	00	点时间	截止	北京 时间

(5) 位置信息模型实例。

与机场登机情境相关的位置信息主要包括起点位置、终点位置、当前位置、
节点_起点位置和节点_终点位置。其中，起点位置指用户起身出发的位置；终点位
置指机场航班位置；节点_起点位置和节点_终点位置指在用户导航过程中，用户必
须经过的并且需要处理事务的位置，如柜台，它是用户办理登机手续并进场的必
经环节，它就是一个位置节点。

4.4　基于规则的室内位置地图情境推理

4.4.1　基于规则的室内位置地图情境推理形式化表达

目前，情境推理的方式有很多[118]，但对于室内位置地图情境来讲，过于繁
重的推理会使其效率降低且增加推理结果的不确定性，难以满足室内位置地图
"随时、随地"的位置服务需求，情境推理的方式要求简单、直接。在众多情境
推理方式中，基于产生式规则的推理能够表示大多数领域知识，在产生式规则库
中，每条规则的增加、删除和修改都比较容易，因此本书利用产生式表示法构建
室内位置地图情境推理规则。

1. 产生式表示法与室内位置地图情境推理规则

1) 产生式表示法
(1) 产生式表示法的概念。

产生式表示法也称产生式规则表示法，它能够以更接近于人类思维的形式获
取和表达知识，形象直观且便于推理[119]，成为人工智能领域应用最多的一种知
识表示方法。Post 首先在一种 Post 机的计算模型中提出了"产生式"的概念，
即一个产生式对应一个规则[120]。在此之后，很多学者对产生式不断地改进，就

形成了今天比较成熟的产生式表示方法，具体的描述形式为：条件→结果，即

$$\text{If}$$
$$P$$
$$\text{Then}$$
$$Q, CF[0, 1]$$

其中，P 为前件(antecedent)，也称左部或者条件部分，是一个规则运行的起点，每一个单独的条件称为元素或模式，运行方式是：若条件判断为"真"，则继续进入后件部分运行；若条件判断为"假"，则结束。Q 为后件(consequent)，也称右部或者执行部分，是当前件判断为真时，根据前件部分所执行的一系列动作(一般分为操作性结果和描述性结果)。CF(certainty factor)为置信度(当所描述知识确定时，一般可省略置信度)。

(2) 产生式表示法的优缺点。

产生式表示法的优缺点如表 4.27 所示。可以看出，产生式表示法的优点是结构简单、灵活，能够描述各种不同形式的知识，缺点是推理效率较低、不直观。分析室内位置地图情境推理的特点可知：室内位置地图情境推理强调的是统一与共享，特点是情境信息种类样式多变，情境信息之间的关系复杂不易描述，这正是产生式表示法的优势所在。同时，室内位置地图强调的时效并不等同于推理效率，一个是时间问题，另一个是复杂度问题，两者之间并不存在必然的联系，也就是说推理效率低不一定影响室内位置地图的推理时效。产生式表示法的缺点是不直观，体现在用户不可能建立或修改规则，因此这个缺点也并不会对室内位置地图情境推理造成太大的负面影响。综上，产生式表示法的优缺点能够满足室内位置地图情境推理要求和原则，是比较实用的规则描述方法。

表 4.27　产生式表示法的优缺点

方法	优点	缺点
产生式表示法	① 自然性好，"If-Then"的表达符合人类判断知识的基本形式； ② 灵活性好，对规则的细节描述不是很严格，使得开发系统具有较强的灵活性； ③ 格式简单，没有复杂计算，只是前件匹配，后件动作，规则容易建立； ④ 与规则库知识相一致，可以被统一处理； ⑤ 模块性好，产生式规则是最基本的形式，各规则只能通过数据库访问，有利于知识的增加、修改与删除； ⑥ 表示内容多样，方便不同类型知识的描述	① 推理效率低下，规则之间只能以全局数据库为媒介，推理过程反复； ② 不直观，各规则相互独立，不同规则之间的联系很难查看

2) 室内位置地图情境推理规则描述

一个产生式的室内位置地图情境推理规则包括条件语句和执行语句两部分。条件语句描述推理规则的判断依据，主要通过情境信息的属性、状态、功能以及不同情境信息关联形成的函数值进行评判；执行语句描述推理规则的作用结果，主要执行室内位置地图表达和不同推理规则之间的相互衔接。

在室内位置地图的情境推理规则中，条件语句和执行语句之间的关系是通过经验、算法乃至常识获得的。由于室内位置地图情境推理规则比较复杂，有时一条条件语句或者执行语句不能满足室内位置地图情境推理的要求，并且如果将这样的语句拆分成多条"一条条件语句 + 一条执行语句"形式，不同推理规则之间的关系又会难以描述。为此，本书通过在推理规则中增加条件语句和执行语句的方式描述室内位置地图情境。

多条条件语句的关系包括以下三种：①顺序关系，即一条条件语句是另一条条件语句的前提，只有上一条判断成立后，才执行下一条；②并列关系，即多条条件语句并不存在顺序关系，需要同时满足这些条件才能执行执行语句；③选择关系，即在多条条件语句中，只要满足任意一条或几条，就可以执行执行语句。另外，多条执行语句的关系包括以下两种：①顺序关系，即上一条执行语句结束后，才执行下一条语句，上一条语句的执行结果是下一条语句的参数；②并列关系，即多条执行语句间不存在相互关系，都需要执行完成。

基于产生式表示法的室内位置地图情境推理规则的运行机制如图 4.34所示。

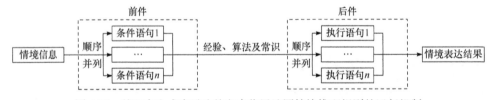

图 4.34　基于产生式表示法的室内位置地图情境推理规则的运行机制

2. 情境推理规则的条件语句与执行语句

1) 情境推理规则的条件语句

(1) 条件语句基本组成。

情境推理的条件语句由变量、常量、关系运算符和操作函数四种基本语句组成。其中，关系运算符是连接基本语句并判断是否执行的依据，操作函数作用于变量和常量，并通过返回值与关系运算符一起使用，如表 4.28 所示。

表 4.28　条件语句基本组成

条件语句类型	示例
变量	用户的位置、当前的时间
常量	用户在市内的平均驾车行驶速度、不同等级的交通拥堵指数
关系运算符	>、<、==、!=、≈、≠、≤、≥
操作函数	距离函数、时间函数、模板匹配函数、查询函数

变量描述的是随着情境的改变而不断变化的情境信息值，如用户的位置、当前的时间、某条道路的拥堵情况等。数据类型主要包括布尔型、浮点型、整型和字符串型。

常量描述的是一种相对固定的、根据一定经验或实践获得的情境信息值，如用户在市内的平均驾车行驶速度、不同等级的交通拥堵指数对驾车行驶速度的影响以及某大型超市的营业时间等。数据类型包括布尔型、浮点型、整型和字符串型。

关系运算符主要用于比较条件语句表达式两边的值，如当前的时间早于某餐厅的营业时间，这时，"早于"可描述为"<"。关系运算符包括">""<""=="">""!=""≈""≠""≤""≥"等。另外，情境推理的条件语句一般不止一个，不同条件语句之间的关系也通常用关系运算符描述，如"&&"(与)、"‖"(或)、"^"(非)。

操作函数主要用来获取一个或几个情境信息变量的引申信息，如两个位置之间的直线距离，通过"函数名(位置 1，位置 2)"的形式表示，函数输入参数是情境信息中的变量和常量。常用的操作函数包括距离函数、时间函数、模板匹配函数和查询函数等。

(2) 条件语句的构建方式。

在条件语句的四种基本语句中，关系运算符用于比较表达式两边的值，是条件语句的基本组成单元。变量、常量和操作函数都是表达式两边的值，根据排列组合规律可知，若条件语句中只包含一次判断，则条件语句的构建方式如下。

① 变量 + 关系运算符 + 变量/常量：此方式主要描述单一情境信息的属性、状态或者功能是否满足某种条件(或数值)。例如，Time.Now == N，其中 N 为整数，Time.Now 为当前时间，该语句可以在情境推理中判断当前时间是否应该查询事件信息。

② 操作函数 + 关系运算符 + 变量/常量：此方式主要描述室内位置地图情境模型中的关系函数能否满足某种条件(或数值)。例如，Distance(A.Location,

B.Location) < 10m，Distance(A.Location, B.Location)为 A、B 两点的距离，该语句可以在情境推理中判断两点的距离，主要是用户和某兴趣点的距离，判断是否可以依据用户偏好推荐兴趣点。

③ 操作函数 + 关系运算符 + 操作函数：此方式主要描述室内位置地图情境模型中的两组关系函数能否满足某种条件。例如，Distance(A.Location, B.Location) < Distance(A.Location, C.Location)，该语句可以在情境推理中判断两段距离的长短，主要是用户和两个兴趣点的距离，判断究竟哪个兴趣点优先推荐给用户。

2) 情境推理规则的执行语句

(1) 执行语句基本组成。

执行语句的主要功能是对条件语句的判断结果进行处理，它由一个或者多个动作组成，每一个动作既可以是情境推理的最终操作，也可以是另一条规则的判断依据，详细描述如表 4.29 所示。

表 4.29　执行语句基本组成

执行语句类型	详细内容
"表达"型动作	"传递"型动作、"叠加"型动作和"切换"型动作
"条件"型动作	"参数"型动作、"索引"型动作和"赋值"型动作

动作可以分为两种类型："表达"型动作和"条件"型动作。其中，"表达"型动作主要用于将情境推理的结果传递给地图表达模块，其又可以划分为"传递"型动作、"叠加"型动作和"切换"型动作；"条件"型动作主要将上一步情境推理的结果视为前提，并将本次推理的结果转化为下一步推理规则的参数或者是推理规则的选取，因此，"条件"型动作也可以细分为"参数"型动作、"索引"型动作和"赋值"型动作。执行语句可以描述为：动作名称(参数 1，参数 2，…，参数 n)。

(2) "表达"型动作的构建方式。

① "传递"型动作："传递"型动作主要针对的是室内位置地图底图要素的显示模块，按照不同的室内位置地图情境信息类型，"传递"型动作包含的参数有位置信息、时间信息、天气信息、用户信息和交通信息五种，另外，"传递"型动作并不一定全部传递这五种情境信息，它只传递变化信息，即传递后的某情境信息与传递前该情境信息值不同，因此，"传递"型动作还需要包括一个判断传递的是哪一个情境信息的参数，"传递"型动作可以描述为

传递（
　　　(TRUE/FALSE, TRUE/FALSE, TRUE/FALSE, TRUE/FALSE, TRUE/FALSE),
　　　位置信息，时间信息，天气信息，用户信息，交通信息
　　）;

其中，"TRUE/FALSE"判断某条情境信息值是否传递，若为"TRUE"，则传递对应情境信息值；若为"FALSE"，则舍弃对应情境信息值。

② "叠加"型动作："叠加"型动作主要针对的是室内位置地图叠加要素的显示模块，按照不同的叠加类型，"叠加"型动作包含的参数有叠加类型、叠加对象个数、叠加属性条数、叠加对象和叠加对象属性五种，"叠加"型动作可以描述为

叠加（
　　　叠加类型，叠加对象个数 N，叠加属性条数 M，
　　　(叠加对象 1，叠加对象 2，…，叠加对象 N)，
　　　(叠加对象 1 属性 1，叠加对象 2 属性 2，…，叠加对象 N 属性 N)，
　　　…，
　　　　(叠加对象 1 属性 M，叠加对象 2 属性 M，…，叠加对象 N 属性 M)
　　）

③ "切换"型动作："切换"型动作主要针对的是室内位置地图不同情境之间的转换，按照不同的切换对象，"切换"型动作包含的参数有切换前情境和切换后情境两种，"切换"型动作可以描述为

切换（
　　　切换前情境，切换后情境
　　　）

(3) "条件"型动作的构建方式。

① "参数"型动作："参数"型动作主要针对的是不同推理规则中，上一条推理的结果是下一条推理的参数，按照参数和规则的个数，"参数"型动作可以描述为

参数（
　　　参数个数 N，
　　　(参数 1，规则 1)，(参数 2，规则 2)，…，(参数 N，规则 N)
　　　）

②　"索引"型动作："索引"型动作主要针对的是不同推理规则中，上一条推理的结果是指向下一条推理的索引，"索引"型动作可以描述为

索引（

　　　规则

　　　）

③　"赋值"型动作："赋值"型动作主要针对的是推理规则中，推理的执行结果是对某一个情境信息的属性或者变量赋值，"赋值"型动作可以描述为

赋值（

　　　情境信息. 属性

　　　情境信息. 状态

　　　）

3. 情境推理规则的解析与运行

　　情境推理规则的解析与运行主要解决的是如何将已经建立好的情境推理规则转变为能被计算机识别和理解的程序代码的过程与方法。其过程主要包括两部分：条件语句的解析与运行和执行语句的解析与运行。情境推理规则与一般规则解析和运行的区别主要体现在两方面：一是在条件语句的解析过程中，基本语句中的参数随着周围环境的改变而实时变化，在解析每一条基本语句时，首先必须要获取当前状态下的情境信息，即基本语句参数；二是在执行语句的解析过程中，情境推理的执行结果去向不同，情境推理表达的格式、要求也各不相同，本书将情境推理的结果去向分为下一条情境推理规则和情境表达(最终情境推理结果)。图 4.35 详细描述了室内位置地图情境推理的解析与运行流程。具体而言：①检查条件语句和执行语句是否存在语法错误，若存在，则解析终止，若不存在，则继续进行；②把条件语句分割成基本语句，对基本语句进行分级与排序；③实时提取基本语句中的参数信息，即情境信息；④依次解析基本语句，直至基本语句结束，并将其生成程序代码，加入运行代码序列；⑤判断条件语句解析结果，若为"真"，则继续执行语句，若为"假"，则解析结束；⑥对执行语句排序，确定执行语句的运行顺序；⑦查找执行语句对应的情境推理规则或表达模块接口；⑧依次解析执行语句，直至执行语句结束，并将其生成程序代码，加入运行代码序列；⑨判断执行语句解析结果，若为"真"，则将执行结果传递给下一条情境推理规则或情境表达模块，若为"假"，则返回空值。

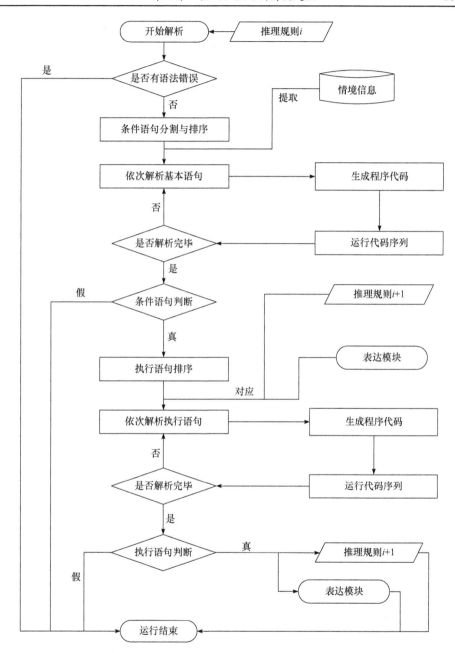

图 4.35　室内位置地图情境推理的解析与运行流程

4.4.2　室内位置地图情境三级推理规则的构建

由室内位置地图情境和与之相关的情境信息的关系可以看出，对于某种情境，情境模型已经描述情境信息之间的相互联系，情境推理不必再分析当前情境究竟受到哪些因素的影响，影响的方式也已经明确；同时，判断用户活动是获取与当前情境相关情境信息的前提，因为情境模型包含的情境信息是由活动组织起来的；另外，每一类情境影响情境信息的种类和方式都不同，需要情境推理有针对性地建立推理规则或者算法。室内位置地图情境推理按照流程划分，用于解决以下三个问题：一是判断用户活动，确定用户究竟处于何种活动状态(包括活动、行为与操作)，建立其与情境模型中活动模型的关系；二是在已知用户活动的基础上，从情境模型的关系模型中查找与之相关的情境信息，并利用实时获取的情境信息通过情境信息模型传递给当前活动；三是针对每一类情境和与之相关的情境信息，分别建立其推理规则或算法。

综上所述，室内位置地图情境推理是一种过程性强、与情境模型关联度高、推理算法分散的推理方式。本书结合室内位置地图情境推理的特点，建立了室内位置地图情境推理规则。当然，这个情境推理规则并不是通用的推理规则，具体应用时，还需要根据实际情境进行实例化。

1. 室内位置地图情境推理的基本思路

基于规则的室内位置地图情境推理基本思路是：依据前面已经建立的情境模型，结合实时获取的情境信息，通过一定的规则获取用户行为后，发掘与之相关联的情境信息，并综合一定的算法、经验乃至常识，推理出用户的潜在需求。因此，该推理规则主要分为三种：第一种是根据当前的情境信息判断用户活动，即活动匹配规则，包括活动匹配、行为匹配和操作匹配三类，主要是为了获取用户的行为、目的；第二种是依据前面匹配的活动，在情境模型中查询并提取与之相关的情境信息，即情境信息提取规则，包括与活动相关的、与行为相关的和与操作相关的三类，主要是为了提取与当前情境相关的情境信息，避免大量无关因素对情境判断、推理的影响；第三种是根据用户当前活动和与之相关的情境信息，综合判断用户的需求，即综合推理规则，包括活动推理、行为推理和操作推理三类，主要是为了描述不同层次活动对情境推理结果产生的交互影响，防止只考虑单一层次的活动对情境推理造成的片面理解。

2. 活动匹配规则的构建

活动匹配是室内位置地图情境推理的第一步，它主要完成通过从外界环境提取情境信息并与室内位置地图情境模型中的活动模型进行匹配来判断当前的用户活动。活动建模将活动分为三个层次，基于活动模型的活动匹配也应该分为三个过程，即活动匹配、行为匹配和操作匹配。其中，在每一个匹配过程中，由于不同类型活动组成方式的差异，相应的匹配规则也会受到影响。

在这些活动匹配规则中，它们是相互独立但又密切联系的。其中，相互独立指每一条规则的判断和执行都与其他规则无关，即便是同一条规则，也会因为活动的不同导致匹配的方式方法不尽相同；密切联系指这些匹配规则并不是割裂的，它们之间通过规则的解析和运行关联在一起，一条规则的执行可能是另一条规则的前提，也有可能两条规则是一种并列关系，两者需要同步进行。图 4.36 描述了活动匹配的基本规则及其与不同层次活动的联系(带底色部分为当前活动)。

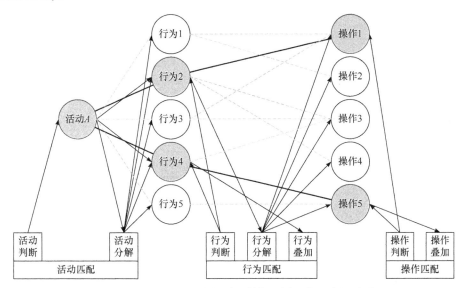

图 4.36　活动匹配基本规则及其与不同层次活动的联系
粗实线表示示例实际路径；虚线表示潜在的可能关联；箭头线表示指示作用

在图 4.36 中，假设当前活动描述为(活动 A，(行为 2，行为 4)，(操作 1，操作 5))。三层规则的详细匹配流程描述为：①根据活动匹配规则中的活动判断，获取当前活动；②通过活动匹配规则中的活动分解，将活动 A 分解为五种类型的行为模型：FA(行为 1，行为 2，行为 3，行为 4，行为 5)；③根据行为匹配规则中的行为判断，获取当前行为 2 和行为 4；④根据行为匹配规则中的行为叠加判断当前行为不止一种，将对从行为判断获取的行为 2 与行为 4 进行叠加；⑤通过行为匹配规则中的行为分解将当前行为进一步分为不同的操作类型：FO(操作 1，操作 2，操作 3，操作 4，操作 5)；⑥根据操作匹配规则中的操作判断，获取与行为 2 与行为 4 对应的操作 1 与操作 5；⑦通过操作叠加规则判断当前的操作不止一种，将对前文获取的操作进行叠加，活动匹配结束。

1) 活动匹配

活动匹配包含两类规则：活动判断与活动分解。其中，活动判断的意义在于利用实时获取的情境信息判断当前情境究竟属于哪种活动；活动分解的意义在于通过对比前面匹配的活动与情境模型库中活动的关系，将顶层活动分解成下层行为。活动匹配规则的描述如表 4.30 所示。

表 4.30　活动匹配规则的描述

匹配索引	规则描述	判断依据
匹配规则 1	流程活动判断	用户的目的地和速度、当前的位置和时间、目的地的位置和时间以及当前位置与目的地的距离
匹配规则 2	非流程活动判断	用户的目的地
匹配规则 3	复合活动判断	用户的目的地和速度、当前的位置和时间、目的地的位置和时间、当前的位置与目的地的距离
匹配规则 4	流程活动分解	与导航行为有关
匹配规则 5	非流程活动分解	与定位、查询和识别行为有关
匹配规则 6	复合活动分解	与导航、定位、查询、识别和事件检查行为都有关

下面以流程活动判断和非流程活动分解为例建立活动匹配规则。

【匹配规则 1】流程活动判断。

影响匹配规则 1 的情境信息包括用户的目的地和速度、当前的位置和时间、目的地的位置和时间以及当前的位置与目的地的距离。其中，用户的目的地可以用来判断用户的活动，其他信息用来判断当用户目的地不唯一时，究竟哪一个才是用户最应该优先考虑的。匹配规则 1 描述如下：

```
If
    User.Target=="看病"||"办证"||"…" And
    RtimeFunction(Location.Now, Location.End, User.CarSpeed,
    Time.Now, Time.End)<0
Then
    ActivityNow.Type==流程活动 And ActivityNow.Name=="看
    病"||"办证"||"…"活动 And
    goto 活动分解
```

该条规则的条件语句由两条基本语句组成，执行语句由三条基本语句组成。其中，User.Target 指用户的目的，由用户自己或其他数据源提供；RtimeFunction()

为剩余时间函数，Location.Now 指当前位置，Location.End 指目的地位置，User.CarSpeed 指用户乘车行驶的平均速度，Time.Now 指当前时间，Time.End 指到达目的地的截止时间；ActivityNow.Type 指活动类型；ActivityNow.Name 指当前活动；goto 指进行下一步推理。

【匹配规则 5】非流程活动分解。

非流程活动主要与定位、查询和识别行为有关，匹配规则 5 描述如下：

```
If
    ActivityNow.Type==流程活动 And ActivityNow.Name=="购
    物"||"旅游"||"…"活动
Then
    ActivityNow.Position[i]==Activity_DataBase("购物"||"旅
    游"||"…").Position[i] And
    ActivityNow.Query[i]==Activity_DataBase("购物"||"旅
    游"||"…").Query[i] And
    ActivityNow.Identification[i]==Activity_DataBase("购
    物"||"旅游"||"…").Identification[i] And
    goto 行为匹配
```

该条规则的条件语句由两条基本语句组成，执行语句由四条基本语句组成。其中，ActivityNow.Position[i]指当前活动的第 i 个定位行为，Activity_DataBase（"购物"‖"旅游"‖"…"）.Position[i]指情境模型库中活动的第 i 个定位行为，其中 $i = 0, 1, 2, \cdots$；ActivityNow.Query[i]指当前活动的第 i 个查询行为，Activity_DataBase（"购物"‖"旅游"‖"…"）.Query[i]指情境模型库中活动的第 i 个查询行为，其中 $i = 0, 1, 2, \cdots$；ActivityNow.Identification[i]指当前活动的第 i 个识别行为，Activity_DataBase（"购物"‖"旅游"‖"…"）.Identification[i]指情境模型库中活动的第 i 个识别行为，其中 $i = 0, 1, 2, \cdots$。

2) 行为匹配

行为匹配包含三类规则：行为判断、行为分解和行为叠加。其中，行为判断的意义在于根据当前活动及实时获取的情境信息判断当前情境属于哪种行为；行为分解的意义在于通过对比前面匹配的行为与情境模型库中行为的关系，将当前行为分解为不同的用户操作；行为叠加的意义在于当用户的当前行为不止一种时，将不同的行为叠加起来，为后续的操作匹配提供依据。行为匹配规则的描述如表 4.31 所示。

表 4.31　行为匹配规则的描述

匹配索引	规则描述	判断依据
匹配规则 7	流程导航判断	用户的上一个导航行为和下一个导航行为
匹配规则 8	非流程导航、定位、查询与识别的判断	用户的直接选择
匹配规则 9	事件检查判断	当前的时间信息是否满足查询间隔的整数倍、用户位置与特定位置的距离是否满足某一阈值
匹配规则 10	导航行为分解	与导航行为相关的用户操作包括叠加兴趣点、叠加时间距离和叠加特殊场景
匹配规则 11	流程导航与非流程导航叠加	同时满足流程导航与非流程导航的条件
匹配规则 12	流程导航与其他行为叠加	同时满足流程导航与其他行为的条件

下面以非流程导航、定位、查询与识别的判断、流程导航与其他行为叠加为例建立行为匹配规则。

【匹配规则 8】非流程导航、定位、查询与识别的判断。

非流程导航、定位、查询和识别的判断与用户的直接选择有关。情境推理能够判断与用户活动存在必然联系的流程导航，但对于非流程导航、定位、查询和识别四种行为，它们并不是复合活动的必须行为，因此它们的作用与用户主观意愿关联很大。情境只能将这些可能以某种方式或方法(如文字或图片)提示给用户。用户确定后，情境推理才能确定用户究竟是不是进行此项行为，匹配规则 8 描述如下：

```
If
    User.Action.Choice=="定位"||"查询"||"识别"||"非流程导
    航"And User.Action.Content=="×××"
Then
    ActionNow.Type=="定位"||"查询"||"识别"||"非流程导航"
    And ActionNow.Name=="×××" And
    goto 行为分解
```

该条规则的条件语句由两条基本语句组成，执行语句由两条基本语句组成。其中，User.Action.Choice 指用户选择的行为，由用户自己提供；User.Action.Content 指用户非流程导航的目的地或定位、查询、识别的内容；ActionNow.Type 指当前行为类型；ActionNow.Name 指当前行为内容。

【匹配规则 12】流程导航与其他行为叠加。

匹配规则 12 描述如下：

```
If
    ActionNow.Type=="导航" And User.Action.Choice =="定
    位"||"查询"||"识别"||"非流程导航"
Then
    ActionNow2.Type=="定位"||"查询"||"识别"||"非流程导航"
    And goto 操作匹配
```

其中，ActionNow2.Type 指第二个当前行为。

3) 操作匹配

操作匹配包含两类规则：操作判断和操作叠加。其中，操作判断的意义在于根据当前行为及实时获取的情境信息判断当前情境属于哪种操作；操作叠加的意义在于当用户的当前操作不止一种时，将不同的操作叠加起来，为后续的情境信息提取提供依据。操作匹配规则的描述如表 4.32 所示。

表 4.32　操作匹配规则的描述

匹配索引	规则描述	判断依据
匹配规则 13	叠加兴趣点判断	与导航、查询和识别行为有关。在查询和识别行为中，主要受到用户行为的影响；在导航行为中，除了会受到用户行为的影响，还会受到兴趣点查询结果的影响
匹配规则 14	叠加时间距离判断	与导航有关。主要受到用户位置、目的地位置、当前时间和目的地的截止时间影响
匹配规则 15	叠加事件判断	检查事件的间隔时间、当前时间、当前位置与特殊场景位置
匹配规则 16	叠加语义位置判断	用户信息和当前位置
匹配规则 17	叠加特殊场景判断	用户位置与特殊场景位置的距离
匹配规则 18	叠加兴趣点与时间距离判断	同时满足叠加兴趣点与时间距离的条件
匹配规则 19	叠加事件与时间距离判断	同时满足叠加事件与时间距离判断的条件
匹配规则 20	叠加特殊场景与时间距离判断	同时满足叠加特殊场景与时间距离的条件

下面以叠加兴趣点判断和叠加事件与时间距离判断为例建立操作匹配规则。

【匹配规则 13】叠加兴趣点判断。

与叠加兴趣点判断操作相关的行为是导航、查询和识别。在查询和识别行为中，叠加兴趣点判断主要受到用户行为的影响(匹配规则 13-a)；在导航行为中，叠加兴趣点判断除了会受到用户行为的影响，还会受到兴趣点查询结果的影响(由其他数据源提供)(匹配规则 13-b)。

匹配规则 13-a 描述如下：

```
If
    ActionNow.Type=="导航" And QueryNumber(Location.Now)
Then
    OperateNow.Type =="叠加兴趣点" And
    goto 情境信息提取
```

该条规则的条件语句由两条基本语句组成，执行语句也由两条基本语句组成。其中，QueryNumber()为兴趣点数量查询函数；Location.Now 指当前位置；OperateNow.Type 指当前操作类型。

匹配规则 13-b 描述如下：

```
If
    ActionNow.Type=="查询"||"识别"
Then
    OperateNow.Type =="叠加兴趣点" And
    goto 情境信息提取
```

【匹配规则 19】叠加事件与时间距离判断。

当同时满足匹配规则 15 和匹配规则 14 时，则叠加事件操作与叠加时间距离操作相互叠加，匹配规则 19 描述如下：

```
If
    Rule15==True And Rule14==True
Then
    OperateNow1.Type =="叠加事件" And OperateNow2.Type
        =="叠加时间距离" And
    goto 情境信息提取
```

3. 情境信息提取规则的构建

情境信息提取是室内位置地图情境推理的中间环节，其根据上一步匹配的活动，从室内位置地图情境模型的关系模型中查询并提取与之相关的情境信息。活动模型将活动分为三个层次，每一层的活动作用域不同，其情境信息的影响数量与方式也各有差异，因此情境信息的提取也分为三类：提取与当前活动相关的情境信息、提取与当前行为相关的情境信息以及提取与当前操作相关的情境信息。图 4.37 描述了情境信息提取的基本规则及其与不同层次活动之间的关系(带底色部分为当前活动)。

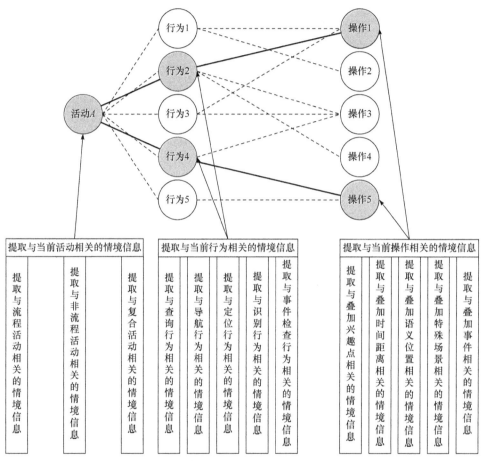

图 4.37　情境信息提取的基本规则及其与不同层次活动之间的关系

粗实线表示示例实际路径；虚线表示潜在的可能关联；箭头线表示指示作用

在图 4.37 中，同样假设当前活动描述为(活动 A，(行为 2，行为 4)，(操作 1，操作 5))。三层规则的详细匹配流程为：①根据活动匹配获取的活动 A，判断活动类型并提取与之相关的情境信息；②根据行为匹配获取的行为 2 和行为 4；判断行为类型并提取与之相关的情境信息；③根据操作匹配获取的操作 1 和操作 5；判断操作类型并提取与之相关的情境信息。

1) 提取与当前活动相关的情境信息

活动的提取规则包括提取与流程活动相关的情境信息、提取与非流程活动相关的情境信息以及提取与复合活动相关的情境信息三种。提取与活动相关的情境信息规则的描述如表 4.33 所示。

表 4.33　提取与活动相关的情境信息规则的描述

提取索引	规则描述	判断依据
提取规则 1	提取与流程活动相关的情境信息	通过前面匹配的流程活动与情境模型库中的流程活动和情境信息之间的关系模型确定并提取与之相关的情境信息
提取规则 2	提取与非流程活动相关的情境信息	通过前面匹配的非流程活动与情境模型库中的非流程活动和情境信息之间的关系模型确定并提取与之相关的情境信息
提取规则 3	提取与复合活动相关的情境信息	通过前面匹配的复合活动与情境模型库中的复合活动和情境信息之间的关系模型确定并提取与之相关的情境信息

下面以提取与流程活动相关的情境信息为例建立活动提取规则。

【提取规则 1】提取与流程活动相关的情境信息。

```
If
    ActivityNow.Type==流程活动 And ActivityNow.Name=="看
    病"||"办证"||"…"活动
Then
    ActivityNow.Time[i]==ActivityAndInformation_DataBase
    ("看病"||"办证"||"…"活动).Time[i] And

    ActivityNow.Location[i]==ActivityAndInformation_
    DataBase("看病"||"办证"||"…"活动).Location[i] And

    goto 提取与当前行为相关的情境信息
```

该条规则的条件语句由两条基本语句组成，执行语句由三条基本语句组成。其中，ActivityNow.Time[i] 指当前活动的时间信息；ActivityAndInformation_DataBase("看病"||"办证"||"…"活动).Time[i]指关系模型库中的时间信息，$i = 0, 1, 2, \cdots$；ActivityNow.Location[i]指当前活动的位置信息；ActivityAndInformation_DataBase("看病"||"办证"||"…"活动).Location[i]指关系模型库中的位置信息，$i = 0, 1, 2, \cdots$。

2) 提取与当前行为相关的情境信息

行为的提取规则包括提取与定位行为相关的情境信息、提取与导航行为相关的情境信息、提取与查询行为相关的情境信息、提取与识别行为相关的情境信息以及提取与事件检查行为相关的情境信息五种。提取与行为相关的情境信息规则的描述如表 4.34 所示。

表 4.34　提取与行为相关的情境信息规则的描述

提取索引	规则描述	判断依据
提取规则 4	提取与定位行为相关的情境信息	通过前面匹配的定位行为与情境模型库中的定位行为和情境信息之间的关系模型确定并提取与之相关的情境信息
提取规则 5	提取与导航行为相关的情境信息	通过前面匹配的导航行为与情境模型库中的导航行为和情境信息之间的关系模型确定并提取与之相关的情境信息
提取规则 6	提取与查询行为相关的情境信息	通过前面匹配的查询行为与情境模型库中的查询行为和情境信息之间的关系模型确定并提取与之相关的情境信息
提取规则 7	提取与识别行为相关的情境信息	通过前面匹配的识别行为与情境模型库中的识别行为和情境信息之间的关系模型确定并提取与之相关的情境信息
提取规则 8	提取与事件检查行为相关的情境信息	通过前面匹配的事件检查行为与情境模型库中的事件检查行为和情境信息之间的关系模型确定并提取与之相关的情境信息

下面以提取与定位行为相关的情境信息为例建立行为提取规则。

【提取规则 4】提取与定位行为相关的情境信息。

```
If
    ActionNow.Type==定位行为 And ActionNow.Name==" 当前 "||
    "指定 "
Then
    ActionNow.User== ActionAndInformation_DataBase("当前
    "||"指定 ").User And
    goto 提取与当前相关的情境信息
```

3) 提取与当前操作相关的情境信息

操作的提取规则包括提取与叠加兴趣点相关的情境信息、提取与叠加语义位置相关的情境信息、提取与叠加时间距离相关的情境信息、提取与叠加特殊场景相关的情境信息以及提取与叠加事件相关的情境信息五种。提取与操作相关的情境信息规则的描述如表 4.35 所示。

表 4.35　提取与操作相关的情境信息规则的描述

匹配索引	规则描述	判断依据
提取规则 9	提取与叠加兴趣点相关的情境信息	通过前面匹配的叠加兴趣点操作与情境模型库中的叠加兴趣点操作和情境信息之间的关系模型确定并提取与之相关的情境信息
提取规则 10	提取与叠加语义位置相关的情境信息	通过前面匹配的叠加语义位置操作与情境模型库中的叠加语义位置操作和情境信息之间的关系模型确定并提取与之相关的情境信息

续表

匹配索引	规则描述	判断依据
提取规则 11	提取与叠加时间距离相关的情境信息	通过前面匹配的叠加时间距离操作与情境模型库中的叠加时间距离操作和情境信息之间的关系模型确定并提取与之相关的情境信息
提取规则 12	提取与叠加特殊场景相关的情境信息	通过前面匹配的叠加特殊场景操作与情境模型库中的叠加特殊场景操作和情境信息之间的关系模型确定并提取与之相关的情境信息
提取规则 13	提取与叠加事件相关的情境信息	通过前面匹配的叠加事件操作与情境模型库中的叠加事件操作和情境信息之间的关系模型确定并提取与之相关的情境信息

下面以提取与叠加事件相关的情境信息为例建立操作提取规则。

【提取规则 13】提取与叠加事件相关的情境信息。

```
If
    OperateNow.Type==叠加事件
Then
    提取与当前操作相关的情境信息
```

4. 综合推理规则的构建

综合推理是室内位置地图情境推理的核心，它主要完成的是根据匹配的活动以及提取的相关情境信息判断用户当前最需要的室内位置地图服务。按照活动的层次结构，综合推理包括活动推理、行为推理和操作推理三部分。

在综合推理中，三种层次的综合推理之间是逐层控制的关系。其中，活动推理制约行为推理，行为推理制约操作推理。也就是说，底层推理要受到上层推理的影响，而上层推理也要顾及底层推理的目的及意义，这样，三种层次的推理才会层次分明，避免了多层、多次推理带来的位置服务结果重复，可以有效地减少或检验推理冲突。

图 4.38 描述了综合推理的基本规则及其与不同层次活动之间的联系。假设当前活动描述为(活动 A，(行为 2，行为 4)，(操作 1，操作 5))。三层规则的详细匹配流程为：①根据活动匹配获取的活动 A 和情境信息提取获得的情境信息，依次进行活动开始推理、活动进行推理、活动中止推理和活动结束推理，前一个推理成立，才进行下一个推理。②根据行为匹配获取的行为 2、行为 4 和情境信息提取获得的情境信息，若行为类型为导航，则依次进行行为开始推理、行为进行推理、行为切换推理、行为中止推理和行为结束推理；若是其他行为，则只进行行为开始推理和行为结束推理两种。③根据操作匹配获取的操作 1、操作 5 和情境信息提取获得的情境信息，选择对应类型的情境推理方法。

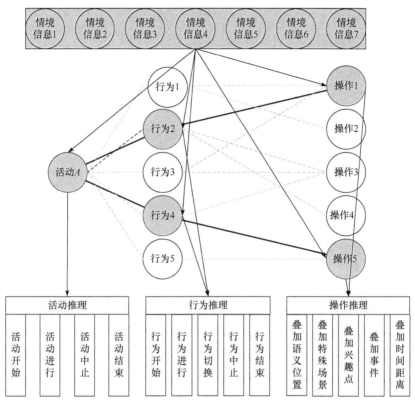

图 4.38　综合推理的基本规则及其与不同层次活动之间的联系

带底色的为当前活动，上面一排为与之相关的情境信息；粗实线表示示例实际路径；虚线表示潜在的可能关联；箭头线表示指示作用

1) 活动推理

活动推理包含四类规则：活动开始、活动进行、活动中止与活动结束。活动推理规则的描述如表 4.36 所示。

表 4.36　活动推理规则的描述

推理索引	规则描述	判断依据
综合推理规则 1	活动开始推理	用户当前位置、目的地位置、当前时间、到达目的地的截止时间、用户的平均速度以及活动开始的状态描述
综合推理规则 2	活动进行推理	活动开始成立、活动中止与活动结束不成立
综合推理规则 3	活动中止推理	活动开始成立、活动终止不成立、用户选择的活动与当前活动不一致
综合推理规则 4	活动结束推理	用户的位置、当前时间与目的地位置与截止时间

下面以活动进行推理为例建立活动推理规则。

【综合推理规则 2】提取与叠加事件相关的情境信息。

```
If
    ActivityNow.BeginState==TRUE And ActivityNow.PauseState==
    FALSE And
    ActivityNow.EndState== FALSE
Then
    ActivityNow.OnState==TRUE
```

该条规则的条件语句由三条基本语句组成，执行语句由一条基本语句组成。其中：ActivityNow.BeginState 指当前活动的开始状态信息；ActivityNow.PauseState 指当前活动的中止状态信息；ActivityNow.EndState 指当前活动的结束状态信息；ActivityNow.OnState 指当前活动的进行状态信息。

2) 行为推理

行为推理包含五类规则：行为开始、行为进行、行为中止、行为结束与行为切换。行为推理规则的描述如表 4.37 所示。

表 4.37　行为推理规则的描述

匹配索引	规则描述	判断依据
综合推理规则 5	行为开始推理	用户位置、兴趣点(节点)位置、用户当前行为与活动模型中活动与行为之间的联系
综合推理规则 6	行为进行推理	用户当前行为与用户的行为选择(为空)
综合推理规则 7	行为中止推理	用户当前行为与用户的行为选择(不为空)
综合推理规则 8	行为结束推理	用户位置、行为节点位置
综合推理规则 9	行为切换推理	用户位置、当前时间、当前天气、当前交通、附近兴趣点、不同用户和当前事件

下面以行为结束推理为例建立行为推理规则。

【综合推理规则 8】

```
If
    DistanceFunction(User.Location, ActionNow.endLocation)
    ==0
Then
    ActionNow.EndState==TRUE
```

该条规则的条件语句由一条基本语句组成，执行语句由一条基本语句组成。

其中：User.Location 指用户当前的位置信息；ActionNow.endLocation 指当前行为的节点位置信息；DistanceFunction()为距离函数；ActionNow.EndState 指当前行为的结束状态信息。

3) 操作推理

操作推理包含五类规则：叠加兴趣点、叠加时间距离、叠加事件、叠加语义位置与叠加特殊场景。操作推理规则的描述如表 4.38 所示。

表 4.38　操作推理规则的描述

匹配索引	规则描述	判断依据
综合推理规则 10	叠加兴趣点推理	附近兴趣点位置和类型、用户位置和兴趣点偏好、当前时间、时间节点
综合推理规则 11	叠加时间距离推理	用户位置、终点位置(节点位置)、当前时间、截止时间(节点时间)、用户的平均速度(包括天气、交通因素对速度的影响)
综合推理规则 12	叠加事件推理	当前时间、事件发生的时间、当前位置和事件产生影响的位置
综合推理规则 13	叠加语义位置推理	用户信息、当前位置
综合推理规则 14	叠加特殊场景推理	用户位置、特殊场景位置

下面以叠加特殊场景推理为例建立操作推理规则。

【综合推理规则 14】

```
If
    DistanceFunction(User.Location, InterestPot[i].Location)<δ
Then
    叠加(N,(InterestPot[1], InterestPot[2],…, InterestPot[N]))
```

该条规则的条件语句由一条基本语句组成，执行语句由一条基本语句组成。其中：InterestPot[i].Location 指第 i 个兴趣点的位置，i = 1, 2, …, N；②叠加(N, (InterestPot[1], InterestPot[2], …, InterestPot[N]))指叠加指定兴趣点(场景)信息。

综上，室内位置地图情境推理三级规则的详细结构如图 4.39 所示。

4.4.3　室内位置地图情境推理实例化

在实际应用中，由于用户使用室内位置地图的活动可以分为很多种，每一种由于其类型和特点的差异，判断的情境信息存在很大不同，需要根据特定活动情境建立自身的活动匹配方案。下面，首先描述室内位置地图情境推理规则的实例化流程，再以用户去机场登机情境为例，验证室内位置地图情境推理三级规则的应用。

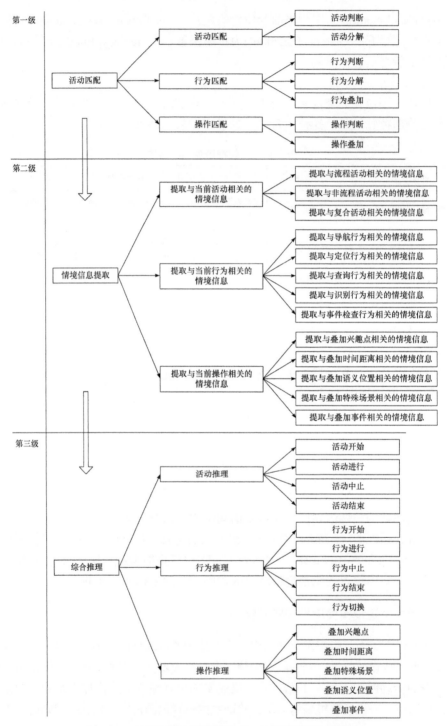

图 4.39　室内位置地图情境推理三级规则的详细结构图

1. 室内位置地图情境推理实例化流程

室内位置地图情境推理实例化，是将室内位置地图情境推理中的三级规则与实际情境相联系，将通用模型转化为实际应用模型。普适性是情境推理最重要的特征之一，但由于室内位置地图情境推理强调简洁(结果简单)、时效(速度快、效率高)，室内位置地图不得不通过降低普适性而提高情境推理的效率。因此，每一个具体的情境在应用三级推理机制时都需要增加部分实例化过程以满足当前的服务要求。在室内位置地图情境推理规则中，需要实例化的部分主要集中在活动匹配这一环节，这主要是由于不同活动描述对象的特征差异很大，判断当前的用户活动或者行动究竟是什么、发生在哪里、有什么时间限制等信息都需要根据实际的情形而定，并且有时会出现意外的判断依据或者方式。对于情境信息提取与综合推理，由于情境建模或者推理已经详细描述了活动与情境信息的关系、不同情境下的推理规则，因此这里不需要再进行额外的实例化。室内位置地图情境推理实例化如图 4.40 所示。

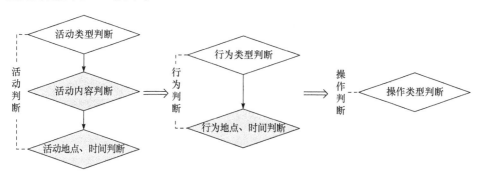

图 4.40　室内位置地图情境推理实例化
带底色部分为实例化内容

活动匹配规则中，不同层次的活动判断仅包含活动类型一种，这是由于活动类型相对单一，可以提取固定的判断模式生成相对普适的计算方法。对于现实中的客观情境，则需要增加一些实际的情境信息来建立推理模型与现实世界之间的联系。为此，本书将基于三级推理模型的实例化划分为三个部分，即活动内容判断，活动地点、时间判断和行为地点、时间判断，详细描述如下。

1) 活动内容判断

活动内容判断是确定活动的具体内容，包括登机、就诊等现实活动，是将现实活动与抽象活动联系起来，建立其与情境模型库中活动模型的映射关系，把现实活动转变成更容易被计算机理解的抽象活动(流程活动、非流程活动和复合活动)基础。

2) 活动地点、时间判断

活动地点、时间判断是针对活动实际发生或存在的位置、时间信息，获取当前活动的目的地与截止时间等现实信息，这样就将抽象模型与现实世界联系在一起，以形成完整的、现实的用户活动情境。

3) 行为地点、时间判断

行为地点、时间判断是为了描述用户行为的实际客观环境，明确用户行为发生或存在的位置、时间信息。行为地点、时间判断主要针对导航行为而言。一些瞬时行为，如查询、定位、识别与事件检查等，描述过程性特征的时间和位置信息需求不大，这里不再描述。

2. 机场登机情境推理实例化

1) 机场登机活动内容判断

登机活动内容判断包括根据用户输入内容判断和根据活动情境信息判断两种方式。

(1) 根据用户输入内容判断。

根据用户输入内容判断活动是一种更为直接的推理依据，主要解决由用户输入信息不准确带来的活动内容的模糊匹配问题。这里从提交计算效率的角度出发，采用映射表的方式解决模糊输入与精确情境描述之间的对应关系。用户输入内容(模糊活动)与登机活动描述的映射关系(模糊活动与精确活动)如表 4.39 所示。

表 4.39　精确活动与模糊活动映射表

精确活动	模糊活动
登机	乘飞机
	去机场登机
	坐飞机
	搭飞机
	登机
	…
…	…

【匹配活动内容规则 1】登机活动判断。

影响匹配活动内容规则的关键是表 4.39 中的映射关系，当用户输入的模糊内容与映射表中的某条信息一致时，情境模型自动匹配出与之映射的精确活动名称，并将这个活动视为当前的用户活动。规则描述如下：

```
If
    User.Input.Activity.Name==ContextReasonDatabase.Acti-
    vityContentMapping.FuzzyActivity[i]
Then
    ActivityNow.Name==ContextReasonDatabase.ActivityCon-
    tentMapping.AccurateActivity[i]
```

该条规则的条件语句由一条基本语句组成，执行语句由一条基本语句组成，其中：User.Input.Activity.Name 指用户输入的活动内容，由用户自己提供；ContextReasonDatabase.ActivityContentMapping.FuzzyActivity[i]指活动内容映射表中的模糊活动信息；ContextReasonDatabase.ActivityContentMapping.Accurate-Activity[i]指活动内容映射表中的精确活动信息。

(2) 根据活动情境信息判断。

另外一种判断用户活动内容的方式是根据特定活动的专属信息判断。在机场登机活动中专属信息体现为用户的航班信息。这种信息是由其他机构或者数据源提供，该情境信息的描述比较准确，因此判断方式主要是获取当前有无此项活动的信息，若有，则直接提取相关信息，若无，则舍弃。

【匹配活动内容规则 2】登机活动判断。

```
If
    User.TicketPlane.State! =NULL
Then
    ActivityNow=="登机"
```

该条规则的条件语句由一条基本语句组成，执行语句由一条基本语句组成，其中 User.TicketPlane.State 指用户的机票信息。

2) 机场登机活动地点、时间判断

(1) 根据用户输入地点或时间判断。

机场登机活动地点、时间判断与机场登机活动内容判断方法一致，都是根据一张映射表(表 4.40)进行判断。需要注意的是，模糊时间与模糊地点不同，由于时间的数值是随时变化的，模糊时间描述的是时间描述方式而不是具体值。这样时间匹配判断就需要经过两步：一是匹配时间的描述方式；二是利用匹配好的描述方式，将模糊时间转变为精确时间。

表 4.40　用户输入的模糊地点、时间与精确地点、时间的映射表

精确地点(登机目的地)	模糊地点	精确时间(起飞时间)	模糊时间
河南郑州新郑机场	郑州机场	年，月，日，时，分，秒	时，分
	新郑机场		时分秒
	郑州新郑机场		下午，时，分
	飞机场		月，日，时，分
	机场		时，分，之后
	…		…

【匹配活动地点规则 1】登机活动判断。

匹配活动地点规则描述如下：

```
If
    User.Input.Activity.Place==ContextReasonDatabase.
    ActivityPlaceMapping.FuzzyPlace[i]
Then
    ActivityNow.Location==ContextReasonDatabase.Activity-
    ContentMapping.AccuratePlace[i]
```

该条规则的条件语句由一条基本语句组成，执行语句由一条基本语句组成。其中：User.Input.Activity.Place 指用户输入的活动地点，由用户自己提供；ContextReasonDatabase.ActivityPlaceMapping.FuzzyPlace[i]指活动地点映射表中的模糊活动地点信息；ContextReasonDatabase.ActivityContentMapping-AccuratePlace[i]指活动地点映射表中的精确地点信息。

【匹配活动时间规则 2】登机活动判断。

匹配活动时间的关键步骤有三个：一是提取用户实际输入信息的关键字，如时、分、上午、之后等词语，将它们依次与规则库中的模糊时间格式进行对比，若两者一致，则认为用户输入时间为匹配时间的描述方式；二是将部分时间关键字进行转换，例如，下午即是将用户输入的时间加上 12h；三是将时间信息补充完整，由于用户不可能将完整的时间信息描述出来，需要将部分时间信息补充进去。补充的依据是若用户没有提及年、月等时间信息，则将当前时间的年、月补充给用户输入的时间信息。三个关键步骤分别对应 MatchActivityTimeRule-a、MatchActivityTimeRule-b 和 MatchActivityTimeRule-c，详细描述如下：

MatchActivityTimeRule-a：

```
If
    GainTimeStyle(User.Input.Activity.Time) ==
    ContextReasonDatabase.ActivityTimeMapping.fuzzyTime-
    Style[i]
Then
    ActivityNow.Time.style==ContextReasonDatabase.Activity-
    TimeMapping.fuzzyTimeStyle[i]
```

该条规则的条件语句由一条基本语句组成，执行语句由一条基本语句组成，其中：GainTimeStyle()指获取指定时间的时间格式；User.Input.Activity.Time 指用户输入的活动时间信息；ContextReasonDatabase.ActivityTimeMapping.fuzzyTimeStyle[i]指规则库中的某一条模糊时间格式；ActivityNow.Time.style 指当前活动的时间格式。

MatchActivityTimeRule-b：

```
If
    ActivityNow.Time.style.ConvertTime!=NULL
Then
    ActivityNow.Time=ActivityNow.Time+ActivityNow.Time.
    style.ConvertTime()
```

该条规则的条件语句由一条基本语句组成，执行语句由一条基本语句组成。其中：ActivityNow.Time.style.ConvertTime 指需要转换的时间格式；ActivityNow.Time.style. ConvertTime()指转换后的时间值。

MatchActivityTimeRule-c：

```
If
    ActivityNow.Time.style.Enough==False
Then
    ActivityNow.Time=ActivityNow.Time+SuperfluousTimeStyle
    (EnoughTimeNow, ActivityNow.Time)
```

该条规则的条件语句由一条基本语句组成，执行语句由一条基本语句组成，其中：ActivityNow.Time.style.Enough 指当前活动的时间格式是否完整；SuperfluousTimeStyle()指比较两个时间的完整程度；EnoughTimeNow 指完整的时间格式。

(2) 根据情境信息判断。

另外一种判断用户登机活动地点、时间的方式是根据用户的航班信息。用户的航班信息中既包括位置也包括时间，因此该规则判断可以将两条规则融为一条，详细描述如下。

【匹配活动地点、时间规则】登机活动判断。

```
If
    User.TicketPlane.State! =NULL
Then
    ActivityNow.Location==Ticket.BeginPlace  And  ActivityNow.
    Time== Ticket.StartTime
```

该条规则的条件语句由一条基本语句组成，执行语句由一条基本语句组成。其中：Ticket.BeginPlace 指机票描述的起飞位置；Ticket.StartTime 指机票描述的出发时间。

3) 机场登机行为地点、时间判断

登机活动中包含的行为内容以及不同行为之间的联系已经在情境建模时描述过了，因此机场登机行为的实例化主要针对地点和时间的匹配判断，传递实际信息。

【匹配行为地点规则】登机活动判断。

对于位置信息来讲，登机活动涉及的位置包括室内位置与室外位置两种，并且每一个位置的相对名称在登机情境模型中都存在详细描述，因此只需要将具体的位置信息传递给当前实际的机场登机情境，例如"导航"行为中的"机场位置"，需要根据当前的机场登机情境，将"河南郑州新郑"赋予"机场位置"，这样就可以将理论位置与实际位置关联起来。因此，匹配行为地点规则描述如下：

```
If
    ActionNow.Type=="导航"
Then
    ActionNow.Location=AddPlace(ActionNow.Location,
    ActivityNow.Location)
```

该条规则的条件语句由一条基本语句组成，执行语句由一条基本语句组成。其中：ActionNow.Location 指当前导航行为的终点位置信息； ActivityNow. Location 指当前活动的位置信息；AddPlace()指将活动位置赋予行为位置。

【匹配行为时间规则】登机活动判断。

对于时间信息来讲，机场登机活动是具有一定流程的复杂活动，尽管前面已经描述了机场登机活动的时间限制信息，但由于其由一系列导航活动组成，每一节导航活动是否存在各自的时间限制，与实际的情境密切相关。对于机场登机情境，办理登机手续与飞机起飞之间需要留出 30min，因此假设飞机起飞时间为

T，则用户到达柜台办理登机手续的时间限制就为$(T-30)$min。因此，匹配行为时间规则描述如下：

```
If
    ActivityNow.Name=="登机" And ActivityNow.Navigation-
    Action[i].Name =="柜台"
Then
    ActivityNow.NavigationAction[i].endTime==ActivityNow.
    Time.End-30
```

该条规则的条件语句由一条基本语句组成，执行语句由一条基本语句组成。其中：ActivityNow.NavigationAction[i]＝＝"柜台"指导航去柜台行为；ActivityNow.NavigationAction[i].endTime 指导航去柜台的截止时间；ActivityNow.Time.End 指登机活动的截止时间。

第5章 室内位置地图表达建模

室内位置地图表达模型是描述地图动态表达过程及其逻辑关系的概念模型。本章围绕室内位置地图"制用一体，动态表达"的过程和机制，描述室内位置地图表达的概念和特点；构建情境驱动的室内位置地图表达模型，重点对模型的构成、建模过程和模型内容之间的逻辑关系进行详细描述；阐述情境驱动室内位置地图表达的机制，建立情境与室内位置地图表达的映射规则，并约定规则形式化描述方式，为室内位置地图动态表达提供理论基础和技术方法。

5.1 室内位置地图表达理论

5.1.1 室内位置地图表达的概念和特点

地图表达指使用地图语言，将地理现象及其内在关系和发展变化表示在地图上。地图表达的具体内涵包括[121]：①用符合特定标准的地图符号表示地理数据；②运用制图理论(如地图的认知理论、视觉变量理论和图形的感受效果等)，以使地图符号之间搭配协调，体现一定的差异感。

室内位置地图表达，特指面向室内位置地图的地图表达理论与方法，即使用特定的地图语言将室内环境的要素、室内空间分布和室内事件、现象等表示出来，辅助人们进行室内空间浏览、导航、决策等活动。

由于室内位置地图在运行支撑环境、表达对象、制图模式以及表达方法等方面具有自身特点，室内位置地图的表达在内涵上也发生了相应的变化，主要体现在能够随着情境的改变，其表示内容和表示方法也能够实现按需选择和实时动态切换。基于室内位置地图个性特征，其表达特点归纳如下。

1. 与环境和室内位置的相关性更强

相关性体现在能够涵盖以位置为基础的人与人、人与物、物与物的直接关联及蕴含关系，其基础是语义位置关系明确的时空位置信息集合。室内位置地图表达的环境信息既包括室内环境的门、窗、梯等静态信息，还包括用户任务、事物状态、突发事件等动态信息，具有高度的"人-机-物"相统一的特征。室内位置地图的表达还与当前位置紧密关联，强调表达与当前位置相关的有用环境信息，此时的位置超出了空间坐标的概念，而是一个以位置为参考的各类信息统一描述集合。在表达过程中，需要借助各种定位系统、传感网、互联网、通信网等泛在网络，实时动态获取用户当前位置和情境，并以位置描述为关联关系纽带，对信息进行语义关系一致、时空地理关联统一的建模和表达。

2. 对用户的个性化需求适应性更好

用户对地图服务的需求是多元化的，室内位置地图的用户群体主要面向大众用户(也可面向室内环境管理用户)，因此该地图本身就具备较强的个性化表达能力。这种能力使得以传统地图图种为分类依据的设计模式难以适用，需要突破这种分类设计模式的局限，重构地图表达模型，采用如模板技术[122,123]等将优秀的地图设计方案固化下来，再通过情境推理驱动重组模板实现室内位置地图的快速制作和个性化表达。室内位置地图通过地图模板记录符号、颜色和注记等设计经验，并通过面向需求的表达模板的匹配和组织，使得计算机能够基于固化的模板设计方案制作出达到专家水准的地图表达效果。

3. 表达模式具有实时、动态和可交互性

室内位置地图基于位置的个性化表达内涵，使得其需要随着用户的临场位置和任务活动实时变换其表示内容，并以恰当的表示方法绘出地图。实时动态和可交互特点，使得其能够随主体的移动和使用场合的变化实时获取位置关联的动态变化信息，从而进行内容动态叠加、地图动态制图、信息动态服务[51]。这样一种应用模式，使得传统由用户主动判断和获取信息的方式，转变为室内位置地图根据当前情境即时主动地推送用户感兴趣的服务信息；交互上也由一般性的信息查询转变为对信息隐含的深层次关系挖掘和互动。因此，实时、动态和可交互的特点，使其需要构建创新的室内位置地图表达模型，并以此解构室内位置地图表达内容、建立表达模板体系，实现根据不同情境实时改变室内位置地图表达方式和表达效果。

4. 计算机系统成为地图制图的主体

传统地图制图的主体是地图设计和制作人员，室内位置地图的制图主体则由地图设计和制作人员转变为具有一定智能化处理能力、支持实时地图制作的计算机系统。计算机系统作为制图主体的特征派生自位置地图：传统地图只是作为一种工具为用户浏览、分析和探索空间知识提供服务，它们并不去主动计算和预测用户可能需要的信息和地图表达形式，仅仅是被动地根据用户的交互命令执行相应的计算并更新地图表达结果。位置地图和室内位置地图并不满足作为一个被动式的工具存在，而是致力于成为一个具有主动预测和推理能力的智能制图代理，以制图主体的身份为用户提供地图表达和地理信息服务。

5. 对智能化技术的需求更加强烈

室内位置地图表达蕴含了更深的智能化内涵，使得其存在更高的自适应和自动化的表达技术需求。例如，环境信息感知与识别、用户模型建立和需求分析、情境推理和触发机制、空间信息的检索和融合、地图表达的自动化、人机交互的适人化等，这些支撑实现"人在回路"的室内位置地图表达相关的技术，均对如知识表示、空间推理、认知计算、机器学习等基础人工智能技术和方法存在强烈的需求。因此，如何更好地引入认知科学和人工智能相关领域的最新研究成果，也是位置地图和室内位置地图的技术研究人员面临的重大机遇和挑战。

位置服务的"任何时间、任何地点、任何人和任何事情"的 4A 特征，使得室内位置地图的表达模式不同于传统任何一种地图。作为一种全新的、位置服务时代背景下的地图，室内位置地图表达的基础理论、表达模型、表达技术和方法等在内涵上发生了重大变化。因此，在明确了室内位置地图表达的概念和特点后，有必要进一步厘清室内位置地图的表达内容、研究范畴和关键问题。

5.1.2　室内空间环境对地图表达的影响

室内位置地图的制图对象是室内空间环境中不同功能的人工要素，以及人的活动、各种事件等动态要素，这些环境因素会对室内位置地图的表达产生约束性的影响，体现在以下四个方面。

(1) 室内空间封闭复杂，影响表达的尺度和形式。

建筑物的室内空间环境是室内位置地图表达的基础对象。与室外空间相比，室内空间区域范围一般较小，使得室内位置地图的比例尺通常比室外大得多，不能直接沿用室外地图的图式符号和表示方法。室内空间整体封闭，构成一个内盒

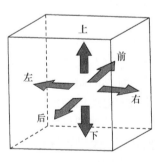

图 5.1　室内空间的
封闭性和多面性特征

空间，具有上、下、左、右、前、后多面性特征，如图 5.1 所示。单幅平面图难以表达处于多面的信息，只有采取多幅平面图(如三视图)或三维形式才能加以展现。室内空间格局复杂，通常由不同楼层构成。在水平方向上，同一楼层空间可划分为不同的空间单元，构成了不同类型室内对象的空间分布区域。在垂直方向上，不同楼层相互叠加，使得室内位置地图的表达不仅需要清晰地展现单一楼层不同要素的层次感，还要展示不同楼层的空间关系，特别是要清晰地表达不同楼层间的共享要素。

(2) 室内要素精细繁杂，影响内容的提取与处理。

与室外空间相比，室内空间中存在的要素更加精细繁杂，且其信息存在更多的不确定性。室内空间包含了类型众多的要素，它们的功能作用存在较大差别，例如，楼梯、直梯、自动扶梯等都属于跨楼层通行设施，ATM、休息区等服务设施用于满足人们不同的室内需求等。功能的多样化使得室内要素的分类体系更为精细，且面向不同应用粒度有所不同，如通行设施、服务设施、室内 POI 等。对于大众而言，它们的功能通常较为显著，其对象的分类体系应更加精细；以电梯为例，按类型可分为直梯、斜梯和平梯，而按功能又分为客梯和货梯。因此，需要从用户个性化服务需求中总结对室内位置地图的基本用图需求，以此作为约束条件，对表达内容的提取与处理产生影响。

(3) 室内要素的动态变化特征更强，影响图层的设计与组织。

与室外事物和事件(如室外一条道路或者一个地标建筑物的改变)相比，室内事物和事件(如一个店铺的关闭和开张)的变化特征、变化节奏和变化频率等更为频繁，使得室内要素信息的现势性更强。同时，与室外相比，室内突发应急事件更多，如电梯故障、寻人寻物、商场火灾等，且这些事件更易对人们产生直接影响。要在室内位置地图上表达出室内要素动态变化和突发情况，既要精心设计表达图层，构建符号和图层模板，又需要研究制定图层模板的组织叠加规则。

(4) 室内通道的隐性存在，影响路径的计算与表达。

室内空间的路径选择取决于用户的任务和通达条件，这一点上，室内和室外没有区别。但与室外空间的道路相比，室内空间没有显性的道路，其通道隐性地存在于开放空间中，且通道之间又连接着电梯、楼梯、门等节点。同时，在不同楼层之间，路径信息通常存在较为明显的约束条件，即必须通过楼梯、电梯等通行设施实现连通。这些路径信息隐含在室内空间信息中，需要根据情境对空间信息进行计算才能得到[94]，这对路径的表达也提出了新的要求。此外，室内导航通常以用户位置为中心，采用相对坐标系或三维坐标系进行描述，这就对描述室内空间要素的坐标体系和地图的呈现方式提出了多样化的需求。

5.1.3　室内位置地图表达的研究内容

室内位置地图表达的研究范畴主要包括表达模型、表达内容、表达方法、表达约束条件等。本书重点从地图设计的角度，建立适合于室内位置地图表达的概念和逻辑模型，并依此指导室内位置地图表达过程中各个环节的设计工作，包括地图动态表达的驱动和约束条件、地图表达内容提取、表达模板构建、地图动态表达模型的可行性验证等多个过程。

1. 研究内容

1) 室内位置地图表达内涵

基于室内位置地图概念、内涵和特征，需要进一步明确室内位置地图表达的概念，建立起表达的基本框架，包括研究对象、研究内容和关键问题，为室内位置地图表达的模型和方法设计提供总体理论指导。

2) 室内位置地图的认知和感受特征

分析室内位置地图表达的认知和感受特征，建立认知和感受特征对室内位置地图设计和表达的影响，进一步为室内位置地图表达总体设计、符号设计和模板设计等提供科学的理论依据。

3) 情境驱动的室内位置地图表达机制

情境驱动的地图动态表达，是室内位置地图实现"以图适人、制用同时"的制图模式、个性化表达需求的重要途径。需要建立情境驱动的室内位置地图表达机制和表达模型，进一步指导室内位置地图表达技术方法的实施。

4) 室内位置地图的表达模型构建

表达模型构建是室内位置地图表达的核心。在分析影响室内位置地图表达的影响因素基础上，围绕"人-机-物"三元世界的统一性内涵，建立室内位置地图的表达模型和表达流程，实现情境驱动的室内位置地图表达机制。

5) 室内位置地图表达图层设计

室内位置地图个性化动态表达的特点，要求地图能根据用户任务和位置、时间等特征变化，快速绘制和显示推荐的信息。因此，需要在分析现有地图图层数据组织方式的基础上，根据个性化的表达特征，设计地图表达图层，组织地图内容和地图符号，快速生成室内位置地图。

6) 室内位置地图表达内容提取方法与规则

不同的用图任务，需要的信息不同，这对动态推荐的信息提出了要求。在分析用图任务的基础上，考虑移动屏幕大小等因素，建立室内位置地图的表达内容要素提取指标及提取规则。

7) 室内位置地图表达方法和表达模板体系构建

表达方法和表达模板体系是支撑表达模型的核心内容。围绕室内环境的特征，从基础信息、个性化信息、个性化分析等不同层次，设计室内位置地图的分图层表达方法；同时，建立能够固化优秀设计经验和模式的室内位置地图表达模板体系，用于支撑计算机实现具有良好效果的室内位置地图表达。

2. 关键问题

室内位置地图表达研究的关键问题如下所示。

1) 适宜于室内位置地图表达的理论模型构建

理论的创新来源于思想和理念的进步，使用何种理论来指导室内位置地图的设计和表达，构成了本书研究的首要关键问题。地图表达是地图学研究的核心主题之一，位置服务驱动产生的室内位置地图，强调以位置为中心的实时、按需的制图服务，显然用传统的地图学表达理论来直接指导并不合适，因此有必要对现有的理论进行改进和创新。在理念上，位置服务背景下地图的制作和应用，必须纳入"人-机-物"三元统一的系统框架中进行考察，这种理念的建立是首位的；围绕这一理念，室内位置地图表达理论的核心就转为如何处理好人-环境、人-室内位置地图系统以及环境-室内位置地图系统三者之间的复杂关系；理念和理论落实在应用模式上，就由传统的地图作为人的一种工具的模式转变为地图和人共处信息回路、共同协作的应用模式。

2) 室内位置地图表达模型和表达机制的构建

模型是依据特定的目的，在一定的假设条件下，再现原形客体的结构、功能、关系和过程等本质特征的物质形式或思维形式。室内位置地图的表达涵盖了情境感知、情境推理、地图内容分析、地图元素的解构、图形表达输出等一系列问题，需要系统性的衔接并处理好这些支撑室内位置地图表达的核心问题，建立起它们的结构、关系和过程等的逻辑形式，形成室内位置地图的表达模型。建立表达模型的目的是统筹室内位置地图的总体设计，而表达机制则侧重用于指导计算机实现的逻辑流程和方法，它们共同构成室内位置地图表达的理论指导，是表达实践的理论和逻辑依据。

3) 室内位置地图表达图层的设计

地图表达图层是实现表达内容有序调度和动态组织并与表示方法有机关联的关键，也是能否满足个性化动态制图的基础。表达图层设计的重点是图层的类型和功能设计及组织机制，难点在于怎样保证地图图层能够按照个性化、实时动态制图的要求，快速组织地图内容并与地图符号关联。需要分析现有地图图层的概念、特点和组织方式，在此基础上结合室内位置地图的个性化要求，概括不同用图任务中地图内容和表示方法的共性和差异性，研究室内位置地图表达图层的类型、内容组织方式和运行机制等问题，进而实现室内位置地图的按需动态制图。

4) 室内位置地图表达内容和表达模板设计

在表达模型和表达机制的指导下，可进一步研究室内位置地图的表达内容和表达模板等表达实施技术。表达内容设计的重点是内容要素的动态提取，难点在于怎样保证地图内容符合用户需求，并兼顾移动终端显示环境的特点等。表达模板作为一种显示模板，它将不同类型、不同风格的表达方式和不同方法抽象出来，描述地图符号、色彩和注记等的相互搭配和组合，使之成为一个完整的可视化图形。表达模板能够固化优秀的表达方法设计方案，简化地图设计流程，提高制图效率。表达模板的难点是如何进行模板的参数化描述，使其与情境推理的结果相匹配，进而实现室内位置地图的按需和自动构建。

5.2 室内位置地图表达模型构建

表达模型是室内位置地图研究的核心。首先从表达模型的提出、建模分析、模型建立等角度建立室内位置地图表达模型，其次着重分析室内位置地图表达过程。

5.2.1 表达模型的提出

目前谷歌地图、百度地图、高德地图和寻鹿地图等地图商，在室内位置地图服务中通常是对用户的属性、习惯进行调研并统计，根据分类结果制作不同的地图，这种地图是预制的。用户使用时，将查询信息叠加在地图上提供位置服务。在此过程中，分散在各个网站或数据库中与位置服务相关的动态信息，需要用户自己浏览查询，而后系统将各种信息汇集在地图上。这虽然满足了实时数据的呈现，但无疑增加了移动状态下用户使用地图的难度。这种应用模式表明，用户的实时需求和地图产品设计之间缺乏动态桥梁，即抽象描述两者之间关系的"讲解者"，讲解者能够使地图设计端动态感知用户端当前的情境，并自主地将用户所需信息表达在地图上并提供室内位置服务。因此，需要在用户与地图产品设计之间，建立一个适应情境变化的地图表达模型，来抽象描述两者之间的动态衔接关系，本书称这个模型为室内位置地图表达模型。图 5.2 显示了表达模型在室内位置地图设计与用户之间所起到的桥梁作用。

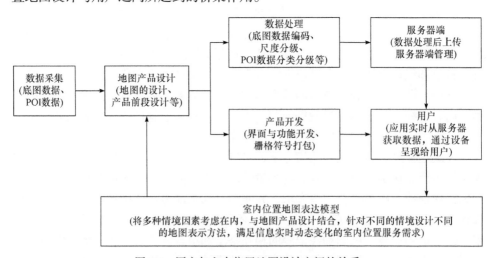

图 5.2　用户与室内位置地图设计之间的关系

5.2.2　表达模型的建模分析

1. 室内位置地图表达的一般过程

地图表达需要界定三个问题：为什么要表达、表达什么以及怎么表达。①为什么要表达，需要说明驱动地图表达的因素是什么，即说明用户使用地图干什么。②表达什么，主要指根据用图任务选择什么表达内容，即在特定的用图任务和情境约束下，地图应该给用户动态推送哪些关注的信息。③怎么表达，指用什么样的表示方法，恰当地将用户关注的信息表达在地图上。

实质上，研究室内位置地图表达模型归根到底就是回答上述三个问题。对这一问题的回答，需要从数字地图制图的一般过程入手。数字地图制图的一般过程[124]包括地图设计(总体设计、内容设计和表示方法设计)、数据采集(数据预处理、数据综合处理和数据拓扑处理)、地图编辑(符号化编辑、地图整饰设计)以及出版印刷等。从地图表达的角度，影响数字地图制图的核心过程包括用图任务确定、资料处理与表达内容确定、表达方式和符号色彩的确定，以及地图的编辑和整饰等。

室内位置地图表达也同样遵循数字地图制图的一般过程，因而确定用图任务、表达内容和表达方法也就成为室内位置地图表达的核心任务。与此同时，室内位置地图在运行支撑环境、表达对象和表达信息、以位置为中心的以图适人、制用同时的制图模式等方面的特殊性，使得室内位置地图的制作模式不同于传统人工设计和编制地图的模式，情境驱动下的按需和实时制作是其主要特征。

综上分析，室内位置地图表达的一般过程如图 5.3 所示。首先，在整体层

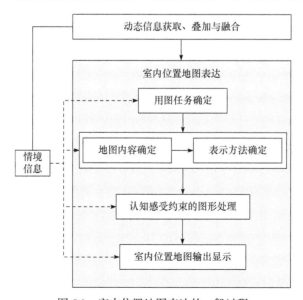

图 5.3　室内位置地图表达的一般过程

面，涉及情境信息，动态信息获取、叠加与融合，以及室内位置地图表达三个部分，三者之间以情境信息为驱动实现动态信息的获取、叠加与融合，是室内位置地图表达的先决条件。其次，在室内位置地图表达的环节中，根据数字地图制图的一般过程，需要进行用图任务确定、地图内容确定、表示方法确定、认知感受约束的图形处理以及室内位置地图输出显示等主要计算处理过程，且每一个过程均是在情境信息的触发下完成的。室内位置地图表达的一般过程也体现了室内位置地图表达的特殊之处，即地图表达的每一个环节均与当前用户的用图情境相关，每一个环节的计算均受到情境驱动的规则控制。

2. 表达模型建立的关键问题

根据室内位置地图表达的一般过程，影响室内位置地图表达的关键问题可概括为情境信息和室内位置地图表达关键步骤(用图任务确定、地图内容确定、表示方法确定、认知感受约束的图形处理、室内位置地图输出显示)之间的关系，以及情境是如何影响上述关键步骤的实施。因此，室内位置地图表达模型需要解决的核心问题包括：

(1) 情境影响下的用图任务确定。

(2) 情境影响下的地图表达内容的选取和确定。

(3) 情境影响下的地图表示方法的设计和确定。

(4) 情境影响下的地图图形载负量、叠盖关系的处理。

(5) 情境影响下的地图输出显示。

在上述问题中，若要计算机实现情境影响下的室内位置地图表达，则情境影响还需进一步落实。情境影响描述的是某种情境下相应制图过程最佳的实时方案。例如：机场登机情境下表示内容应选取安检、登机口等相关内容；商场购买衣服的情境下则应重点表示服装相关的店铺。从本质而言，情境影响可以归纳为室内位置地图的制图知识，可以将其最终落实为制图规则的抽象和描述。例如：

```
If
    (位置=="商场"&&任务=="买衣")
Then
    (选取与服装相关的商场 POI 信息并用显著的符号表示)
```

这些制图规则用来描述情境与地图表达之间的映射关系，包括情境自身的触发、叠加、切换规则，以及情境与地图表达内容、情境与地图符号之间映射的一系列规则。因此，室内位置地图表达模型的重心就是解决上述核心问题，以及如何组合这些步骤实现地图的实时和按需表达。

5.2.3　表达模型的建立

基于室内位置地图表达模型建立的一般过程和关键问题，可逐步建立室内位置地图的表达模型。情境与当前用图时刻 t、用户所处位置 l、当前用户 u、用户的目标事件 e 等相关，定义 F_{context} 为一个函数，负责将单个情境信息转换为综合性情境的规则化描述，则用户情境 C 可表示为

$$C = F_{\text{context}}(t,l,u,e,\cdots) \tag{5.1}$$

用图任务 M 由用户情境 C 直接决定，定义 F_{task} 为任务确定计算函数，则有

$$M = F_{\text{task}}(C) \tag{5.2}$$

地图表达内容 F 根据用图任务 M 从室内空间要素集 T 中按需选择，定义 F_{feature} 为表达内容选取函数，则有

$$F = F_{\text{feature}}(T,M,C) \tag{5.3}$$

定义 E 为室内位置地图中的制图要素，S 为地图符号、表达图层等地图表达要素集，F_{symbolic} 为表达要素集 S 中元素根据制图任务映射为相应制图要素 E 的过程，则有

$$E = F_{\text{symbolic}}(S,M,C) \tag{5.4}$$

定义 φ 为室内位置地图所表达的地图空间，g 为地图图形载负量、叠盖关系的控制处理器，F_{graphic} 为表达要素生成地图表达结果的函数，则有

$$\varphi = F_{\text{graphic}}(F,E,g,M) \tag{5.5}$$

将式(5.2)～式(5.4)代入式(5.5)中，可得

$$\begin{cases} \varphi = F_{\text{graphic}}(F_{\text{feature}}(T,F_{\text{task}}(C),C),F_{\text{symbolic}}(S,F_{\text{task}}(C),C),g,F_{\text{task}}(C)) \\ C = F_{\text{context}}(t,l,u,e,\cdots) \end{cases} \tag{5.6}$$

由式(5.6)可知，室内位置地图表达模型实质是在情境 C 的驱动和视觉模型 g 的控制下，室内空间要素集 T 和表达要素集 S 之间的映射关系。因此，将室内位置地图表达模型定义为一个四元组：

$$\Phi = \langle T,S,C,g \rangle$$
$$\begin{cases} \varphi = F_{\text{graphic}}(F,E,g,M) \\ F = F_{\text{feature}}(T,M,C) \\ E = F_{\text{symbolic}}(S,M,C) \\ M = F_{\text{task}}(C) \\ C = F_{\text{context}}(t,l,u,e,\cdots) \end{cases} \tag{5.7}$$

可见，室内位置地图的表达过程是将人、事、物之间的动态关联关系以地图这一可视化形式表达的过程。表达过程中的一系列执行过程 F_* 是其研究的核心。

5.2.4　情境驱动的室内位置地图表达过程

1. 室内位置地图的表达过程

室内位置地图表达的过程是在情境驱动下进行地图内容提取、地图符号化表达、地图表达图层模板选定的动态地图制图过程，具体流程如图 5.4 所示。相应的表达过程详细描述为：①情境信息触发(对应 $F_{context}$)；②根据情境，解析出地图的用图任务(导航、报警等)(对应 F_{task})；③根据用图任务和当前情境信息，提取地图表达内容(对应 $F_{feature}$)；④按照地图表达图层的要求，组织地图表达内容数据；⑤根据地图表达数据的类型和特征，提取地图符号(对应 $F_{symbolic}$)；⑥按照地图表达图层的要求，组织地图符号；⑦将地图表达数据和符号，同时聚合在地图表达图层上；⑧按照用图任务，组合地图表达图层，生成室内位置地图，完成情境中用户提出的位置服务要求。当触发新的情境时，重复这个过程(对应 $F_{graphic}$)。

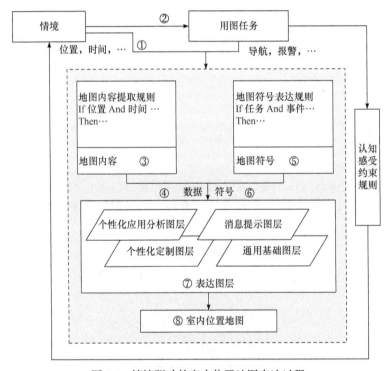

图 5.4　情境驱动的室内位置地图表达过程

图中，①～⑧既是室内位置地图表达流程和关键技术环节，也是情境驱动的室内位置地图表达的过程模型。从输入到输出，形成闭环，根据情境实时动态地进行位置地图服务。

从室内位置地图的表达过程可以看出，地图表达过程的核心是完成两个任务：一个是由情境、用图任务和认知感受约束规则构成的外环，可称之为外环任务；另一个是由地图内容、地图符号、地图表达图层构成的内核，可称之为内核任务。外环任务构成地图表达的驱动、触发和约束条件，作用于地图表达的全过程，支撑地图实时动态表达；内核任务是地图表达的核心，包括地图表达内容提取、内容组织、地图符号化表达、表达图层设计、表达模板构建等一系列地图制图的操作，是实现地图表达的基础。内核任务在外环任务的驱动下，实现室内位置地图的动态表达和动态位置服务。

2. 外环任务：情境 + 用图任务 + 图形约束

1) 共性表达与个性驱动：用图任务抽象及其必要性

从用户使用室内位置地图的角度，无论情境多么复杂多变，均可以从用图任务角度进行抽象和概括。用图任务是在分析情境中用户任务类型特点的基础上，总结其共性特征，从用图和制图的角度对用户任务进行抽象和概括。

目前，关于用图任务的界定有以下主要观点：①人们可以借助可视化达成监控、报警、搜寻和探索四种感知[125]。这些感知是借助图来达成，可称为用户的用图任务。其中，监控指在众多的对象或事件中，对需要关注或控制的对象或事件加以"有意识"的监视；报警指当事物或事件发展达到预设的临界点时(如危机或机遇条件成熟时)，以突出的图形加上声音等形式给出警示；搜寻指在众多对象或事件中寻找出特定的对象或事件；探索指对未知的对象或事件进行探究，类似于浏览。②室内地图用户有导航、定向、概览和感知四个用图任务[126]。其中，导航指为用户指定从一个点到另一个点的路径；定向指为用户指定位置和方向；概览指为用户提供室内环境的概况浏览；感知指为用户提供对快速变化的危机或机遇信息的提示。③文献[7]认为室内地图主要用于定位、导航和O2O(online to offline)电子商务三个方面。其中，O2O 电子商务指将室内地图与其他商务活动捆绑，采取两种形式：一是用户在线下时，线上要进行周边商业信息投放，也就是帮助用户完成浏览任务；二是基于某一确定的线上商业营销，进行线下的路线引导，这属于用图任务中的导航任务。文献[7]实际上提出了三个用图任务：定位、导航和浏览。

基于上述对用图任务的描述，本书结合基于活动的情境模型中用图五种行为，将室内位置地图的用图任务归纳为浏览、导航、报警、搜寻和监测五种，进而形成五种类型地图：①浏览地图，主要表达用户浏览区域的所有内容，便于用户进行探索性的浏览；②导航地图，主要表达与用户导航相关的位置、路径和地标等内容，辅助用户进行定位、路线规划和路径导航；③报警地图，主要表达用户当前所处位置周围的各种危险信息及特别关注的事件等，辅助用户快速逃生或处理相关情况；④搜寻地图，主要表达用户搜索的一类目标，辅助用户快速查询关注的目标；⑤监测地图，主要表达用户关注的特定目标及其与目标关联的各种动态信息。

地图表达如果满足用图要求，就可以达成用户基于地图的服务任务，因此用图任务的提出，使本书可以依据几种特定类型的地图，来满足各种位置服务的可视化要求。如此，室内位置地图就可以根据上述五种用图任务，实现用户所需要的各种位置服务内容的汇聚和表达。抽象用图任务的目的在于，区分情境驱动的个性化表达和用图任务形成的共性表达。

用图任务的共性表达，是基于用图任务的共性特征，进行内容和符号的规格化设计，可事先制定地图内容提取规则，预制与任务相关的各种地图表达模板，并将其规格进行形式化描述。情境是触发个性化表达、实现内容和表达方法动态变化的驱动因素，它通过地图表达规格化设计中的各类形式化参数值，实现地图内容的个性化提取和表达。这种共性与个性、静与动的表达模式，共同作用于地图的表达过程(图5.5)，辅助用户完成基于地图的位置服务。

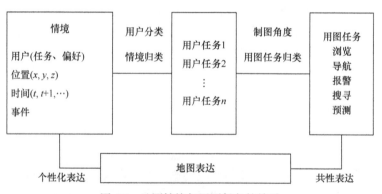

图 5.5 地图情境与用图任务的关系

后续的地图表达，正是考虑情境中各种信息的特征和地图认知感受的效果，以用图任务为主线，来设计地图表达内容和表达方法的基本规格，制定地图内容提取规则和方法，预制地图表达模板并进行形式化描述。当触发特定情境时，根据情境参数，驱动地图内容提取、图层模板和符号模板等各个过程中的形式化描述参数，进而实现情境驱动的地图动态表达。

2) 外环任务的逻辑关系

按照室内位置地图情境的定义，广义上用图任务和地图认知感受，都属于地图情境。由于用图任务和地图认知感受与其他情境信息相比,对地图表达的影响作用具有特殊性,而且更具有普遍的共性特征,因此将这两个因素抽象出来,与地图情境一起作为驱动地图表达的因素。情境、用图任务和认知感受约束规则共同作用于地图表达的全过程,如图5.6所示。

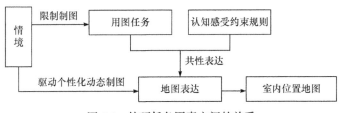

图 5.6　外环任务因素之间的关系

情境是触发和驱动地图表达的先决条件,通过解译情境信息,触发用图任务、表达图层、内容要素、符号表达等相应的规则,实现地图内容个性化提取和表达,生成满足不用用户要求的室内位置地图。用图任务和认知感受约束规则,确定了地图的基本概貌和规格。根据用图任务,在认知感受约束规则下,考虑情境信息的影响,就可以预制适应地图共性特征的规则、规格、模板,并将其形式化描述。从地图制图的角度看,上述预制地图的过程可以看做是一种静态的地图设计过程。当情境触发静态地图模板参数时,地图根据用户的位置及时间等信息,实时动态地提取和表达个性化的地图内容,是一个以动驱静的过程模式。从用户的角度看,地图动态按需变化,可以提供基于位置的地图服务。

3. 内核任务:表达内容 + 符号与模板 + 表达图层

内核任务是地图表达的核心,包含离线过程和在线过程。离线过程主要是根据用图任务,一是完成地图数据提取内容和规则的制定,二是根据地图视觉和感觉变量完成地图模板的预制。在线过程主要是根据地图表达图层要求,完成地图提取内容与地图符号匹配计算和映射任务。其中,地图内容分类分级与提取、地图表达图层设计和地图符号与表达模板设计是地图表达内环的三个关键问题,其关系如图5.7所示。

1) 地图内容分类分级与提取

地图内容是室内位置地图服务的核心。需求不同,地图表达的内容也不同。如何根据情境提取地图表达内容,并建立表达内容提取规则,是室内位置地图表达研究的重点问题。地图内容自身首先需要研究地图表达内容的分类分级、内容提取规则两个主要问题;然后需要按照地图个性化、快速绘制的表达要求,将选择的表达内容有序地进行组织。同时,地图表达内容必须和地图表达图层关联,实现地图内容的有效组织和调度。

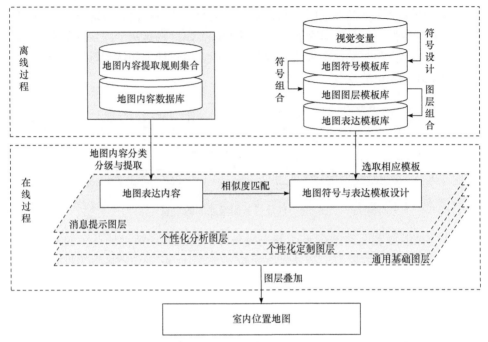

图 5.7　内核任务因素之间的关系

2) 地图表达图层设计

不同于以往的地图要素存储图层，室内位置地图的表达图层，是面向地图个性化表达和地图内容实时动态绘制而设计的一种融合数据组织与表示方法约束的逻辑组织形式。

地图表达图层既是表达内容科学合理的组织平台，也是地图符号与地图内容聚合的中心，连接地图内容和地图符号的各种规则与约束，形成地图图层模板。在地图表达的整个过程中，地图内容提取和图层表达设计是它的两个关键。在情境驱动下，这两个关键技术聚合在地图表达图层上，以表达图层模板的形式，实时动态地提供位置地图服务。

3) 地图符号与表达模板设计

只有将以数据形式存在的地图表达内容符号化，才能生成可视的地图。因此，地图符号设计是地图表达过程中最重要的内容，也是地图表达方法设计的全过程。情境驱动的室内位置地图符号与表达模板设计流程如图 5.8 所示。

在该过程中，情境是触发室内位置地图表达过程的先决条件，用图任务和认知感受是地图表达的图形约束条件，两者作用于地图表达的全过程。其中，过程

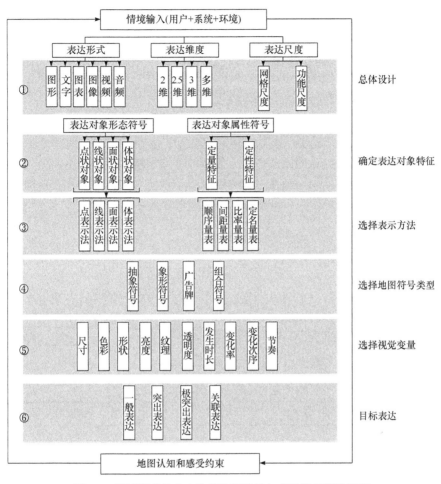

图 5.8 情境驱动的室内位置地图符号与表达模板设计流程

①是根据情境(涉及用户、空间、位置和设备等情境信息),确定表达形式、表达维度和表达尺度;过程②是确定表达对象的形态符号和属性符号;过程③～⑤是根据情境和表达对象特征,触发表示方法、地图符号和相应的视觉变量进行符号和表示方法设计;过程⑥是根据用图任务和情境,确定对关注目标、事件和规划路径等,进行一般表达、突出表达、关联表达或极突出表达等。

5.3 室内位置地图表达触发机制与过程

情境驱动的地图表达,主要是通过情境建模、推理和触发两个过程实现的[9],其中涉及情境建模、推理和触发等一系列技术和方法。本章阐述的重点是地图表达，情境只是作为其触发条件。因此，这里侧重描述情境触发地图表达的一般机制。

情境触发地图表达的机制主要研究两方面问题：一是弄清楚室内位置地图的情境是什么，有什么特征，类型有哪些；二是给出情境驱动地图表达的执行逻辑，以及情境触发地图表达的一般机制。

情境驱动的地图表达机制是一种当满足某种情境约束条件时，室内位置地图作出相应表达内容和表达方式变换的过程和方法。本部分主要回答情境推理驱动室内位置地图表达和计算的原理：一方面整体上介绍情境触发的室内位置地图表达的机制，另一方面从内在触发过程角度解释了情境与表达内容和表达模板的映射关系，为后文情境触发下内容提取和表达模板匹配提供指导。

5.3.1　情境触发室内位置地图表达的机制

1. 情境触发的方式

情境触发的判断依据是情境推理，以主动向用户提供位置服务为根本目的，但在实际应用中，用户通常离不开与室内位置地图的交互操作。从人机交互的深度和方式角度，本书将情境与位置地图表达的触发方式区分为情境主动触发、人与情境交互触发和人为触发三种，如表 5.1 所示。

表 5.1　室内位置地图三种情境触发方式

触发方式	约束判断依据	触发类型	适用范围
情境主动触发	情境模型	全自动	情境与室内位置地图表达模板的关系可描述，并且与用户无关
人与情境交互触发	情境模型与用户	半自动	情境与室内位置地图表达模板的关系可描述，并且与用户相关
人为触发	用户	手动	情境与室内位置地图表达模板的关系难以描述，但与用户选择直接相关

情境主动触发指情境模型经过推理、计算，主动将室内位置地图表达模板从情境服务器端推送到客户端，不需要用户的人为干预，属于全自动触发；人与情境交互触发指情境模型的推理过程，需要经过用户的选择判断，即触发属于主动触发与被动选择相结合，可以认为是一种半自动触发；人为触发指在情境触发过程中，情境模型不需要进行推理计算，全部依赖用户的判断，手动选择表达模板并获得服务。

上述三种情境触发的方式使得情境的推理流程需要设计情境触发器，以接收不同类型的用户触发信息。此时，情境触发器发挥了情境推理机的统一输入接口的作用，使得情境推理机无须关注情境观测、获取和触发的细节。

2. 情境驱动的执行逻辑

考虑情境的触发方式，情境驱动室内位置地图表达的执行逻辑基本原理如图 5.9 所示，主要由情境触发器、情境推理机、情境状态机、情境知识库和表达要素触发器构成。各部分的描述如下所示。

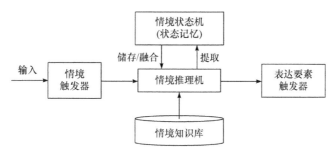

图 5.9　情境驱动室内位置地图表达的执行逻辑基本原理

(1) 情境触发器：基于智能移动终端自带的传感器或人机交互方式，观测并获得用户当前所处的时空、环境和需求等情境信息，并以表 5.1 所示的多种触发方式触发情境推理机。

(2) 情境推理机：将外部环境观测信息作为输入，将其转换为计算机能理解的方式，并递交情境推理机进行情境的解析和判定。

(3) 情境知识库：主要由情境信息模型、情境推理规则知识以及情境推理的案例知识等构成，用于支撑情境推理机进行情境的解析和推理。

(4) 情境状态机：构成用户当前所处的情境以及历史情境记忆的状态集合，情境推理机可以一方面向情境状态机进行相关状态信息的查询和提取，以实现更为精确的情境判断；另一方面还可以将最新推理结果融合并存储在状态机中。

(5) 表达要素触发器：根据情境推理机的判定和解析结果，在内容提取规则库和表达模板库中匹配相关规则和模板，从而支撑后续地图表达操作。

上述模块中，情境推理机、情境状态机和情境知识库共同构成了室内位置地图情境推理的核心计算枢纽。

3. 室内位置地图表达的触发机制

根据情境驱动的室内位置地图表达执行逻辑，室内位置地图的表达可以看成在知识库支撑基础上的、情境推理触发的、按照表达内容和表达模板推理的结果进行地图自动化组装的过程，触发机制如图 5.10 所示。

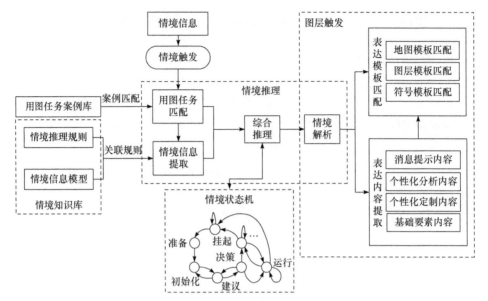

图 5.10 室内位置地图表达的触发机制

首先，情境触发器获得各类型情境触发信息，基于用图任务案例库对用户的用图任务进行案例匹配，初步确定当前用图任务的类型(导航、浏览、搜寻、监测和报警五种用图任务及其组合)和数量；其次，在情境推理规则和情境信息模型的基础上，通过规则关联获取与当前用图任务相匹配的细致情境信息，并在综合推理模块和情境状态机的组合计算下，对用户当前的情境进行综合推理，解析情境的内涵并转换为制图要素的数据内容；最后，将情境的推理和解析结果与室内位置地图的表达内容提取和表达模板匹配计算相关联，建立执行动作与位置地图显示的映射机制，包括基于表达图层的内容要素提取计算，以及"符号—图层—地图"三个层次的表达模板匹配，进而实现室内位置地图动态表达。

5.3.2 情境驱动室内位置地图表达的规则和过程

根据室内位置地图表达的触发机制，将情境解析结果映射为地图的表达内容和表达模板，进一步从微观角度对表达过程进行解释。

1. 驱动规则

情境驱动室内位置地图表达时，先要触发表达，然后控制表达。因此，驱动规则包括情境触发规则和表达控制规则两类。其中，情境触发规则指依据情境推理结果，将位置服务内容与室内位置地图表达模板的关系描述出来，包括图层触发规则、内容触发规则、符号触发规则和注记触发规则四种；表达控制规则指已知室内位置地图表示内容和方法，如何在表达模板内部，建立符号尺寸、色彩亮度、表达尺度、注记大小、显示比例等的匹配、约束以及控制条件，包括流程控制规则、条件匹配规则、图形约束规则和图面配置规则四种。

1) 情境触发规则

(1) 图层触发规则。

图层触发规则指根据情境推理及用户选择的结果确定发生触发的室内位置地图表达图层的过程与方法。例如，对于表示室内建筑轮廓等基础空间信息的基础图层，其表示内容和方法与室内位置地图情境产生作用较少，触发条件和规则也较简单；对于面向用户个性化定制和分析的专题图层而言，其触发规则较为丰富。

(2) 内容触发规则。

内容触发规则指根据情境推理及用户选择的结果确定发生触发的室内位置地图表达内容的过程与方法。室内位置地图表达内容主要是根据用图任务进行提取，因此内容触发规则主要包括导航、浏览、搜寻、监测和报警五类任务提取规则。

(3) 符号触发规则。

符号触发规则指图层触发结束后，将相关表达内容转变为可视化的图形符号的过程与方法，按照符号触发一般过程，其可分为基础符号触发和扩展符号触发。

(4) 注记触发规则。

注记触发规则指图层触发结束后，将相关表达内容或者相关服务的描述信息转变为文字注记的过程与方法，按照注记触发的一般过程，其可分为注记字体触发、注记条数触发、注记字数触发、注记字号和颜色触发四类规则。

2) 表达控制规则

(1) 流程控制规则。

情境对室内位置地图表达的影响不是单一的，当一种情境发生变化时，地图表达内容及符号模板也发生改变，这就需要一个明确的流程控制。按照流程控制的不同类型，其规则分为顺序控制规则、转移控制规则和循环控制规则三类。

顺序控制规则指地图表达按照情境计划，顺序执行地图表达全过程的确定；转移控制规则指地图情境信息发生变化，如楼层改变、突发事件、时间突变等，使地图表达不再按照顺序控制规则执行，转为一种新的地图表达图层或符号模板，此过程受转移控制规则约束；循环控制规则指地图表达闭环过程中，受顺序控制和转移控制两种规则约束的地图表达的确定。

(2) 条件匹配规则。

条件匹配规则指当表达模板满足某种条件时，直接匹配并选择对应的表示内容、方法。条件匹配规则包括室内位置地图要素表达的尺度确定以及各种符号类型风格的确定等。

(3) 图形约束规则。

图形约束规则规定了全息位置地图中使用图形符号表示地理要素时需遵循的符号尺度、间隔、颜色使用以及聚合方式等方面的规则。

(4) 图面配置规则。

当室内位置地图表达的方法、内容、尺寸、颜色等信息全部确定并显示在单一图层上时，需要对表达图层模板进行图面配置规划等。

上述触发和控制规则，实际上完成了从情境到室内位置地图表达的完整映射的驱动和控制。从表达过程模型的内环因素来看，表达内容选取计算对应于图层触发规则和内容触发规则，而表达模板匹配计算对应于符号触发规则、注记触发规则等。同时，从过程控制角度来看，内容选取和模板匹配均受到流程控制和条件匹配规则约束，而且，在最后的构建和渲染地图图形的过程中，图形约束规则和图面配置规则又发挥重要作用。因此，情境与室内位置地图表达的触发过程和触发规则，可直接指导室内位置地图内容选取规则制定和表达模板设计。

2. 驱动过程

情境驱动室内位置地图表达的过程，实际上是基于驱动规则的室内位置地图表达运行整个过程，包括情境触发和表达控制。这一驱动过程(图 5.11)具体描述如下：①根据图层触发、内容触发、符号触发和注记触发四类规则，确定情境对室内位置地图表达模板的影响，触发发生变化的图层、内容和符号等模板；②根据触发模板的数量、不同表达模板的图层压盖顺序和流程控制规则，确定多个位置地图表达模板的执行顺序；③根据条件匹配规则，确定当前模板的显示效果和内容，其匹配的条件主要依据实时获取的情境与匹配规则库中已经定义的参数值；④根据约束规则，判断并获取表达的类型、维度或表达尺度等，主要依据为实时获取的情境信息与表达内容的空间、属性和表达状态等；⑤根据原有情境与改变情境在表达上的冲突关系，以及屏幕尺寸、屏幕分辨率、用户习惯等情境信息和认知感受的特点，确定不同表达内容的叠加位置；⑥将第①步～第⑤步处理过的符号和图层模板等，组合在室内位置地图表达图层上，构成具有个性化表达特点的室内位置地图。

5.3.3 情境驱动室内位置地图表达规则描述方式约定

为了便于描述和计算机实现，需要一种形式化的语言对不同规则进行描述，并对规则的描述方式进行约定。

情境驱动的室内位置地图表达的本质，就是使用计算系统取代人的创造性思维活动。表达模型中涉及数据内容提取、表示方法设计、符号化表达等多项内容，这些内容一部分可以通过算法实现，如按照指定范围提取数据、按照指定方

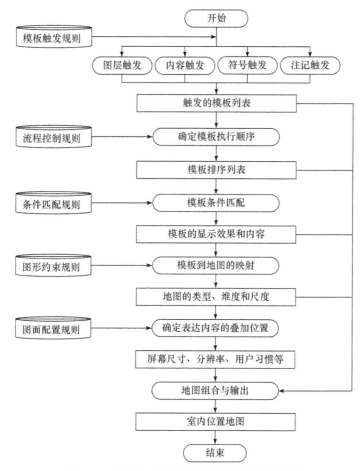

图 5.11　情境与室内位置地图表达的触发过程

法绘制地图等；另一部分则需要进行形式化描述，这一部分通常为算法的调用、实现提供相关参数与选择机制。本质上，这一部分正是对室内位置地图制作过程中涉及的知识的形式化描述。常见的知识的形式化描述方法有谓词逻辑、产生式系统、框架表示、语义网络、脚本、概念图、面向对象表示、表象计算模型以及连接主义表征[127]等。其中，产生式系统是目前已建立的专家系统中知识表征的主要手段之一，它把推理和行为的过程用产生式规则表示，因此又称基于规则的系统。产生式系统具有模块化、易于建立解释机、类似人类认知过程等优点，与本书研究的室内位置地图表达模板的吻合度较高，因此以巴克斯-诺尔范式 (Backus-Naur form, BNF) 为描述语言，以产生式系统为表达形式，建立室内位置地图表达模型的形式化描述方式。

产生式系统单个事实常用〈特征-对象-取值〉(attribute-object-value)三元组表

示,并通过网状或树状结构将知识组织在一起,系统中每条规则都是一个"前提→结论"的产生式。产生式系统的形式化描述为(BNF 表示)

〈规则〉::=〈前提〉→〈结论〉

〈前提〉::=〈简单条件〉|〈复合条件〉

〈结论〉::=〈事实〉|〈动作〉

〈复合条件〉::=〈简单条件〉AND〈简单条件〉 [(AND〈简单条件〉)…]

　　　　　　|〈简单条件〉OR〈简单条件〉 [(OR〈简单条件〉)…]

〈动作〉::=〈动作名〉 [(〈变元〉,…)]

这里描述的知识中部分内容需要通过情境信息实时加载,因此必须在上述形式化描述的基础上,添加动态参数标识,表示方法如下:

(*:情境信息形式化描述中对象的属性)

动态参数标识以"()"为分界,"()"中的内容均表示动态参数。其内含两部分,以":"分界,其一为参数值,以"*"表示;其二为情境信息形式化描述中对象的属性字段,表征"*"中的内容需由该参数代替。对该内容的解析应在产生式规则解析器的基础上,增加动态参数解析器。使用时,以情境信息为输入,逐条规则进行解析,先调用动态参数解析器对动态参数部分进行解析,分析出结果文本,替换规则中动态参数的部分,并调用基础产生式规则解析器生成最终的结果。

5.4 室内位置地图表达图层与内容提取

地图表达内容是室内位置服务的主题,地图表达图层是实现地图表达内容有序组织并与表示方法有机关联的支撑。

5.4.1 室内位置地图表达内容分类分级

1. 室内位置地图表达内容的构成

室内位置地图表达内容涵盖室内空间信息、对象语义信息、应用分析信息和动态事件信息等。本书将其分为基础表达内容和专题表达内容两大类,如图 5.12 所示。

1) 室内位置地图基础表达内容

室内位置地图基础表达内容用于展现室内空间的基本环境,包括空间单元、通行设施和服务设施三种类型的室内要素,它们构成了室内空间的框架,也是室内位置地图的基础信息，为其他上层专题信息提供了支撑平台。

(1) 空间单元。

空间单元是楼层空间在水平方向上划分的基本单元，主要通过墙体、隔断、栅栏或其他类型的强制闭合线构成边界，并通过门等缺口或可通行的边界实现连通。空间单元通常抽象表征为面状要素。

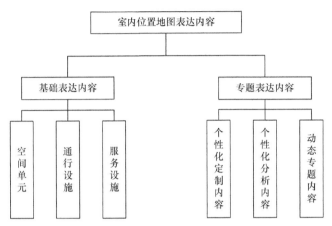

图 5.12　室内位置地图表达内容的构成

(2) 通行设施。

通行设施是服务于人们室内移动行为的功能对象，包括楼梯、直梯、自动扶梯等跨楼层通行设施，以及传送带等楼层内通行设施。通行设施是室内路径规划与导航的关键对象，可以抽象表征为点状要素、线状要素或面状要素。

(3) 服务设施。

服务设施是服务于用户各种室内活动及行为的功能对象。根据建筑功能类型的不同，服务设施的具体表象会存在一定差别，如收银台、问讯处等通常是商场中的服务设施，而安检口和值机台等则属于机场的服务设施。服务设施可以抽象表征为点状要素或面状要素。

2) 室内位置地图专题表达内容

由于室内位置地图表达重点是与用户任务相关的目标(兴趣点)，以及与用户位置关联的人、事、物等各种动态专题信息，临场用户所需的地图表达内容需要满足以下要求：需要与用户所处实地环境相互对应，阅读方向需要与人的认识特征协调，超越用户视野以外的各种信息也需要通过相应的方式进行表达。面向这些需求，本书将专题表达内容区分为个性化定制内容、个性化分析内容和动态专题内容三部分。

(1) 个性化定制内容。

个性化定制内容是根据用户需求，从室内位置地图基础底图要素中抽取出来的某一类相关专题要素，如机场内与安检相关的要素及其附属设施，隶属某航空公司的所有值机台，商场内所有的收银台等。这类内容是根据用户的个性化需求而选取的定制要素，作为室内位置地图的个性化定制信息。

(2) 个性化分析内容。

个性化分析内容是为了满足室内位置服务与用户任务和位置相关的路径规划、应急疏散等个性化分析功能而实时生成的相关专题数据。个性化分析功能会随着位置和需求实时改变，因此个性化分析内容通常依赖于特定的算法模型，实现基于基础表达内容的个性化计算和分析。

(3) 动态专题内容。

动态专题内容指与用户行为和位置相关的动态提示或警示的消息，如机场航班晚点、商场内店铺打折促销、突发火情事件等警示信息。这些信息有些与空间位置关联，有些并不具备空间特征，并且具有显著的动态变化特征。因此，需要将这些要素作为室内位置地图的一种特殊信息。

2. 室内位置地图基础表达内容分类分级

室内位置地图基础表达内容主要用于反映室内空间环境的一般轮廓和基础设施，用以识别和判断用户当前位置及其周边环境概况，它是室内位置地图的基础骨架，并为个性化定制和分析表达提供了数据提取、计算所需的数据基础，以及可视化表达所需的参考框架。室内位置地图基础表达内容主要包括空间单元、通行设施和服务设施三种类型的室内要素，每一种要素对应的实体类别又可以划分为更详细的子类，从而形成室内位置地图基础表达内容的分类体系。表 5.2 给出了以上三种要素较为典型的分类情况。

表 5.2　室内位置地图基础表达内容的典型分类情况

大类	子类
空间单元	房间、楼道、天井、…
通行设施	楼梯、电梯、扶梯、…
服务设施	收银台、导诊台、值机台、…

不同类型基础室内要素的几何特征、功能作用、分类体系和变化状态等方面存在较大差别，因此难以采用统一的标准和依据对其进行分级处理。面向室内位置地图个性化和动态性的表达需求，需要针对不同类型的室内要素建立专门的分

级依据，如包含关系、运载能力和稳定状态等，如表 5.3 所示。

表 5.3　室内位置地图基础表达内容的分级依据与分级方式

要素类型	分级依据	分级方式
空间单元	包含关系	Level1、Level2、Level3、…
通行设施	运载能力	一级、二级、三级、四级、五级
服务设施	稳定状态	一级、二级、三级、四级、五级

1) 空间单元要素

依据室内空间相互之间的包含关系，由整体到局部划分为不同的级别。遵从表 5.3 中给出的分级方式，空间单元要素能够向更低级别不断扩展，从而适应更为复杂的室内空间关系。相同级别的室内空间只能为相邻或相离关系，不能出现相互压盖的情况；较高级别室内空间与较低级别室内空间仅存在包含关系，如果某室内空间位于另一室内空间内部，那么较低级别室内空间属于较高级别室内空间的子空间，如大厅内包含的展示区和天井等，通过该种方式的分级处理，不仅便于空间单元几何信息的获取和拓扑关系构建，而且能够充分适应室内位置地图表达时的多尺度显示。

2) 通行设施要素

依据相关实体或设备在满足人们室内移动行为时的运载能力进行分级，从而便于对不同通行设施的服务能力进行评判，并为室内路径规划或疏散模拟提供基础。本书按照通行设施静止状态下能够承载的平均人数，从高至低暂时将其分为五级。需要说明的是，随着室内位置服务向着更加精准化的方向发展，可对该分级方式进一步细化和扩展。

3) 服务设施要素

依据相关实体或设备在室内环境中分布的稳定状态进行分级，从而适应不同类型服务设施位置容易发生改变和更新频率较快的特点。本书将服务设施的稳定状态从稳定到变动分为五级。通过该种方式的分级处理，不仅能够便于服务设施要素数据更新，而且当服务设施可视化表达出现相互压盖或粘连等情况时，能够依据相关要素稳定状态，对其进行移位、删减等处理。

需要说明的是，无论采用何种标准或原则对室内位置地图基础表达要素进行分类分级，在地图表达时都应当满足地图详细性和清晰性的基本要求。这是由于如果将室内位置地图的基础表达内容全部同时表达在地图上，势必会造成地图内容载负量过高、内容表达相互压盖或粘连、图面不清晰甚至无法阅读等情况，此时地图表达也就失去了应有的意义。在用户任务和移动终端等特定情境约束下，需要对详细性与清晰性进行协调处理，例如在满足用户任务的前提下，做到层次分明、清晰易读。

3. 室内位置地图专题表达内容分类分级

1) 个性化定制内容

个性化定制内容指在室内位置服务过程中，根据用户不同的特征和需求，从基础表达内容当中实时提取的关注内容。室内位置地图 POI 构成室内个性化定制服务中用户关注的重点。以 POI 为例，个性化定制内容描述如下。

由于不同用户的兴趣不同，POI 类型也就不同，因此 POI 分类分级没有统一的准则。目前很多地图服务商根据自己的应用服务和地图表达需求，对 POI 进行了分类分级，但没有形成统一的标准和规范。为此，本书在分析百度、高德、腾讯、搜狗等地图服务商的现有 POI 分类分级基础上，认为室内位置地图 POI可以按照 POI 的类型、功能、特点、质量、价格、品牌等特征进行分类分级。例如，用户关注 POI 的第一层次是 POI 的类型，如商场、机场、饭店、医院、会展中心等；第二层次是 POI 的功能，如商场内的书店、鞋店、收银台，机场内的值机区、安检口、候机区，医院内的导诊台、挂号处、输液室等。其后的层次，可以按照 POI 特点、质量、价格、品牌等特征进行分类。

表 5.4 是以商场中服装为例，按照 POI 的类型、功能、特点和品牌特征进行五个层级的分类示例。参照 POI 分类，可对其他室内个性化定制内容进行类似的分类分级处理。

表 5.4　服装类 POI 数据的分类示例

一级分类	二级分类 (类型)	三级分类 (功能)	四级分类 (特点)	五级分类 (品牌)
服装	男装	春装	混纺西装、棉麻休闲装	柒牌、雅戈尔、…
		夏装	丝质短袖、亚麻长袖	金利来、九牧王、…
		秋装	毛料中山装、纯棉休闲装	鄂尔多斯、Jacket、…
		冬装	羽绒服、棉服、皮衣	波司登、雪中飞、…
	女装	…	…	…
	童装	…	…	…

2) 个性化分析内容

个性化分析内容指满足用户室内位置服务过程中的不同任务或功能需求，而预先生成的相关专题数据。任务或功能的类型存在多样性，使得个性化分析内容的类型难以穷举，需要结合相应的数据模型和应用情境对不同的数据类型进行专门的分级处理。这里以室内路径信息、室内地标和应急出口三种类型个性化分析内容为例进行阐述：室内路径信息用于支持与用户当前位置和导航任务相关的实时路径规划，栅格尺度可作为其分类依据；室内地标用于标注室内的重点目标对象，地标之间的通视情况和显著度等可作为分类依据；应急出口主要服务于室内发生火警、暴恐等突发事件时，紧急疏散和逃生的能力是其分类的依据。因此，不同个性化分析内容面向的功能作用不同，其分类依据和分类方法也存在差异。表 5.5 为个性化分析内容分类分级示例。

表 5.5　个性化分析内容分类分级示例

数据分类	分级示例
室内路径信息	0.75m 栅格尺度通行区域、1.5m 栅格尺度通行区域、…
室内地标	非常显著、较为显著、…
应急出口	疏散能力较强、疏散能力一般、疏散能力较弱
…	…

3) 动态专题内容

动态专题内容指某一时间点或时间段内发生的，与用户任务相关的特殊情况、事件等信息，如商场店铺的打折促销信息、机场航班的晚点信息、通行设施的故障信息和发生拥堵、火情等特殊事件。由于动态专题内容的发生会影响用户的任务计划，这就要求室内位置地图必须采用动态方式对这类信息进行表达。可按照专题类型及其影响程度对动态专题内容进行分类分级。表 5.6 为典型动态专题内容的分类分级示例。

表 5.6　典型动态专题内容的分类分级示例

数据分类	分级示例
打折	折扣较大、折扣一般、折扣较小、…
晚点	时间较长、时间一般、时间较短、…
拥堵	拥堵较强、拥堵一般、拥堵较小、…
火警	一级火警、二级火警、三级火警、四级火警、五级火警
…	…

为了使地图专题内容能快速、准确、高效地传递给用户，必须处理好底图要素与专题要素之间的关系，突出主题和重点内容，不受背景要素干扰，从而使地

图幅面具有明显的层次感。因此，室内位置地图表达内容要详略合理，做到既能显示基础框架要素，又能突出个性化专题表达要素。

5.4.2　面向室内位置地图表达的图层设计

1. 室内位置地图图层的内涵

1) 地图图层

将地图分为多少图层，是为了满足地理空间信息的描述、分析、表达等应用需求，针对现实世界中不同类型和特征的地理实体、专题信息等内容，采用相应的数据模型进行抽象表达的组织方式[128,129]。例如，分别将现实世界中的境界、交通、地块、地表覆盖和地表高程等内容抽象为不同的图层，其中境界、交通、地块图层采用矢量数据模型进行描述，地表覆盖和地表高程图层采用栅格数据模型描述，如图 5.13 所示。目前，国内外许多商业化的 GIS 软件(ArcGIS、MapGIS、MapInfo 等)都提供了地图图层相关的数据模型、制图表达、控制分析等功能的支持[130]。

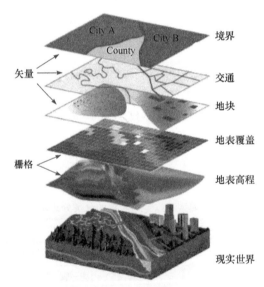

图 5.13　地图图层对现实世界抽象表达的组织方式

采用地图图层的组织方式能够有效适应数字化条件下空间数据存储、电子地图可视化表达、地理空间分析等方面的需求[131-133]。首先，采用地图图层的组织方式便于不同类型和几何特征地理实体的抽象及表达，例如，将水系、居民地、境界等要素划分为不同的图层进行组织。其次，采用地图图层的方式便于不同要素内容的符号化表达和控制图层的显示、关闭状态。最后，采用地图图层的方式便于不同类型的应用分析，例如，利用交通图层进行路径规划等。

但是，现有地图图层的组织方式在满足室内位置地图个性化、智能化和动态性的表达需求方面存在明显不足。具体表现为：首先，地图图层静态化的组织方式难以适应室内位置地图个性化定制内容等动态提取等应用需求。其次，用图任务和情境信息驱动下室内位置地图表达的动态专题内容，难以采用统一的图层类型进行描述和组织。最后，采用地图图层组织室内位置地图表达内容，不利于采用模板化的方式实现室内位置地图智能化快速表达。

2) 室内位置地图表达图层

室内位置地图作为满足室内位置服务需求的一种专题地图，其表达图层的设计与其他的专题地图有相同点，也有很多差异。室内位置地图相比其他的专题地图，地图表达的内容除空间单元、通行设施、服务设施等基础要素外，更多是实时动态变化的专题内容，而且这些专题内容是事先无法预知的，必须根据用图任务和用户的位置、时间等情境信息，通过实时提取、分析、推理等处理才能获取。例如，导航过程中实时生成的室内路径、路径距离和预计到达时间等，这些信息都无法事先预知和定制表达。因此，室内位置地图的表达图层，必须按照用图任务及其情境变化特征，设计与之相适应的表达图层，从而实现室内位置地图表达内容的合理组织与实时绘制。另外，室内位置地图表达图层的构建，还需要从用图任务的角度，考虑地图表达内容的特征及其变化规律。

从逻辑层面，室内位置地图表达图层衔接了用图任务、制图数据与表示方法，其功能可以概括为以下三方面。

(1) 制图任务施动器。

室内位置地图是基于用图任务，在情境信息驱动下实时动态生成的。确定用图任务后，需解译相关信息，以生成最终的地图。因此，图层根据用图任务和情境信息提取相关数据、聚合相关信息完成最终图的生成。

(2) 多源数据调度器。

室内位置地图承载的信息类别较以往的地图更多，特别是实时动态信息的加入，使得室内位置地图的数据必须以用图任务为线索重新进行组织；情境信息的加入，使得数据组织无法事先固定，而这些操作均需要一个多源数据的动态组织者与调度器，图层也可作为该任务的承担者。

(3) 表达方法关联器。

获得制图数据后，需按照一定的规则与方法绘制出来。地图表达模板描述了表达的方法，但是表达模板与数据的关联计算需要以图层为内在逻辑进行组织，从而驱动绘制任务的完成。

2. 室内位置地图表达图层设计

室内位置地图表达图层是以室内位置地图的表达内容为基础，将不同用图任务和情境因素条件下所要表达的不同类别、性质和作用的地图内容，采用科学合理的方式进行调度和组织，从而实现地图内容与地图符号在表达图层上的关联。地图显示时，按照个性化需求，直接调用图层模板，根据情境驱动相应参数，即可快速绘制地图。

本书通过不同用图任务中涉及的地图内容、表示方法的差异性进行抽象概括，提出包含通用基础图层、个性化定制图层、个性化分析图层和消息提示图层四种类型的室内位置地图表达图层设计方案。

1) 通用基础图层

通用基础图层主要用于表达室内环境的基础要素和基本情况，属于必选的表达图层，通常作为其他可选表达图层的底图。根据室内位置地图基础表达内容的分类分级方式，通用基础图层需要表达相应空间单元、通行设施和服务设施三种室内要素。通用基础图层处理调度表达内容方式如图 5.14 所示。①根据用户任务确定需要表达的建筑及楼层对象；②向室内位置地图数据库发送数据请求，在室内位置地图基础表达内容部分检索数据；③提取对应建筑物楼层内的空间单元、通行设施和服务设施要素，并将其装填在通用基础图层内。

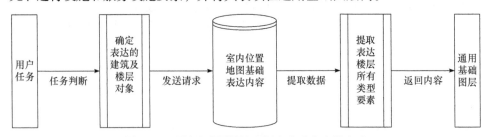

图 5.14　通用基础图层处理调度表达内容的方式

2) 个性化定制图层

个性化定制图层主要用于表达室内环境中用户感兴趣的基础要素，是根据用户任务和情境信息(用户年龄、性别、爱好、位置等)，并为满足室内位置地图个性化的表达需求，从室内位置地图基础表达内容中提取的特定要素集合。个性化定制图层处理调度表达内容的方式如图 5.15 所示。通用基础图层作为必选表达图层，已经确定了需要表达的建筑及楼层对象，在此基础上，需要完成以下操作：①根据用户任务和情境信息确定用户感兴趣的要素类型；②向已定楼层的基础表达内容发送数据请求；③将提取到的要素集合返回至个性化定制图层。

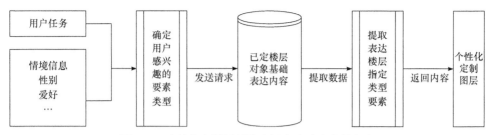

图 5.15 个性化定制图层处理调度表达内容的方式

3) 个性化分析图层

个性化分析图层主要用于表示室内位置服务过程中相关分析功能的结果。例如，当用户需要分析如何到达某一店铺时，可以通过路径分析功能，向个性化路径分析内容请求室内路径信息，采用 Dijkstra 等算法进行路径规划，基于规划结果的坐标串、路线距离等构成个性化分析图层。个性化分析图层处理调度表达内容的方式如图 5.16 所示。①根据用户任务和情境信息(用户位置、时间等)，确定用户当前所需的分析功能；②按照分析功能的需求，向个性化分析内容和基础表达内容发送数据请求；③基于返回的数据，采用特定模型和算法进行相关的规划、分析、模拟等处理；④将处理后得到的结果返回至个性化分析图层。

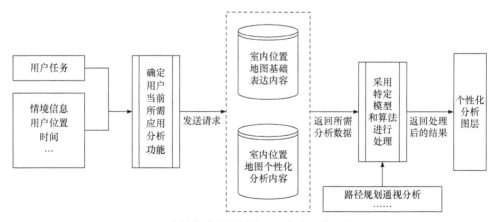

图 5.16 个性化分析图层处理调度表达内容的方式

4) 消息提示图层

消息提示图层主要用于表示室内位置服务过程中用户实时位置相关的动态专题信息或突发紧急事件，例如提示用户开始登机的情形，需要将动态的提示消息及相应的登机口信息以消息提示的方式展现给用户。消息提示图层处理调度表达内容的方式如图 5.17 所示。①基于 Wi-Fi、蓝牙等定位技术，获取用户当前实时位置；②向已定楼层对象的动态专题内容发送数据请求；③根据用户的实时位置匹配动态专题内容中空间位置相近的专题内容；④将匹配成功的专题内容返回至消息提示图层。

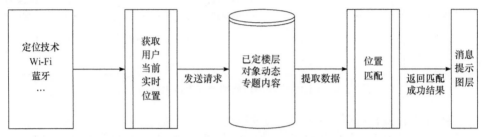

图 5.17　消息提示图层处理调度表达内容的方式

3. 表达图层外在关系和内在运行机制

1) 表达图层的外在关系

基于表达图层作为衔接用图任务、制图数据与表示方法的逻辑组织者的定位，室内位置地图表达图层与表达内容和表达模板之间的关系如图 5.18 所示。

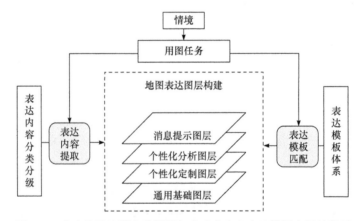

图 5.18　室内位置地图表达图层与表达内容和表达模板之间的关系

(1) 表达图层和表达内容分类分级之间的关系。

表达图层通过表达内容的提取规则和算法，从已经分类分级后的表达内容数据库中提取数据，并装载在相应的表达图层中。这层关系的核心是建立室内位置地图内容提取的规则系统，实现表达图层作为多源数据调度器的核心作用，且需要考虑情境和用图任务对内容提取的约束和影响。

(2) 表达图层和表达模板体系之间的关系。

表达图层作为表达方法关联器，在获得数据后，需要通过表达模板匹配等计算，实现数据和表达方式的关联映射，并最终组装不同层次表达模板实现最终的地图绘制。这层关系的核心是表达模板体系的建立和表达模板的参数化描述，表达模板的设计不仅需要以表达图层为内在骨架，还需考虑情境和用图任务的约束和影响作用。

(3) 表达图层和用图任务的关系。

表达图层作为制图任务的施动器和发起者，受情境和用图任务的直接约束。表达图层构建的主要计算，集中在表达内容提取和表达模板匹配和组装方面，因此在内容提取规则设计和表达模板设计过程中，可按照不同用图任务的特点进行组织。基于室内位置地图表达图层，本书建立了不同类型的用图任务与表达图层之间的对应关系，如表 5.7 所示。

表 5.7　用图任务与表达图层之间的对应关系

用图任务	通用基础图层	个性化定制图层	个性化分析图层	消息提示图层
导航	√	√	√	√
浏览	√			
搜寻	√	√		
监测	√	√		√
报警	√		√	√

2) 表达图层的内在运行机制

室内位置地图表达图层的构建改变了以往地图表达与类型复杂多样的底层表达内容之间直接进行交互的模式。这种优势的获得，在于其具备特定的内在运行机制，即基于用图任务和各种情境信息，通过对室内位置地图表达内容的处理调度，实现室内位置地图表达内容更加科学合理的组织，并驱动室内位置地图模板化表达。

图 5.19 给出了室内位置地图表达图层在用图任务、情境信息、表达内容以及表达模板之间产生作用的内在机制的详细描述。①根据表 5.7 中用图任务与表达图层之间的对应关系，判断用户当前任务所需表达的图层类型。②对于需要表达的图层，基于室内位置地图表达内容，采用情境驱动的方式，通过 POI 提取、路径规划、解析匹配等处理，将需要表达的结果内容调度至各个表达图层。③根据预先设计的表达模板，结合用图任务和情境信息，得到室内位置地图最终的表达结果。用图任务和情境信息作用于室内位置地图表达的整个过程，表达图层在室内位置地图表达内容和表达模板之间起到了桥梁作用，实现了对底层表达内容科学合理的调度与封装。

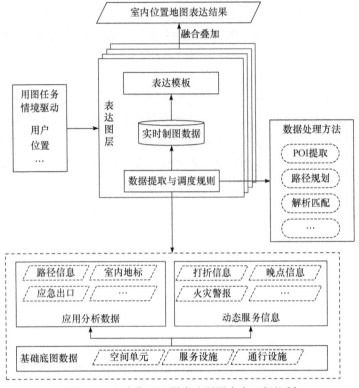

图 5.19　室内位置地图表达图层内在运行机制

5.4.3　室内位置地图表达内容提取与规则制定

室内位置地图表达内容是室内位置地图服务的主题，是室内位置地图能否满足个性化服务的重要基础。室内位置地图动态、个性化的服务特点，要求地图的表达内容能随着用图任务、位置、环境等情境信息的变化而变化，并选择最合适的信息推荐给用户。也就是说，室内位置地图表达内容具有任务相关性、位置相关性和时间相关性。

室内位置地图表达内容的提取需要考虑三个问题：一是弄清影响室内位置地图表达内容提取的因素有哪些；二是确定室内位置地图表达内容提取的数量，即表达多少要素；三是确定地图表达内容的质量指标，即确定提取的是哪类要素。

1. 地图表达内容提取的影响因素分析

室内位置地图表达内容是室内位置地图服务的主题，它是室内位置地图能否满足面向任务的个性化服务信息自主推送服务的重要基础。本书将影响室内位置地图表达内容提取的主要因素分为用图任务和情境信息两个方面。

1) 用图任务

用图任务是地图表达内容提取首先要考虑的因素，它直接影响地图表达内容提取的数量和质量指标。用图任务不同，提取地图内容的数量和类型也不同。例如，导航任务地图主要提取与用户当前位置(起点)、目标点位置(终点)、途经的关键节点(室内地标及指示牌)及导航路径等相关内容，其他内容不表示；若是报警任务，则提取的是报警事件的位置、时间以及事件波及范围和影响程度等内容。另外，同一个任务关注的重点不同，对地图内容表达的详细程度要求也不同。这些都需要制定相应的数量和质量指标及规则，来控制选取地图的表达内容，以满足地图个性化的内容需求。

2) 情境信息

情境信息也是地图表达内容提取要考虑的重要因素，尤其是移动终端、空间环境、用户位置和时间信息，对地图表达内容提取数量和质量指标的确定影响较大。移动终端屏幕的大小和分辨率不同，因此地图尤其是底图表达内容的可能性和详细性都受到限制，这直接影响地图表达内容的提取数量；空间环境是地图表达内容的客观依据，地图表达内容的数量和重要性特征，都要与现场的空间环境相吻合。用户位置和时间决定地图表达内容的重点，并影响地图内容重要性的变化。

上述分析说明，地图表达内容的数量和类型是随着地图用图任务和情境的变化而变化的。因此，需要确定相应的数量计算方法和类型提取规则，来适应不同任务和情境的用图需求。

2. 地图表达内容提取数量指标与计算公式

室内位置地图随位置快速动态移动、近距离阅读、手机屏幕小的特点，要求地图上表达的内容能满足地图详细性和清晰性的基本要求，更重要的是要能符合人的认知感受特征，使地图内容能简洁、快速、易读地传输给用户，满足室内位置地图的用图要求。

目前衡量地图内容多少的重要指标称为地图载负量，又称地图面积载负量[134]。地图载负量指地图图廓内所有符号和注记所占面积与图幅总面积之比，具体表达式为

$$M - \frac{\sum_{i=1}^{4} S_i}{S} \tag{5.8}$$

式中，M 表示屏幕地图载负量；S 表示屏幕地图显示范围内图幅总面积；S_i 表示屏幕地图全部点状符号、线状符号、面状符号和注记的面积。

室内位置地图载负量其实是一种用户对地图内容数量的视觉感受，因此单纯

用现有一般地图载负量计算公式，无法反映屏幕小、特征快速移动的视觉感受对室内位置地图表达内容的影响。吴月等[134]借鉴现有电子地图载负量计算公式，利用眼动实验获取各类地图符号的视觉权重，建立了手机地图载负量计算公式：

$$dLoad_{加权载负量} = 1.38 \times dAreaLoad_{点} + 1.05 \times dAreaLoad_{线}$$
$$+ 0.57 \times dAreaLoad_{面} + 1.38 \times dAreaLoad_{注记} \qquad (5.9)$$

式中，$dLoad_{加权载负量}$ 代表室内位置地图加权载负量；$dAreaLoad_{点}$、$dAreaLoad_{线}$、$dAreaLoad_{面}$、$dAreaLoad_{注记}$ 分别表示地图上点状符号、线状符号、面状符号和注记的加权载负量。本书利用式(5.9)计算室内位置地图的加权载负量。

3. 地图表达内容提取类型的实验与分析

1) 地图表达内容提取实验设计

实验设定了商场和机场两个场景，以用户任务作为主线，设计了相应的问卷调查表，共选择 60 名人员进行问卷调查，测试用户在不同任务下所关注的地图表达内容，如表 5.8 所示(调查表局部)。

表5.8　室内位置地图表达内容选取质量实验问卷调查表(局部)

商场情境				
9、设想一下，当您准备去某一大型商场逛街，未出发前在智能移动终端上先了解下商场的概况，您希望该商场的室内地图至少应包含哪些信息? (空白处可补充)				
□商场出入口	□空间布局	□各种 POI		
关于商场空间布局，您希望了解哪些信息? (空白处可补充)				
□墙体	□门、窗、排风口等	□服务设施	□空间单元(房间、走廊、电梯井等)	
□功能分区(工作区、商业区、修整区等)	□楼层信息	□电梯、楼梯信息		
关于商场 POI，您希望了解哪些信息? (空白处可补充)				
□类型(服装店、食品店、饰品店等)	□品牌	□品牌特色	□适宜人群	
□优惠信息	□平均消费价格			
10、设想一下，当您到某一大型商场购物，您希望在购物过程中智能移动终端上的室内地图应提供哪些功能?				
□定位	□定向	□导航	□路径规划	□信息提示
在导航过程中，您希望智能移动终端上的室内地图包含哪些信息? (空白处可补充)				
□路径信息	□起点	□终点	□当前位置	□到终点的距离
□沿路经过的 POI	□沿路人群数量	□终点人群数量	□沿路类似店铺的优惠信息	

续表

商场情境				
请根据重要程度对以下各类信息进行排序(从小到大的顺序表示由最重要到最不重要)。				
☐路径信息	☐起点	☐终点	☐当前位置	☐到终点的距离
☐沿路经过的 POI	☐沿路人群数量	☐终点人群数量	☐沿路类似店铺的优惠信息	

11、设想一下，当您到某一大型商场购物时，突然发生了火灾，您希望此时智能移动终端上的室内地图应提供哪些信息？(空白处可补充)

☐火灾地点	☐实时火灾灾情	☐最近的逃生出口	☐逃生出口附近人数	☐消防设施位置
☐消防设施可用情况	☐到达逃生出口的时间			

请根据重要程度对以下各类信息进行排序(从小到大的顺序表示由最重要到最不重要)。

☐火灾地点	☐实时火灾灾情	☐最近的逃生出口	☐逃生出口附近人数	☐消防设施位置
☐消防设施可用情况	☐到达逃生出口的时间			

12、设想一下，当您准备户外出游，到某一大型商场购置出行用品，所购商品包括服装、背包、太阳镜、户外运动鞋等，您希望此时智能移动终端上的室内地图应提供哪些信息？(空白处可补充)

☐店铺位置	☐品牌信息	☐店铺空间关系	☐各店铺优惠信息	☐合理的行动路线

请根据重要程度对以下各类信息进行排序(从小到大的顺序表示由最重要到最不重要)。

☐店铺位置	☐品牌信息	☐店铺空间关系	☐各店铺优惠信息	☐合理的行动路线

机场情境				

15、设想一下，当您乘坐飞机到达上海虹桥机场时，需要提取行李并乘坐地铁到目的地，您希望此时智能移动终端上的室内地图应提供哪些信息？(空白处可补充)

☐行李提取通道	☐实时行李位置	☐接机人员位置	☐到达厅位置	☐走到到达厅所需时间
☐地铁站位置	☐到达地铁站时间	☐地铁站人流量	☐地铁票价信息	☐地铁换乘信息
☐当前位置	☐天气信息	☐机场餐饮店铺信息	☐机场书店信息	☐机场商店信息

请根据重要程度对以下各类信息进行排序(从小到大的顺序表示由最重要到最不重要)。

☐行李提取通道	☐实时行李位置	☐接机人员位置	☐到达厅位置	☐走到到达厅所需时间
☐地铁站位置	☐到达地铁站时间	☐地铁站人流量	☐地铁票价信息	☐地铁换乘信息
☐当前位置	☐天气信息	☐机场餐饮店铺信息	☐机场书店信息	☐机场商店信息

问卷中，将五种典型用图任务隐式地包含在问卷列表中，无论是商场购物情境，还是机场登机用户情境，均以用图任务作为测试用户地图表达内容的选取线索。例如，第 9 题主要测试在商场的室内空间中，用户浏览地图时重点关注的地图表达内容有哪些；第 10 题主要测试在商场购物导航时用户重点关注的地图表达内容有哪些；第 11 题以商场发生火灾为例，测试在报警任务下，用户关注的地图表达内容有哪些；第 12 题测试在搜寻任务下，用户关注的地图表达内容有哪些；第 15 题以机场到达为场景，测试在监测任务下，用户关注的地图表达内容有哪些。

2) 地图表达内容提取实验结果分析

(1) 浏览任务结果分析。

浏览任务下用户重点关注的地图表达内容统计如图 5.20 所示。通过结果可以看出，无论在商场还是机场，浏览任务下用户重点关注的地图表达内容主要集中在五项，即服务设施，空间单元(房间、走廊、电梯井等)，功能分区(工作区、商业区、修整区等)，楼层信息，电梯、楼梯信息。这五项内容构成了浏览任务下所表达的共性内容。

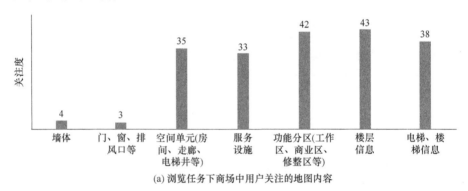

(a) 浏览任务下商场中用户关注的地图内容

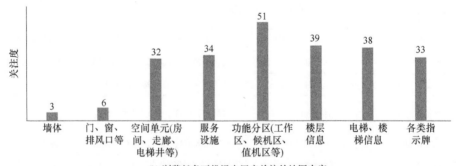

(b) 浏览任务下机场中用户关注的地图内容

图 5.20　浏览任务下用户关注的地图表达内容统计

(2) 导航任务结果分析。

导航任务下用户重点关注的地图表达内容统计如图 5.21 所示。

由实验结果可以看出，用户在商场和机场两个不同的环境下使用导航，对当前位置、路径信息、起点、终点、到终点的距离等内容均具有较高的关注度，可以认为这五项内容对导航任务下地图表达具有共性特点。由于导航必定伴随着位置移动，在移动过程中可能会发生各种事件，需要对用户进行消息提示。由实验结果可以看出，提示的内容通常是与导航目标相关的，在购物的导航任务下，用户会更关注沿路经过的 POI 以及沿路类似店铺的优惠信息；在值机登机的导航任务下，用户不太关注沿路经过的 POI，更关注航班时间提示、航班正点或晚点提示、安检排队人数提示。因此，与导航目标相关的消息提示也是导航任务下地图表达的共性内容之一。

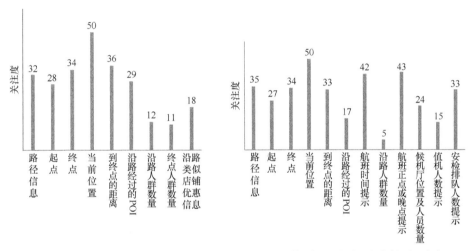

(a) 导航任务下商场中用户关注的地图内容　　　(b) 导航任务下机场中用户关注的地图内容

图 5.21　导航任务下用户关注的地图表达内容统计

(3) 报警任务结果分析。

报警任务下用户重点关注的地图表达内容统计如图 5.22 所示。

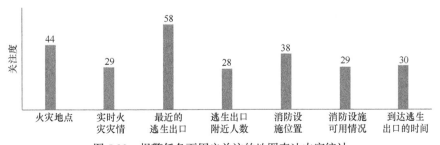

图 5.22　报警任务下用户关注的地图表达内容统计

由实验结果可以看出，在火灾报警时，火灾地点、最近的逃生出口以及消防设施位置是用户关注度最高的地图内容，说明报警任务下用户最关心的是报警的位置，以及应对报警事件所应前往的位置。用户同时关心到达逃生口的时间、实时火灾灾情和消防设施可用情况。综合上述分析结果，报警任务下用户关注的地图表达共性内容应该包括报警相关的位置信息、时间信息以及事件信息。

(4) 搜寻任务结果分析。

搜寻任务下用户重点关注的地图表达内容统计如图 5.23 所示。

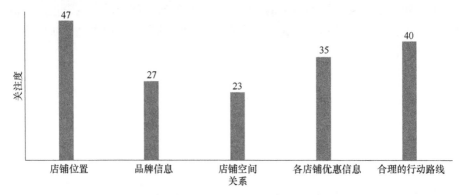

图 5.23　搜寻任务下用户关注的地图表达内容统计

结果表明，用户为了购买一系列物品，在搜寻店铺时最关心的是店铺位置以及合理的行动路线，其次是各店铺优惠信息，最后才是品牌信息与店铺空间关系。这说明对于搜寻任务来说，搜寻目标的位置、到搜寻目标的路线以及与目标相关的信息提示是搜寻任务下地图表达的共性内容。

(5) 监测任务结果分析。

监测任务下用户重点关注的地图表达内容统计如图 5.24 所示。

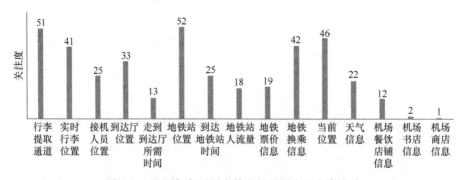

图 5.24　监测任务下用户关注的地图表达内容统计

　　根据实验结果，以用户到达机场需要取行李离开为大背景，用户需要监测自己的行李状态，此时用户关注的地图表达内容主要是地铁站位置、行李提取通道、当前位置、地铁换乘信息、实时行李位置这 5 项。由分析可得，在监测任务下，地图表达的共性内容主要包括监测目标的位置以及与目标位置相关的消息提示。

　　总结分析上述五种任务下地图表达的共性内容，将其形式化描述就可以形成面向任务的地图内容提取规则。当情境发生变化时，驱动规则中的形式化描述参数就可以实现地图内容实时动态的个性化提取。

4. 面向用图任务的室内位置地图表达内容提取规则

1) 浏览任务下表达内容的提取规则

　　浏览任务是用户浏览地图进行任意查看的过程，没有明确的关注点。此时，地图表达的内容应该详细全面，便于用户获取室内空间的整体特征和各个要素的分布特征，以及室内空间中的任何目标，能够通过浏览，进而发现感兴趣的目标或信息。

　　总结实验共性特征，得到浏览任务下主要表达空间环境信息，包括用户所在建筑物、服务设施、功能分区、空间单元、楼层信息以及通行设施等。此时提取的内容主要涉及通用基础图层相关信息。

　　浏览任务下表达内容的提取规则可形式化描述为如下形式(示例)：

〈浏览任务规则〉::=〈浏览任务〉→〈空间环境规则〉
〈空间环境规则〉::=〈空间环境〉
　　　→〈建筑物〉〈服务设施〉〈功能分区〉〈空间单元〉〈楼层信息〉〈通行
　　　设施〉

2) 导航任务下表达内容的提取规则

　　导航是室内位置服务中应用最多的用户任务。目前主要通过 Wi-Fi、蓝牙、可见光等室内定位技术，获取用户当前的位置，通过室内路径信息和路径规划算法，形成实时路线规划和导航信息，并表达在地图上为用户提供导航服务。

　　总结实验共性特征，得到导航任务下主要表达位置、空间环境，以及影响实时导航的动态事件信息。其中，位置指用户当前位置、起始和终点以及路径信息；空间环境指用户所在的建筑物、楼层、室内地标，以及对用户导航有影响的重要 POI；动态事件信息指影响导航路径的各种动态事件，包括事件类型、发生位置和时间等。

　　导航任务下表达内容的提取规则可形式化描述为如下形式(示例)：

〈导航任务规则〉::=〈导航任务〉→〈位置规则〉|〈空间环境规则〉|〈事件规则〉

〈位置规则〉::=〈位置〉→〈(*: 情境信息中起点位置)〉〈(*: 情境信息中终点位置)〉〈(*: 情境信息中用户当前位置)〉

〈空间环境规则〉::=〈空间环境〉→〈(*: 情境信息中当前建筑物)〉〈(*: 情境信息中当前楼层)〉〈(*: 情境信息中导航地标)〉〈(*: 情境信息中其他POI)〉

〈事件规则〉::=〈事件〉→〈(事件类型)〉〈(事件发生的时间)〉〈(事件发生的时间)〉

3) 报警任务下表达内容的提取规则

报警任务主要是对在特定时间和范围内，对用户任务完成造成影响的事件进行搜索、查询、判断和报警。

总结实验共性特征，得到报警任务下主要表达位置、空间环境、事件和时间。其中，位置指报警目标位置、应对报警事件需要前往的位置等；空间环境指报警事件发生的建筑物、楼层、空间单元等；事件指事件的类型、级别、影响范围、影响程度、路径信息、事件说明提示等；时间指报警起始和结束时间点、持续时间段等。

报警任务下表达内容的提取规则可形式化描述为如下形式(示例):

〈报警任务规则〉::=〈报警任务〉→〈位置规则〉|〈空间环境规则〉|〈事件规则〉|〈时间环境规则〉

〈位置规则〉::=〈位置〉→〈(*: 情境信息中报警目标位置)〉〈(*: 情境信息中应对报警事件需要前往的位置)〉

〈空间环境规则〉::=〈空间环境〉→〈(*: 情境信息中当前建筑物)〉〈(*: 情境信息中当前楼层)〉〈(*: 情境信息中当前空间单元)〉

〈事件规则〉::=〈事件〉→〈(*: 情境信息中事件类型〉〈(*: 情境信息中事件级别)〉〈(*: 情境信息中事件影响范围)〉〈(*: 情境信息中事件影响程度)〉〈(*: 情境信息中路径信息)〉〈(*: 情境信息中提示信息)〉

〈时间环境规则〉::=〈时间环境〉→〈(*: 情境信息中应对报警事件持续时间段)〉〈(*: 情境信息中报警起始时间)〉〈(*: 情境信息中报警结束时间)〉

4) 搜寻任务下表达内容的提取规则

搜寻任务是根据用户目的和兴趣偏好，对相关的POI进行搜索和查找。

总结实验共性特征，得到搜寻任务下主要表达位置、空间环境和事件信息。其中，位置指用户的当前位置和搜索目标的位置；空间环境指某建筑物中的

POI，以及用户搜寻所关注的人、事、物等其他 POI；事件指与搜索目标相关的动态提示信息以及合理规划的路径信息。

搜寻任务下表达内容的提取规则可形式化描述为如下形式(示例)：

〈搜寻任务规则〉::=〈搜寻任务〉→〈位置规则〉|〈空间环境规则〉|〈事件规则〉

〈位置规则〉::=〈位置〉→〈(∗：情境信息中用户当前位置)〉〈(∗：情境信息中搜索目标的位置)〉

〈空间环境规则〉::=〈空间环境〉→〈(∗：情境信息中当前建筑物中的 POI)〉〈(∗：情境信息中其他 POI)〉

〈事件规则〉::=〈事件〉→〈(∗：情境信息中路径信息)〉〈(∗：情境信息中提示信息)〉

5) 监测任务下表达内容的提取规则

监测任务要求把用户关注的监测目标(包括监测的人、地理实体、发生事件)，从地图要素中识别、提取、推送给用户。

总结实验共性特征发现，监测任务下的地图表达内容与搜寻任务相似，只是更加关注与任务相关的目标细节，包括与目标关联的动态提示信息。因此，监测任务主要表达位置、空间环境和事件。其中，位置指用户当前位置和检测目标的位置；空间环境指当前建筑物以及目标的楼层切换等；事件指目标的移动路径和相关的提示信息。

监测任务下表达内容的提取规则可形式化描述为如下形式(示例)：

〈监测任务规则〉::=〈监测任务〉→〈位置规则〉|〈空间环境规则〉|〈事件规则〉

〈位置规则〉::=〈位置〉→〈(∗：情境信息中用户当前位置)〉〈(∗：情境信息中监测目标的位置)〉

〈空间环境规则〉::=〈空间环境〉→〈(∗：情境信息中当前建筑物)〉〈(∗：情境信息中当前楼层)〉

〈事件规则〉::=〈事件〉→〈(∗：情境信息中目标移动路径)〉〈(∗：情境信息中提示信息)〉

5.4.4　面向用图任务的表达内容提取应用实例

结合室内位置地图表达内容提取规则和表达图层内在机制，以某大型商场为例，面向不同的用图任务类型(浏览、导航、报警、搜寻、监测)，给出了地图表达内容提取和组织流程的应用实例。

1. 面向浏览任务的表达内容提取和组织应用实例

用户浏览不同的楼层时，将对应楼层内空间单元、通行设施、服务设施三种要素内容直接提取至通用基础图层。图 5.25 是 2015 年用户浏览北京西单大悦城一楼和二楼时，通用基础图层表达内容的可视化表达的效果。

 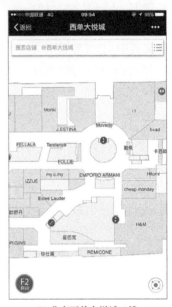

(a) 北京西单大悦城一楼　　　　　　　(b) 北京西单大悦城二楼

图 5.25　面向浏览任务的表达内容提取结果示例(见彩图)

2. 面向导航任务的表达内容提取和组织应用实例

用户当前位于西单大悦城一楼，任务为导航至一楼店铺 NHIZ(男装)。表达内容提取过程如下：①将一楼的空间单元、通行设施和服务设施三种要素内容提取至通用基础图层。②请求一楼的室内路径信息，基于用户当前位置(起点)，采用 Dijkstra 算法分析到达 NHIZ(终点)的路径规划结果(路径节点、路径距离)，并返回至个性化分析图层。③提取一楼类型为男装的空间单元，并与路径节点进行缓冲区分析，从而将导航路径沿途类型为男装的空间单元返回至个性化定制图层。在当前情境下，对上述三个表达图层提取和组织的地图内容进行可视化表达，其效果如图 5.26(a)所示。④当用户行进至 Juicy Couture 店铺附近时，通过位置匹配得到一楼动态专题内容中该店铺的打折信息，并返回至消息提示图层，此时室内位置地图可视化表达效果如图 5.26(b)所示。

(a) 导航到NHIZ的表达效果　　　　　　(b) 导航过程中动态专题提示效果

图 5.26　面向导航任务的表达内容提取结果示例(见彩图)

3. 面向报警任务的表达内容提取和组织应用实例

用户当前位于西单大悦城一楼，假设突发事件为 SWAROVSKI(施华洛世奇店铺)发生火灾。表达内容提取过程如下：①将一楼的空间单元、通行设施和服务设施三种要素内容提取至通用基础图层；②将该楼层内服务设施的子类型为消防设施的要素提取至个性化定制图层；③基于该楼层个性化分析内容中的应急出口和用户当前位置，通过路径分析将距离最近的应急出口以及到达出口的路径规划结果(路径节点、路径距离)返回至个性化分析图层；④将动态专题内容中的火灾突发事件返回至消息提示图层。面向报警任务的表达内容提取结果示例如图 5.27 所示。

4. 面向搜寻任务的表达内容提取和组织应用实例

用户搜索了位于西单大悦城一楼的 DNKY 店铺。表达内容提取过程如下：①将一楼的空间单元、通行设施和服务设施三种要素内容提取至通用基础图层；②将搜寻的 DNKY 店铺提取至个性化定制图层；③请求一楼的室内路径信息，基于用户当前位置(起点)，计算到达目的地的距离，并返回至个性化分析图层；④将该店铺的人均消费信息返回至消息提示图层。面向搜寻任务的表达内容提取结果示例如图 5.28 所示。

5. 面向监测任务的表达内容提取和组织应用实例

当前用户 A，监测对象是位于西单大悦城一楼的另一用户 B，主要监测用户 B 在商场中的逛街购物轨迹。表达内容提取过程如下：①将一楼的空间单元、通行设施和服务设施三种要素内容返回提取至通用基础图层；②将用户 B 的实时位置信息以及轨迹信息返回至个性化分析图层；③将用户在不同店铺驻留时间的相关消息返回至消息提示层。面向监测任务的表达内容提取结果示例如图 5.29 所示。

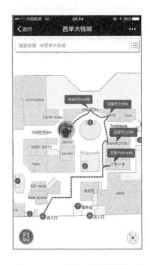

图 5.27　面向报警任务的表达内容提取结果示例(见彩图)　　图 5.28　面向搜寻任务的表达内容提取结果示例(见彩图)　　图 5.29　面向监测任务的表达内容提取结果示例(见彩图)

第6章 室内位置地图制图建模

室内位置地图制图是将地图生成延伸至用户动态与使用的过程中，这使得制图需要进行用户需求的实时解析、信息的动态提取与处理、地图表达的动态设计与实现。本章首先阐述室内位置地图的制图模型和制图流程，以及制图数据重构模式和描述方法；其次提出基于情境的动态地图符号生成规则和构造符号方法；最后提出利用三维接口 OpenGL，实现地图数据的符号化和多幅地图数据的快速组织和调度策略。

6.1 室内位置地图动态制图模型

6.1.1 室内位置地图制图过程

传统地图(纸质地图、一般专题地图等)制图过程通常包括地图设计、地图编绘、地图出版和地图印刷四个环节。室内位置地图在制图要素、制图范围、可视化表达方式等方面是随着用户位置和情境的变化而改变的，其制图过程是一种情境驱动的、基于位置的动态制图过程，如图 6.1 所示。

室内位置地图制图过程包括情境模型构建与分析、室内位置地图实时定制、情境信息提取、服务信息综合推理、要素设计和可视化设计等环节。用户需求的实时解析、信息动态提取与处理、地图表达的动态设计与实现等特征，使得制图不仅要探索显示终端上地图表达的各项技术，还应探索如何在人的环境认知和制图系统之间建立实时高效的信息解析和传递机制，从而使认知需求转化为驱动制图系统工作的各种交互命令。

6.1.2 室内位置地图制图过程的抽象描述

1. 现有制图模型的特点分析

鉴于室内位置地图制图的特殊性，本书发现传统地图制图模型存在以下局限性，并不能直接用于指导室内位置地图制图。

1) 对照表、规则和模板的不可穷尽性

对照表是地图符号化的经典方式之一。但是，无论是基于对照表、规则还是模板的制图模型，均不能很好地满足室内位置地图的制图需求，因为它们均不能

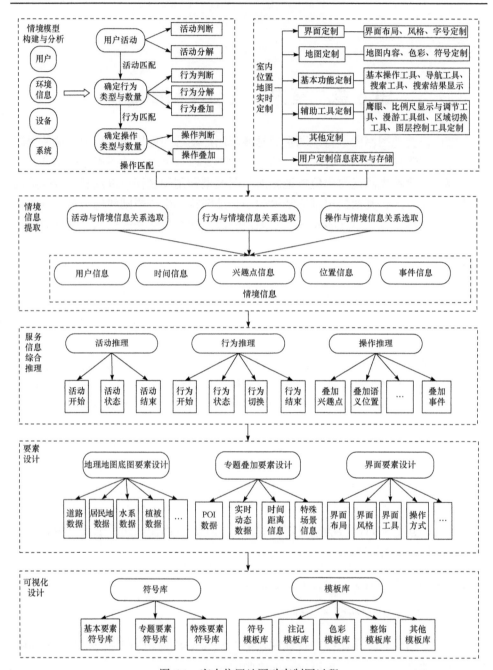

图 6.1　室内位置地图动态制图过程

穷尽制图表达中的所有知识或规则。也就是说，室内位置地图需要使用有限的制图实体(数据、符号、谓词等)来表现无限的真实世界，而规则不能穷尽千变万化的现实环境带来的制图细节。另外，在保证空间信息传输的有效性基础上，人类在建立起地理信息和地图实体之间的映射关系时，能够容许一定程度的相似性和模糊性。然而，基于规则推理的结论往往是精确的，并不能体现出人类推理问题的相似性和模糊性。

2) 半结构化信息的处理能力不足

传统地图制图模型的数据基础是存储在关系型数据库的结构化数据，其数据格式和数据模型是规范化的。一旦所给数据不符合关系数据模型规范，制图系统就无法直接使用该数据。但是，在整个空间信息的范畴中，关系型数据模型能够描述的数据量只占全部数据的很小比例。特别是对于室内位置地图而言，由于数据源来自泛在信息网络，扩展了室内位置地图对半结构化数据的处理能力，能够有效提高其表达能力。

3) 缺乏实时动态制图能力

基于关系型数据库基础的制图模式中，数据从观测到成图需要经历"数据→结构化转换→存储数据库→订购、发布→客户端制图"，即必须对多样化来源的空间数据进行结构化处理，甚至是人工处理，才能存储入库，否则数据的时效性大打折扣。

如果能够实现观测的数据经过尽可能少的处理步骤而直接进入制图环节，即"数据→订购、发布→客户端制图"，就将制图系统的数据接入能力扩展至数据观测与获取环节，实现数据的结构化处理和存储过程与制图过程的并行操作，这样在有效地提高地图制图的实时性和动态性的同时，还能满足观测数据的存储、发布和服务。

综上，在信息观测技术和手段极大增强的条件下，传统制图模式已经无法满足"观测即制图"的实时动态需求，急需新的制图模型出现。因此，有必要针对室内位置制图的特殊性，构建室内位置地图的制图模型。

2. 室内位置地图制图过程的认知抽象

室内位置地图的动态制图过程，是一个让计算机按照事先设计好的程序和流程进行地图制作的过程。这一过程可抽象为五个层面，即"环境认知→地理概念理解和语义建模→制图逻辑演算和构造语法→制图系统程序语言→机器指令执行"，这是室内位置地图制图的认知阶层，见图6.2。

1) 环境认知

环境认知作为"金字塔"的塔尖部分，主要是对人脑的环境认知的规律和认知机制的归纳与总结，以统领和指导室内位置地图制图。环境认知涉及了广泛的空间认知理论，例如，认知语言学以自然语言为媒介对人脑空间认知规律的探索，地图学以地图为媒介对地理空间认知规律的研究等。

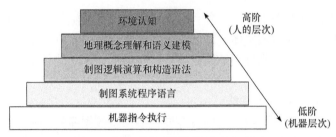

图 6.2　室内位置地图制图的认知阶层

2) 地理概念理解和语义建模

地理概念理解和语义建模阶层主要以环境认知层的认知规律为根据，对地理空间的概念进行形式化描述(即构建地理语义网络知识库)，并基于形式化的概念，执行空间信息的语义分析和计算，为更低层的制图层级和相关环节提供语义支撑。

3) 制图逻辑演算和构造语法

制图逻辑演算和构造语法阶层主要是构建概念语义计算(上层)和制图系统(底层)之间的交互桥梁。基于构造语法原理，建立一种相对于"制图系统程序语言"的高阶形式语言，使得制图系统能够在高阶语言的控制下，执行实时、动态的制图操作，弥补传统地图制图系统只能按照固化或者部分固化的流程执行制图操作的不足。

4) 制图系统程序语言

制图系统程序语言阶层主要是在软件、系统、技术以及程序语言(如 C 语言、Java 语言等)层面，构建室内位置地图制图需要的软件、硬件和网络环境。

5) 机器指令执行

机器指令执行阶层在室内位置地图的认知阶层中，所有的抽象、建模和计算等，最终均要落实到机器能够执行的指令层面，在二进制机器语言的层面上完成计算。

上述五个阶层之间是一种相对的高阶和低阶的关系，越是高阶，认知的抽象层次越高，人的特征越占据主导地位，此时人脑的图形、语言和认知的思维发挥着重要影响；越是低阶，计算机的计算能力越占据主导地位，此时机器的快速计算、检索和图形渲染能力发挥主导作用。

6.1.3　室内位置地图动态制图模型构建

构建室内位置地图动态制图模型的目的是，将制图过程中的规律、规则或语法、语义和语用的知识，以形式化、规范化的方式进行描述，建立计算机可识别的模型，从而将人在室内位置地图设计过程中的决策和行为，转化为制图系统可识别并实时应用的各类语义信息和参数，通过基于语义的制图内容的按需计算、地图图形的实时生成，实现室内位置地图的动态制图。室内位置地图的动态制图模型如图 6.3 所示。该模型包含四个层次：认知理论层、模型与算法层、制图系统层和应用层。

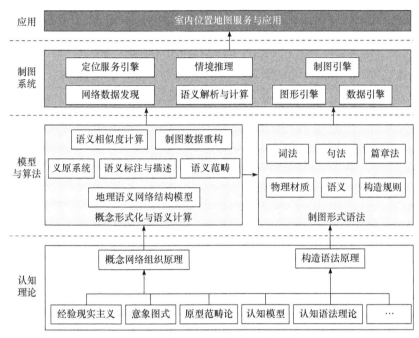

图 6.3　室内位置地图的动态制图模型

认知理论层以空间认知理论和认知语言学相关的理论为指导，梳理地理概念网络组织原理和面向制图表达的构造语法原理。模型与算法层是整个动态模型的核心部分，由概念形式化与语义计算、制图形式语法两个核心组成。其中，概念形式化与语义计算侧重于解决室内位置地图的"按需"技术问题，而制图形式语法侧重于解决室内位置地图实时生成的技术问题。模型与算法层可以构建语义解析与计算模块、制图引擎模块、定位服务引擎模块、网络数据发现模块、情境推理模块等，这些模块共同构建室内位置地图的制图系统，并最终实现"按需地为用户提供实时动态的地图服务"这一目标。

室内位置地图动态制图模型决定了其动态制图的技术流程如图 6.4 所示。该流程描述了由传感器或泛在网络的信息，通过地理信息检索和发现、制图数据重构、形式语言编译和图形绘制与输出等主要过程，形成室内位置地图动态制图的完整工作流程。

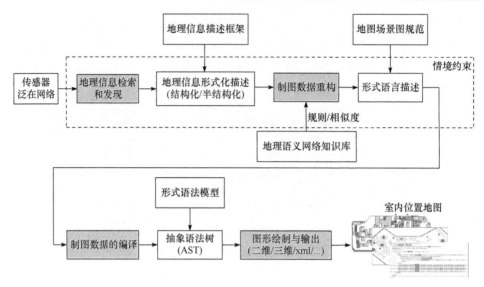

图 6.4　室内位置地图的动态制图技术流程

　　数据获取是通过地理信息检索、发现和过滤等技术，根据用户情境，实时从泛在互联网络、传感器观测等途径获得数据；地理信息形式化描述接口是基于地理信息描述的框架，对获取的数据进行规范化描述，使之可以作为动态制图的输入数据；制图数据重构过程是在制图情境的约束下，基于地理语义网络知识库，从符号、谓词、几何对象等不同层次，完成形式化描述的地理信息向制图数据的映射转换，重构后的数据采用移动制图形式语言进行描述；制图数据的编译指对形式语言描述的制图数据，通过制图编译器进行编译，转换为制图数据的抽象语法树，作为底层制图引擎的输入数据；图形绘制与输出是动态制图过程的最终阶段，对抽象语法树记录的制图数据，通过制图引擎、渲染引擎等过程，完成地图的渲染。

6.2　情境约束的室内位置地图制图数据重构

6.2.1　室内位置地图制图数据重构的内涵与描述框架

1. 室内位置地图数据重构的内涵

　　室内位置地图制图数据的重构指将来自现实世界或泛在网络的地理信息，转换并重构为制图实体描述的形式和结构。根据地图制图过程模型，重构可以表述为在情境模型 C 的约束下，完成如式(6.1)所示的映射转换：

$$(F, \mathrm{FR}) \xrightarrow{\ C\ } (E, \mathrm{ER}) \tag{6.1}$$

式中，F 表示地理要素；FR 表示地理要素关系；ER 表示制图实体关系；E 表示制图实体；C 表示制图情境。

这一过程并不仅仅是完成信息或数据层面的转换，还要寻求最合适的映射，即在特定的情境下，选用最合适的制图实体来表达相应的地理要素。图 6.5 是室内位置地图制图数据重构的原理图，结合该图可以进一步解释"重构"的内涵。

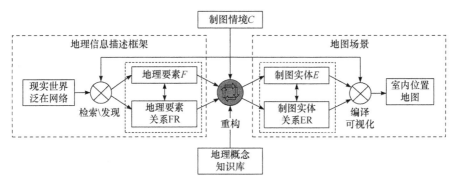

图 6.5　室内位置地图制图数据重构的原理

1) 重构发生的位置

重构发生在地理信息描述和地图场景描述之间，即 (F, FR) 向 (E, ER) 的映射转换。地理信息描述框架负责描述地理要素及其空间关系，地图场景负责描述制图实体及相互关系。

2) 重构需要考虑的因素

(1) 制图情境包括动态位置、时间、用户特征等，在不同的情境参数下，同一地理要素及其关系重构后得到的制图实体及其关系是不一致的；特别是对于室内位置地图的位置特征，需要强化重构后的图上信息与位置的相关性。

(2) 为了实现精准的地理信息理解，有必要结合使用地理语义知识库，在重构过程中对地理信息进行语义分析，使得制图表达具有最佳的认知耦合性。

(3) 多尺度是地理信息和地图场景共有的特征，不同尺度上地理要素和制图实体的建模方式均存在差异，同一尺度地理要素在映射为不同尺度上的制图实体时也存在差异。例如，建筑物要素在大比例尺地图上表现为一个面状符号，而在小比例尺地图上表现为一个点状符号。

3) 重构的输入和输出

重构计算的输入量是地理要素及其空间关系，表现为结构化、半结构化或非结构化形式；输出量是制图实体及其关系的描述，是一个结构化了的数据，可直接用于地图生成和表达。

4) 重构的方法

重构的目的是为每个地理要素推荐、匹配一个最为合适的制图实体,因此重构的方法具有很多种,如基于规则的方法、基于知识的方法、基于专家系统的方法等。认知科学表明,人在学习、认识、求解问题等过程中,相似性发挥了重要作用。因此,基于相似性原理计算匹配最佳的制图实体,应是重构的特色方法之一。

5) 重构的必要性

首先,制图数据有自己的独立组织结构,对其进行重构能够在一定程度上保持地图场景的相对独立性。其次,室内位置地图的一个重要目标就是符合人的认知特点,面向情境、基于语义分析和相似计算方法设计制图数据的重构方法,能够在一定程度上保证自动生成的地图符合人的认知习惯。重构的必要性也回答了为什么要重构室内位置地图制图数据。

2. 室内位置地图数据重构的描述框架

1) 地理信息的描述特征

地理信息是对现实地理世界的抽象描述,采用面向对象的思想,可将地理信息的描述特征归纳为以下三个方面。

(1) 二元结构特征。

地理信息可抽象为空间参考 X 和属性 Z 构成的二元组合结构:$\langle X, Z \rangle$。其中,$x \in X$ 描述的是空间位置,$z \in Z$ 为相应的属性值。为了回答是否存在一种地理信息的规范形式,使其能够实现对各种类型的地理信息描述的规范化,Goodchild 等[135]提出了地理信息原子(geographic information atoms)的概念,并将其定位为一种 GIS 表达范式。地理信息原子的概念刻画了地理要素空间和属性的二元、对称的关系。

(2) 层次组织特征。

面对纷繁复杂的现实世界的事物和现象,通常的做法是将其抽象为不同地理要素,并根据一定的标准将它们归结为若干类别。根据二元结构的特征,每个地理要素都具有空间位置(通常用一定的几何形状加以描述,在一定的坐标参照系下表现为坐标串)和属性值(如类型、名称、长度、面积等),以及要素之间的语义关系(包括空间关系和非空间关系)。不同的地理要素构成了不同的地理类别,类别中还可以包含子类别,地理信息组织的层次特点如下所示。

```
地理类别
|------地理子类别
    |------地理要素
    |    |------空间位置( x )
```

```
   |   |------属性值( z )
   |------语义关系(空间、非空间)
```

(3) 多样化的存储数据结构特征。

存储地理信息的数据结构包括结构化、半结构化和非结构化三种类型。结构化地理数据表现为二维表的逻辑结构，存储在关系型数据库中；非结构化的地理数据通常指使用数据块(binary large object，BLOB)形式存储，无法直接进行解析，如图像文件、声音、视频流等。半结构化地理数据指非完全结构化的数据，其数据和结构混在一起，一般是自描述的，如可扩展标记语言(extensible markup language，XML)、地理 JavaScript 对象简谱(geographical JavaScript object notation，GeoJson)描述的地理数据。

随着互联网技术和观测传感网的飞速发展，半结构化和非结构化的地理数据的数量日趋增大，传统基于关系型数据库的存储、处理和管理能力越来越有限。据统计，企业中 20%的数据是结构化的，80%的数据是半结构化或非结构化的，非结构化数据约占整个互联网数据量的 75%以上[136]。如果能够有效提升其对非结构化数据的直接处理和表达能力，那么对提高地理信息的使用率和时效性具有重要价值。

2) 考虑半结构化特征的地理数据描述框架

这里基于地理信息描述特征的分析，构建了一个考虑半结构化特征的地理数据描述框架，如下所示。

① 〈地理数据集〉::={〈地理要素层〉}
② 〈地理要素层〉::={〈地理要素层〉}|{〈地理要素〉}
③ 〈地理要素〉::=〈空间位置〉〈属性列〉[〈语义关系〉]
④ 〈空间位置〉::=〈几何对象〉
⑤ 〈属性列〉::={〈属性〉}
⑥ 〈语义关系〉::=〈空间关系〉|〈非空间关系〉

针对该描述框架，对序号①～⑥进行如下解释：

① 地理数据集可以描述为一系列的地理要素层的组织结构，常见的如〈地图数据集〉::=〈水系要素层〉|〈植被要素层〉|〈管线要素层〉|…。以室内要素的描述为例解释这一框架，例如：〈室内数据集〉::=〈室内空间要素层〉|〈室内 POI 要素层〉|〈室内深度内容要素层〉|…。

② 地理要素层体现了地理信息抽象和分类分级的结果，在描述的过程中，地理要素层一方面可以描述为地理要素子层的集合，如〈室内空间要素层〉::=〈墙要素层〉|〈门要素层〉|〈楼梯要素层〉|〈通道要素层〉|…；另一方面地理要素

层还可以直接描述为一组地理要素的集合，如⟨楼梯要素层⟩ ::= ⟨步梯⟩|⟨扶梯⟩|⟨直梯⟩。

③ 对于地理要素，需要重点描述其三方面内容，即空间位置、属性信息及与其他要素间的语义关系。例如下述的描述(采用 XML 模式)：

```
<feature>
    <id>8620000100203000011</id>      // 要素 ID
    <type> "Feature"</type>           // 要素类型
    <geometry>
        …
    </geometry>                       // 空间位置的几何描述
    <properties>
        …
    </properties>                     // 要素的属性信息集合
    <semantics>
        …
    </semantics>                      // 要素的语义关系描述
</feature>
```

④ 空间位置描述通常使用几何描述方式，例如展开③的直梯要素的空间位置描述：

```
<geometry>
    <type>"Point"</type>                              // 描述为一个点几何对象
    <coordinates>"119.351515,26.075683"</coordinates>
                                                      // 坐标值
</geometry>
```

⑤ 属性列由一系列属性项和属性值构成，如直梯的属性列：

```
<properties>
    <name>"中原万达-3 号电梯"</name>   // 电梯名
    <floors>"F1\F2\F3\F4"</floors> // 通达楼层
    …
</properties>
```

⑥ 语义关系可表述为空间或者非空间(语义)之间的关系。语义关系通常可以通过几何数据的拓扑分析、属性数据的语义分析等得到，因此语义关系的记录

是个可选项。

```
<semantics>
    <topoRel>"Nearby"</topoRel>          // 表示邻近关系
    <id>86200001002030000154</id>        // 关系对象 ID
</semantics>
```

上述室内数据集的示例表述如图 6.6 所示。该描述框架在满足类似 XML、Json 等格式的半结构化数据的同时，还能有效地描述关系型数据库和数据表。类似 XML 的半结构化数据与关系型数据表的主要差异在于，半结构化数据结构模式是非固定、灵活的，数据和模式混合在一起，而关系表的结构模式是固定的，半结构化模式能够兼容关系型数据表组织的数据(反向则不兼容)。因此，该描述框架能够涵盖结构化和半结构化地理信息的描述。

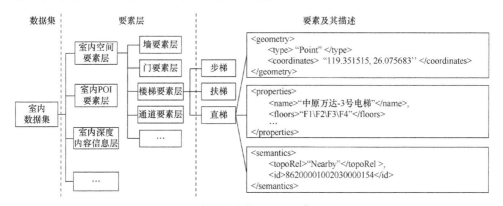

图 6.6　考虑半结构化特征的地理信息描述示例

需要说明两个问题：第一，从技术角度讲，类似 XML 文档不适合直接构成数据库，通常的做法是以数据库为存储手段、以 XML 为交换载体[137]，因此，本书的描述框架重在描述数据逻辑结构的合理性和兼容性，使用数据库提高半结构化数据处理效率，已有相关成熟的方法，可参照执行。第二，描述框架的核心在于构造一个数据的规范化描述接口，因此有关实时 GIS 数据模型、面向过程的时空数据模型[138]等有关时空动态数据模型的讨论，本书不再描述。

6.2.2　制图数据重构的模式与形式化描述

基于上述分析，动态制图信息的重构就变成了在情境约束的条件下，将地理要素映射为制图数据，并保持映射后的结构符合场景图模型。

1. 制图数据的结构化

1) 地图结构的抽象

直观地看，动态制图可以看做是在一定的参数控制下，将不同制图实体(如符号、注记)、实体属性(如颜色)和实体操作(如绘制)组装在一起，构成一幅能够表达地理要素及其相互关系的"图像"的过程。不同学者对这一"图像"的结构有着不同的理解，如"区别特征→义素\图素→语素→词汇→词组→命题"结构模式[139]，"图形形式→地图图素→地图语素→地图词组"结构模式[140]，以及地图状态空间概念[141](即地图由地图数据、地图布局和图层三类要素设计而成，每类包含众多的地图可视化元素和设计)等。

计算机重构地图的前提是清楚地解析出地图的结构和组织模式。在基于三维图形技术的 CAD、游戏、视景仿真等研发领域中，普遍使用场景图技术对其系统数据进行组织和性能优化。场景图依据面向对象的思想，采用节点及其相互关系(边)的组织方法，实现对虚拟场景数据的组织和管理。将场景图理念引入室内位置地图的制图数据重构中，用于有效组织制图实体并表达相互关系，具有以下优势：①场景图是图论中有向无环图(directed acyclic graph，DAG)的数学模型，这一模型非常切合使用计算机组织和管理数据的数据结构；②场景图抽象并封装了较低层次的数据结构和实现细节，有助于从数据组织管理层面，独立探讨制图数据的组织问题，而不受底层技术细节的干扰；③基于场景图技术重构制图数据，有利于优化移动制图系统的渲染效率；④场景图是一种高度抽象的信息组织方式，具有高度的灵活性，契合人的面向对象思维习惯，是描述制图数据的逻辑组织结构的有效工具。

2) 地图场景图

基于上述优势，可将场景图技术与制图数据重构问题结合起来，提出地图场景图的概念，用以描述制图数据及其相互之间的组织关系。可以从以下两个角度理解地图场景图的内涵。

(1) 从结构形式上讲，地图场景图由一个根节点、若干组节点和叶子节点，以及连接它们的有向边组成。根节点是所有节点的最顶层节点，自身没有父节点；叶子节点是没有子节点的节点，叶子节点记录了制图实体的数据和信息；组节点是除了根节点和叶子节点之外的节点，用于记录节点之间的相互关系；有向边是场景图中两个节点之间的关联，一端是父节点，另一端是子节点。图 6.7 所给的地图场景图示例中，不同节点类型采用不同形状和填充加以区分。

(2) 从构图元素上讲，地图场景图主要有三大类制图实体(图 6.7)，即数据源描述、地图图层和布局描述。数据源描述主要记录数据源(如访问地址)和地图显示范围等制图实体；布局描述主要分为比例尺、图名、图例等地图辅助制图实

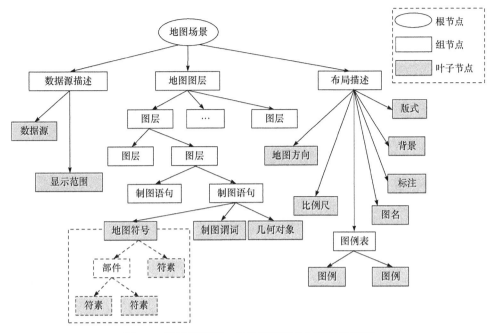

图 6.7　地图场景图：基于场景图的制图实体组织

体；地图图层是地图场景的主体部分，由一系列图层构成，每一图层又由不同的制图语句构成，每一制图语句都由地图符号、制图谓词和几何对象构成。如此，就可以通过场景图的技术，将全部制图实体组成一个有向无环图。

对于地图场景图，还需说明两个问题：①有关制图数据构成的问题，地图场景图由两类结构元素组成，一类是制图实体，即处于叶子节点上的符号、谓词和位置描述等；另一类是制图实体的组合体，处于非叶子节点上，主要用于组织制图实体并描述它们之间的关系。②有关叶子节点上制图实体的微观结构问题，例如，符号可以分为一系列部件和符素的组织结构等。

2. 重构的过程

室内位置地图制图数据的重构过程如图 6.8 所示。一方面，将地理信息描述的基础单位抽象为地理要素的描述信息(空间位置、要素属性)，以及表达地理要素间的空间关系和语义关系；另一方面，将制图数据描述的基本单位抽象为几何对象、地图符号、空间关系谓词。因而映射的核心工作是将不同层次的地理信息描述单位映射为相应制图数据的描述单位。同时，对映射后的制图数据组织构造为场景图的形式，并采用形式语言进行描述。

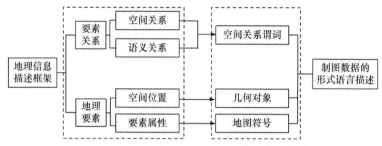

图 6.8　室内位置地图制图数据的重构过程

基于不同的计算方法可将重构分为以下三类：①基于规则的映射计算方法，如常识性的制图知识、约定俗成的制图规范等；②基于统计学原理的映射计算方法，其原理在于基于已有的制图数据，通过统计分析和概率计算，获得最大概率的映射方案；③采用语义分析的方法，通过语义层面的计算、解释或匹配，获得最佳的制图实体映射方案。

3. 情境约束下的地理要素映射模式

1) "要素属性→地图符号" 映射模式

"要素属性→地图符号" 映射模式的核心是将地理要素及其属性信息映射为相应的地图符号实体，进而实现地图符号化表达。要素属性映射为地图符号，核心的问题是根据要素信息、情境约束条件，计算确定相应符号的形状、色彩、尺寸和图案等具体视觉表现形式。这一映射过程可抽象为三种模式，即基于规则的模式、基于知识的匹配模式、动态符号生成模式(表 6.1)。

表 6.1　"要素属性→地图符号" 的三种映射模式

映射模式	模式说明	示例或说明

基于规则的模式	源：要素标识符
	目标：地图符号标识符
	约束：情境
	方法：符号对照表；产生式规则
		If (f_id==20010101)
		Then (sbl_id=20010101)　　　　　　// 首曲线
		If (f_id==20010101 && [类型]=="雪山")
		Then (sbl_id=20010101a)　　　　　// 雪山首曲线

基于知识的匹配模式	源：要素及其属性描述 目标：地图符号及其语义描述 约束：情境 方法：基于概率；基于语义相似度	通过算法设计，计算要素及其属性信息与符号语义描述之间匹配的概率值，或者是语义层面的相似度，通过最大概率或最大相似度实现地理要素和地图符号映射
动态符号生成模式	源：要素及其属性描述 目标：动态生成的符号 约束：情境 方法：动态符号编译方法	以要素属性蕴含的语义结构为 "骨架"，以 "义原-图形形式" 二元结构为材料，驱动符号图形构造生成与语义结构相一致的符号形式

这三种模式均以情境信息作为符号映射的约束信息。从这一角度上讲，基于规则的模式无法穷尽不同情境下的映射规则，或者情境的多样性会导致映射规则的爆炸式增长，因此，基于规则的模式难以适应情境的变化。但是，从计算效率角度上讲，基于规则的模式效率最高，计算量最小；对于语义驱动的动态符号生成模式计算和构造的步骤较多，因此在室内位置地图符号化过程中，不能全部由该方法实时计算。因此，从情境的适应性、要素和符号映射的效果以及计算效率角度，需要综合使用上述三种模式。三种模式选用的规则如下：①对于固定的情境、常用的要素和符号映射关系，可以用基于规则的模式进行映射；②对于特殊的情境、不常用的要素和符号映射关系，地理要素和符号语义描述相对固定，可以用基于知识的匹配模式进行映射；③对于特殊情境、要素和符号映射效果要求较高的情况，可以使用动态符号生成模式生成符号。

2) "空间位置→几何对象"映射模式

该模式主要解决地理要素位置数据和制图表达数据之间的映射关系问题。本书将这一映射模式概括为直接映射模式和综合映射模式两类。

直接映射模式：通常而言，地理要素的描述中会标明要素的空间位置和几何类型信息，直接映射模式中，只需将其转换为相应几何对象的描述形式。例如，一个点数据(x, y)可以描述为 $\text{Point}(x, y)$，线段$(x_1, y_1; x_2, y_2)$可以描述为 $\text{Line}(x_1, y_1; x_2, y_2)$，折线数据$(x_1, y_1; x_2, y_2; \cdots)$可以描述为 $\text{LineString}(x_1, y_1; x_2, y_2; \cdots)$，等等。几何对象的详细类型如表 6.2 所示。

表 6.2 "空间位置→几何对象"的综合映射模式

空间位置数据类型	几何对象类型	示例
多点	Point	几何中心　　权重中心　　特殊点
	多点	多点连线　　构三角网

续表

空间位置数据类型	几何对象类型	示例		
多点	多点	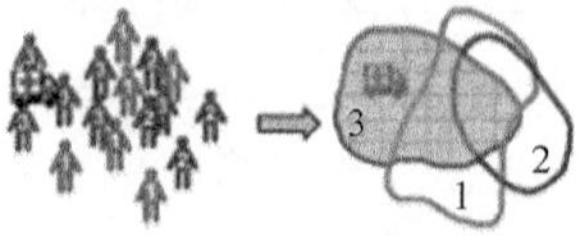 聚合		
线	Point	 线段	圆弧\椭圆弧	Bezier
面	Point	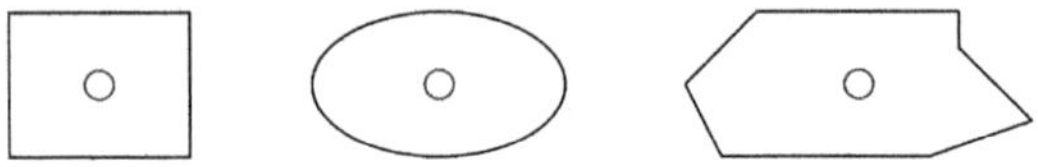 中心	重心	特殊点
	LineString	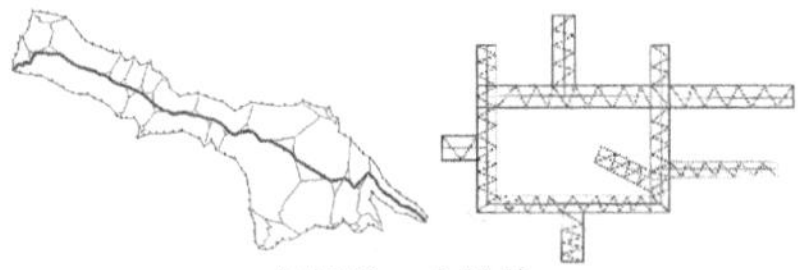 骨架线、中轴线		

综合映射模式：在制图情境、表达尺度等因素的制约下，地理要素的空间位置数据不能直接映射为相应几何对象，需要对空间位置数据进行综合处理，并将综合后的数据描述为相应的几何对象形式。

表 6.2 给出了几种典型的综合映射模式。该表只列举了常用的综合模式和相关的综合算法，还有一些特殊模式，如多点映射为 LineString、多线映射为 LineString 或 Polygon、多面映射为 Polygon 等，这里不再详细罗列。

3) "要素关系→空间关系谓词"映射模式

地理要素间的空间关系，对室内位置地图制图实体间的关系和组织结构具有重要的影响。地理要素间的空间关系谓词系统是描述和记录制图实体间关系的主要手段。因此，采用何种空间关系谓词表达要素间的空间关系，已成为地理要素映射为制图数据描述的关键问题之一。

本书主要考察要素间二元关系的映射。对于两个要素 F_1、F_2，已知要素的几何和属性数据，则"要素关系→空间关系谓词"的映射算法如算法 6.1 所示。

算法 6.1 "要素关系→空间关系谓词" 的映射算法

```
Method: "PredicateSelect"        // 方法：谓词选取
Source: Data,PridicateTable      // 资源：数据、空间关系谓词表
Data: F₁<Geo,Attributes>, F₂<Geo,Attributes>    // 两个要素
的几何和属性数据
Set:<MC                          // 条件：制图情境参数集
Begin:
    Get(F₁.Geo, F₂.Geo)          // 获取两个要素的几何数据
    sprType = SpatialRelJudge(F₁.Geo, F₂.Geo)    // 判断两个
    要素的几何关系
    For(Pridicate ID from 0 to max)              // 遍历空间
关系谓词库
        If(Matching(MC,sprType,F₁.Attributes,F₂.Attributes)==
        TRUE) // 匹配谓词
            Return ID;           // 匹配到谓词，返回谓词 ID
    Return NULL;                 // 未匹配到谓词，返回空
End;
```

在上述算法中，核心的计算过程是要素几何关系的判断(SpatialRelJudge)和空间关系谓词的匹配(Matching)。

(1) SpatialRelJudge 方法。

两个地理要素几何关系的判断，主要考察方向关系、距离关系和拓扑关系。例如，拓扑关系的计算，可以使用较为成熟的 4 交模型、9 交模型等。几何关系的判断，目前已较为成熟，可依托很多可以直接使用的工具库，实现 SpatialRelJudge 方法。

(2) Matching 方法。

相同几何关系的地理对象之间，可能会使用不同的空间关系谓词进行表达，如河流用流入(TopoInflow)、道路用相交(TopoIntersect)等，因此需要形式化地描述要素类型、几何关系和空间关系谓词之间的对应关系。例如，根据室内位置地图制图数据重构的原则(地理事实性规则和认知相关性规则)，采用规则表形式进行描述，如表 6.3 所示。

表 6.3 空间关系谓词匹配规则知识

地理要素空间关系			空间关系谓词
要素类型 A	要素类型 B	几何关系	
河流	河流	Touch	流入\TopoInflow

地理要素空间关系			空间关系谓词
要素类型 *A*	要素类型 *B*	几何关系	
河流	湖泊	Touch	流入\TopoInflow
公路	河流	!Disjoint	跨越\TopoCross
铁路	河流	!Disjoint	跨越\TopoCross
居民地	道路	Touch	路旁\TopoRoadside
		Overlap	穿越\TopoPass
…	…	…	…

类似于"要素属性→地图符号"的三种映射模式分析，对于 Matching 方法，也可以使用基于相似度的方法进行计算，以扩展空间关系谓词匹配规则的适用面。例如，通过语义相似度，与"河流"相似的地理要素，均可以采用河流要素类型的规则进行谓词匹配计算。

4. 重构数据的形式语言描述

制图数据重构和制图系统内部的数据组织和管理，属于两个不同层级，可以分别认为是制图数据处理的高阶阶段和低阶阶段。制图数据重构属于高阶阶段，只需要关心制图数据的逻辑层面的问题；对于低阶阶段的数据存储和管理、制图操作的实现、数据的绘制渲染等细节问题，高阶阶段无需关心。因此，侧重于制图数据逻辑层面的描述和组织，并考虑与底层制图系统平台的无关性，本书采用构建制图数据的形式化描述语言，对重构后的制图数据进行描述。

使用制图形式语言描述地图场景数据，具有四个优势：①采用形式语言的方法描述和记录结构化或半结构化的制图数据，特别是在半结构化方面，较传统关系型数据库具有一定的优势。②作为低阶制图系统的一种高阶形式语言，有利于屏蔽制图系统的实现细节和平台的相关性，形成统一的数据描述和制图操纵接口。③粒化处理的优势[142]：当存在数据更改的情况时，无须修改和发送完整的数据到制图终端，只需发送更改了的数据的语言描述片段，且无须刷新整个用户界面。④语言指令的形式更有利于计算机执行。

目前，已有部分基于可缩放矢量图形(scalable vevtor graphics，SVG)、矢量可标记语言(vector markup language，VML)的制图扩展研究，以及面向 GIS 空间分析而设计的空间查询语言(geographical structured query language，G-SQL)。然而，SVG 等面向图形、图像和文字表达设计，G-SQL 面向空间查询，它们没有地图制图的针对性和专门性，不完全具备地图制图和表达的能力。针对这一问题，李霖等[142]根据 XML 设计并探讨了 MapMML(map making markup language)，并将其专用于地图制图数据的描述。从原理层面来看，本书构建的用于描述室内位置地图制图数据的形式语言，与 MapMML 有着较大的一致性，都是为了形成对制图数据的独立描述，并将其作为制图系统的形式语言输入接口。但是，MapMML 等基于 XML 格式基础，在描述的直观性、可读性、数据量等方面存在不足。

下面主要讨论如何使用形式语言描述地图场景。室内位置地图制图数据形式语言的一般描述结构如图 6.9 所示。分别定义关键词 MAP(标识并描述一个地图对象)、LAYER(标识并描述一个地图图层)、SENTENCE(标识并描述一个制图语句)、SYMBOL(标识并描述一个地图符号)、VERB(标识并描述一个制图谓词)、GEOMETRY(标识并描述一个几何对象)、MAP METADATA(标识并描述地图制图所需的元数据)。算法 6.2 给出了室内位置地图制图数据的形式语言描述的示例。

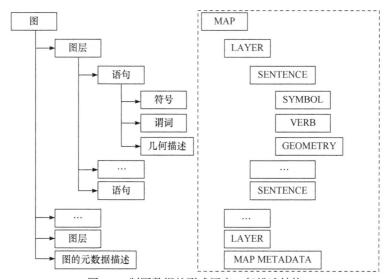

图 6.9　制图数据的形式语言一般描述结构

算法 6.2　室内位置地图制图数据的形式语言描述示例

```
MAP2D 'IndoorMap'(                          // 地图：IndoorMap
  LAYER 'layer1'(                           // 图层：layer1
    SENTENCE 'wc'(                          // 语句：描述厕所及其位置
      SYMBOL('mark_wsj')                    // 符号：厕所，点状符号
      LOCATE                                // 谓词：定位
      POINT(280.487344-72.341748,278.263472-77.147358,
      269.58483 -73.131178,…)
                                            // 位置：点
  )
    TOPOINSIDE               // 谓词：表示厕所位于建筑内的空间关系
```

```
     'building'(                       // 语句：描述建筑物及其位置
        SYMBOL(102101902)              // 符号：建筑物，面状符号
        LOCATE                         // 谓词：定位
        POLYGON(16.6793-17.6555,248.0156-17.6551,309.7185
        -45.0401,…)
                                       // 位置：多边形
     ),
  ),
  LAYER 'layer2'(                      // 图层：layer2
     SENTENCE 'wenxun'(                // 语句：描述问讯处及其位置
        SYMBOL('mark_wenxun')          // 符号：问讯处，点状符号
        LOCATE                         // 谓词：定位
        POINT(213.2332-100.9772)       // 位置：点
     ),
     SENTENCE 'telephone'(             // 语句：描述电话亭及其位置
        ……
     )
  )
)
(DATA_RANGE(2.3, -210.0, 451.0, 37.2));
```

6.2.3　制图数据重构的语义相似度方法

1. 制图数据重构的语义相似度扩展原理

室内位置地图认知语义的核心，是使用语义分析和语义相似性特征，实现有限的制图词汇和材料，表达无限的地理空间信息。通过对室内位置地图制图数据重构过程和映射步骤的分析，发现在制图情境约束下，可以通过语义分析和相似计算技术，结合制图过程中的相关规则知识，进一步提高室内位置地图的制图灵活性和表达能力。

举例来说，对于表 6.3 中"'河流'要素+'湖泊'要素 + 'Touch'几何关系，决定'流入\TopoInflow'空间关系谓词"这一规则，若将此规则与语义分析和相似度计算相结合，则可以得到以下扩展规则：

常年河+湖泊+ Touch ⇒ 流入\TopoInflow；

时令河+湖泊+ Touch ⇒ 流入\TopoInflow；

常年河+池塘+ Touch ⇒ 流入\TopoInflow；

时令河+水库+ Touch ⇒ 流入\TopoInflow；

……

　　同理，对于"要素属性→地图符号"的映射过程，也可以利用这一扩展方法，使得地图符号不仅能够表达其所能够表征的地理要素，还能够表达以该地理要素为原型的范畴内要素，如图 6.10 所示。采用这种扩展方式，使得要素类型衍变为要素范畴，从而扩展规则的表达能力。

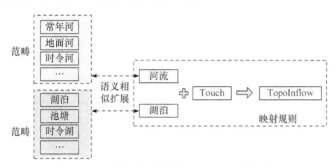

图 6.10　制图映射规则的语义相似扩展原理

　　语义相似度量是描述概念和语义间相关程度的一种重要方法，在知识自动共享与集成方面，具有非常广泛的应用。随着语义层面地理信息互操作的需求越来越多，地理数据的语法异构与语义异质影响着地理信息互操作的进程，如何有效地度量地理信息的语义相似性显得越来越重要。本书把语义相似度的理念引入地图制图的重构过程，通过计算地理要素和制图实体、地理要素和规则中记录的要素等之间的相似度，扩展室内位置地图制图重构的表达能力。

　　2. 情境约束下的制图数据重构计算流程

　　目前度量两个概念或语义单位之间相似度的方法主要有四种：①在显式语义网络中，通过计算共同祖先节点的最大信息量来衡量两个词的语义相似度[143]；②考虑网络节点间路径长度、区域层次密度、树深等因素的语义相似计算模型；③在本体中考虑语义距离、语义重合度、层次深度以及调节因子等多种因素的本体相似度计算方法；④基于隐式语义网络的语义相似度的计算方法，通过计算"义原"之间的相似度来计算概念或语义之间的相似度。地理要素和制图实体之间的语义相似度计算，立足于地理语义网络知识库，因而从算法原理角度，应隶属于隐式语义网络的语义相似度计算方法；但与基于知网的语义相似度计算方法不同，不仅需要通过"义原"计算语义相似度，还要考虑制图情境的约束和地理语义的范畴化特征。

　　根据 6.2.1 节重构框架可知，重构计算的主要任务是完成地理要素和制图实体(符号\谓词\几何对象)之间的关联映射，且要求这一映射结果符合情境的约束条件，以及人的认知特点。针对这一任务，特别是考虑到情境认知的约束，本书设计了如图 6.11 所示的制图数据重构计算流程。

　　基于地理语义网络知识库，能够得到地理要素的义原描述细节，具体可以描述为{义原 1/侧面 1，义原 2/侧面 2，…，义原 n/侧面 n}的集合形式；对于情境信息，其可以描述为一系列情境因子的集合{因子 1，因子 2，…，因子 m}。

　　1) 义原筛选计算

　　根据情境信息对地理要素语义进行筛选，获得面向情境的地理要素语义的描述{义原 1，义原 2，…，义原 k}，其中 k 为筛选后的义原数量。例如，对于河流要素"地面河流={河流/类属，运输/功能，养殖/功能，地表/空间层，水/材质}"，在面向强调功能的情境时，筛选后的语义描述是"地面河流(面向功能的筛选) = {河流/类属，运输/功能，养殖/功能}"；在面向强调空间位置的情境时，筛选后的语义描述是"地面河流(面向空间位置的筛选) = {河流/类属，地表/空间层}"。

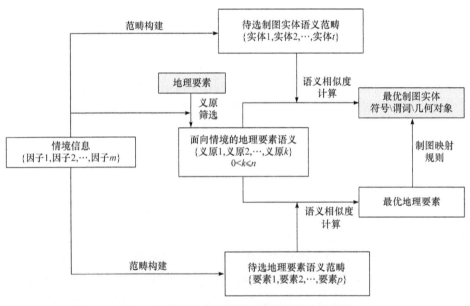

图 6.11　情境约束下的制图数据重构计算流程

　　2) 范畴构建计算

　　根据情境信息，计算与情境相关的待选语义范畴，表示为集合{要素 1，要素 2，…，要素 p}。待选语义范畴有两种类型，一种是待选制图实体语义范畴，另一种是待选地理要素语义范畴。

　　3) 语义相似度计算

　　在义原筛选和范畴构建的基础上，需要通过语义相似度计算，从待选的范畴集合中选取相似度最大的语义单位，作为情境约束下的地理要素的最优匹配结果。当匹配结果为最优制图实体时，可以直接参与组建重构数据的形式语言(基于相似度的地理要素和制图实体的映射)；当匹配结果为最优地理要素语义时，还需根据制图数据映射规则，将匹配结果映射为规则制定的制图实体，再参与组建形式语言(相似度和制图规则组合的地理要素和制图实体映射)。

3. 基于地理语义网络的语义单位相似度计算算法

1) 义原间的相似度计算

地理语义网络知识库中，所有的地理语义单位都使用义原进行描述，义原的相似度计算构成了语义单位相似度的最底层层次。在义原系统层，义原之间由复杂的语义关系组成：类属义原构成了一种典型的上下义关系的树状层次结构；标注侧面系统使得种差义原之间均构成了一个基于上下义关系的树状的义原层次结构。因此，可以充分利用义原系统层次的上下义关系结构特征，采用语句距离的计算方法，计算两个义原之间的相似度。两个义原 S_s 和 S_t 之间存在以下三种比较结果：① $S_s = S_t$，即两个义原完全等价；②义原 S_s 包容 S_t ($S_t \subset S_s$)或 S_t 包容 S_s ($S_s \subset S_t$)；③义原 S_s 和 S_t 没有直接的父母或子女关系，但是两个义原之间有共同的祖先语义($S_s \neq S_t$)。

这三种比较结果刻画了基于义原树和语义距离相似度度量的数学原理。使用义原树中义原节点之间的路径距离刻画它们的语义相似度，可首先定义语义距离。在义原层次树中，连接两个义原节点的最短路径的长度记为语义距离，计算公式为

$$\text{Distance}(S_s, S_t) = \sum_{i=1}^{n} \text{Length}(l_i) \tag{6.2}$$

式中，$\text{Length}(l_i)$ 为连接 S_s 和 S_t 最短路径上第 i 条边 l_i 的长度。

显然，两个义原之间的语义距离越大，相似度越小；反之，则相似度越大。因此，可以定义义原之间相似度的计算公式为

$$\text{DisSim}(S_s, S_t) = \frac{\alpha}{\text{Distance}(S_s, S_t) + \alpha} \tag{6.3}$$

式中，$\alpha \in [0, 1]$ 为可调节的参数，通常取 $\alpha = 1$。

由于义原的计算是基于上下义语义树的，可以对式(6.3)进行不同程度的改进，例如，通过综合考察语义距离、节点深度、树的高度、语义重合度等因子，加权求平均建立灵敏度更高的混合式义原相似度计算模型。本书重点关注义原之间的上下义关系，不再过于细致地探讨更为灵敏的义原相似度的计算方法。

2) 语义单位的相似度计算

参照已有的概念相似度计算思想，即"整体相似要建立在部分相似的基础上"，可以把一个独立的语义单位分解为不同的部分，并通过计算部分之间的相似度，进而获得整体的相似度。

根据地理知识网络语义描述的抽象数学形式，假设两个语义单位为 S^1、S^2，则有

$$S^1(g^1,\{d_1^1,d_2^1,\cdots,d_i^1,\cdots\},\{r_1^1,r_2^1,\cdots,r_j^1,\cdots\})$$
$$S^2(g^2,\{d_1^2,d_2^2,\cdots,d_i^2,\cdots\},\{r_1^2,r_2^2,\cdots,r_j^2,\cdots\})$$

可以在比较 S^1、S^2 相似性时，建立相应部分(即类属义原、种差义原和关系义原)之间的对应关系，在这些对应的部分之间进行比较。

(1) 类属义原相似度 $\text{SimGene}(S^1,S^2)$。

根据式(6.3)，类属义原之间的相似度可以表示为

$$\text{SimGene}(S^1,S^2)=\frac{\alpha}{\text{Distance}(g^1,g^2)+\alpha} \tag{6.4}$$

(2) 种差义原相似度 $\text{SimDiff}(S^1,S^2)$。

种差义原由一组义原 $\{d_1,d_2,\cdots,d_i,\cdots\}$ 构成，因此种差义原的相似度计算较为复杂。结合类属义原的语义侧面标注特点，可按照以下思路进行计算：首先，按照义原的语义侧面进行配对分组，把相同标注侧面的义原分为一组；其次，对剩余的无法按照语义侧面进行分组的，可以进行任意配对，取相似度最大的一对归并为一组，如此反复，直到所有种差义原都完成分组；最后，对每一配对组的相似度进行加权求平均，获得最终的种差义原相似度值，如算法 6.3 所示。

算法 6.3　种差义原相似度计算算法

```
Method: "SimDiff"                        // 方法: 种差义原相似度计算
Input: List⟨d_i^1⟩, List⟨d_j^2⟩          // 输入: 两个种差义原集合
Output: SimDiff                          // 输出: 种差义原相似度值
Begin:
    MapList⟨⟩                            // 用于记录配对后义原
    For(d_i^1 ∈ List⟨d_i^1⟩ i from 0 to max)    // 循环第一个集合
        For(d_j^1 ∈ List⟨d_j^2⟩ j from 0 to max)  // 循环第二个集合
            If(d_i^1.SemSide Equal d_j^2.SemSide){ // 比较语义
            标注侧面
                Add Map⟨d_i^1, d_j^2⟩ to MapList⟨⟩// 记录一个配对
```

```
                    Map 于配对表中
                    Filter  d_i^1, d_j^2          // 过滤已经配对的元素
                 }
    While(List⟨d_i^1⟩ or List⟨d_j^2⟩ is not Empty){     // 循环，取
    相似度最大的一对
           Map⟨d_i^1, d_j^2⟩ = GetMaxSimMap(List⟨d_i^1⟩,List⟨d_j^2⟩)
           Add Map⟨d_i^1, d_j^2⟩ to MapList⟨⟩// 记录配对 Map 于配对表中
           Filter  d_i^1, d_j^2               //过滤已经配对的元素
    }
    Get SimDiff from MapList⟨⟩      // 求配对后相似度值的平均值
End;
```

(3) 关系义原相似度 $\mathrm{SimRel}(S^1, S^2)$。

关系义原由一组关系的描述 $\{r_1, r_2, \cdots, r_j, \cdots\}$ 构成。关系义原用于描述本语义单位与其他义原或语义单位的空间关系，本书暂时只考虑把关系义原相同的描述式分为一组，并计算其相似度；对于关系义原所关联的语义单位，暂时不考虑其在语义相似度值中的影响。

综上，基于加权求平均的思想，两个语义单位的整体相似度可记为

$$\mathrm{Sim}(S^1,S^2) = \beta_1 \cdot \mathrm{SimGene}(S^1,S^2) + \beta_2 \cdot \mathrm{SimDiff}(S^1,S^2) + \beta_3 \cdot \mathrm{SimRel}(S^1,S^2) \quad (6.5)$$

式中，$\beta_i (1 \leqslant i \leqslant 3)$ 为可调节的权值参数，且有 $\beta_1 + \beta_2 + \beta_3 = 1$，反映了不同类型义原对总体相似度所起的作用。

权值参数的设定往往成为两个语义单位计算的瓶颈问题，会影响计算结果的可信性。一般地，类属义原反映了语义单位的最主要特征，因此其权值定义比较大；与此同时，若 $\mathrm{SimGene}(S^1,S^2)$ 较小且 $\mathrm{SimDiff}(S^1,S^2)$、$\mathrm{SimRel}(S^1,S^2)$ 值较大，则会出现整体相似度仍然较大的不合理现象。记上述三类相似度为 Sim_j，可以得到改进的计算模型为

$$\begin{cases} \mathrm{Sim}(S^1,S^2) = \sum_{i=1}^{3}\left(\beta_i \prod_{j=1}^{i} \mathrm{Sim}_j(S^1,S^2) \right) \\ \beta_i = \dfrac{\lambda_i}{\lambda} \end{cases} \quad (6.6)$$

改进的意义在于，主要部分的相似度值对次要部分的相似度值起制约作用，

也就是说，如果主要部分的相似度较低，那么次要部分的相似度对于整体相似度所起到的作用也要降低。同时，$\beta_i(1 \leqslant i \leqslant 3)$ 成为变参考系数，其值为当前语义单位的第 i 类义原的个数与义原总个数的比值，其原理在于：语义的概念解释越深，种差和关系义原就越多，类属义原相对于语义单位的整体相似度的影响就越小，反之则越大。

6.3 室内位置地图符号的动态生成模型

与传统地图制图不同，室内位置制图将地图生成延伸至用户移动与使用的过程中，这使得室内位置制图需要进行用户需求的实时解析、信息的动态提取与处理、地图表达的动态设计与实现。反映在室内位置地图的符号层面，则表现为基于上下文信息进行动态化和智能化的地图符号生成。即能够实时接收用户需求解析和制图信息处理的结果，根据相应构成要素和规则构造符号，实现制图信息的符号化表达。

对地图符号的研究，主要侧重于以下方面。①关于地图符号本质的研究，例如，地图符号是一个包含两项要素的心理实体：一是经过综合抽象的制图对象的概念(所指)，二是符号的视觉形象或能被感知的心理表象(能指)[144,145]。②关于符号的视觉图形方面，如符号视觉感受、视觉变量和构图规律的研究[43,146,147]，为符号提供了必备的图形变量的基础。③关于地图符号描述方法、描述模型和句法结构的研究[148-150]，为计算机环境下的地图符号算法、符号库的研制提供了必备的符号描述基础。④关于符号的图形和地理概念关系的探讨，统筹了符号的图形和概念(语义)两个方面[27,151,152]。这些研究均从不同侧面对地图符号的本质及计算机应用的模式进行了探讨。

对于室内位置地图符号而言，其具有自身的共性和个性：共性体现在认知规律的耦合、语义模型的嵌入、语法规则的完备、符号体系的系统性等；个性体现在符号的生成和构造延伸至用户移动与使用的过程中。共性问题可以从现有研究中寻得解决方案，而个性问题需要新的解决方案。为此，借助语言学的结构化特征和基本原理，通过分析符号的本质特征和语法结构，本书建立了室内位置地图符号的动态生成模型(或称为词法模型)。

6.3.1 室内位置地图符号的结构化

1. 室内位置地图符号的描述层次

针对自然语言原理的地图符号研究早已有相关成果[140,153]。根据语言学原理[154]，借鉴地图符号的语法层次研究成果[155]，可以将室内位置地图符号看成由图形、语义和语法三个语言成分构成。图形和语义是地图符号语言成分的构成要素，任何符号都由这两个要素组成；图形和语义要素组合形成语言的语法单位，而地图符号由不同层次的语法单位和语法规则组织形成。

根据这一原理，可以进一步将室内位置地图符号系统的结构进行抽象，如图 6.12 所示[156]。在横向上可以将其区分为图形域和语义域，图形域关注的是视觉变量和标记(点、线、面、体)是如何由简到繁逐步构成符号的过程中所包含的图形组织和构图规律；语义域则关注地理要素概念的语义特征、符号层次的语义以及符号体系的语义描述模式和规律，例如，采用语义树结构进行组织[152]。对应语法层次，在纵向上，符号系统的结构可以区分为"图形变量→语素→符号→地图"，语法关注的是每一层次图形和语义相互映射的规则，以及利用下一层语法成分构建上一层语法成分的语法规则。图形和语义的相互映射保证了地图符号的视觉阅读和语义解释的一致性，同时语法层次保证了符号系统内在逻辑的体系性和规律性。

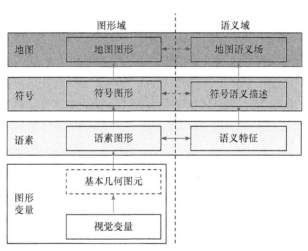

图 6.12 室内位置地图符号系统的构成及层次结构

2. 个体符号的结构化描述

在语法层次的基础上，主要探讨室内位置地图符号的个体层次的结构化描述。本书所持的是符号的语义内在逻辑观点，因此首先对符号的语义结构进行分析。以"土堆上的三角点"符号为例，该符号可以抽象为三个主要的语义特征：表示构成元素的⟨土堆⟩、⟨三角点⟩和表示两者关系的⟨…在…上⟩。图 6.13 给出了这一符号的语义结构与图形化表达示例。

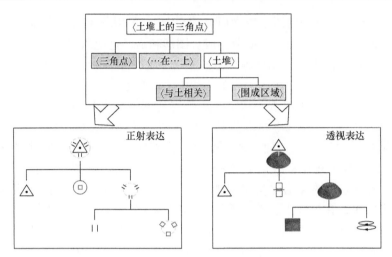

图 6.13　符号的语义结构与图形化表达示例

　　下面对这一语义结构进行图形化表达。选择二维环境下的正射表达情形和三维环境下的透视表达情形，图 6.13 给出了每一种表达环境下的语义特征对应的图形形式或图形结构。特别需要说明的是，在正射表达情况下，采用了"中心-边缘重复"的形态结构，以表示三角点在由土堆构成的平面之上；在透视表达情况下，采用上下形态结构，以表示静态居上的关系。

　　对图 6.13 的用例进行分析可以得出以下结论：①符号的语义结构可以分解为构成元素的语义特征，以及描述其相互之间关系的语义特征；②构成元素的语义特征可以用不同形式的图形进行表达，这取决于几何规律、认知规律和文化联想作用，这与空间信息的音位层规律保持一致；③关系语义特征可以用空间的形态结构进行表达，如上下结构、中心-边缘结构等，其选择取决于表达环境；④根据语义结构进行符号的图形表达，受表达环境的约束，如图形环境、视点位置等，这一问题本质上隶属于语用范畴。

　　上述结论构成了个体层次的符号结构化的描述因子，可以用一个四元组表示：

$$symbol = \langle context, semistruct, morpheme, structure \rangle$$

式中，context 表示上下文环境；semistruct 表示语义描述结构；构成元素的语义表达为符素 morpheme；关系语义特征表达为形态结构 structure，且两者受上下文环境和语义描述结构的约束。

　　3. 符号系统的结构

　　符号系统是根据符号所表征的地理概念之间的关系进行组织的。考察国家基本比例尺地形图符号标准[157]，或是如军队标图使用的队标或队员等专题符号的标准，不难发现它们均按照一定的分类分级方式进行组织，可以将其内在的组织逻辑概括为一种树状的语义组织结构，如图 6.14 所示。如此，根据不同地理概念类别划分的粒度，语义树的各个节点表达相应类别的符号概念，可以是一个具体的地理要素，如〈土堆上的三角点〉，也可以是代表一类地物的抽象概念，如〈测量控制点〉。

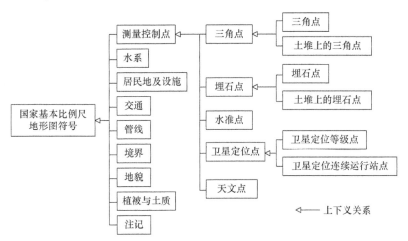

图 6.14　按照树状语义组织结构的符号系统示例

　　室内位置地图的符号系统，组织模式上也是按照树状语义结构进行。从符号的语义关系角度，符号系统以"上下义"关系为主(个体符号以"部分-整体"关系为主)，构成了一个符号的层次组织结构。需要说明的是：首先，室内位置地图符号系统是一个表达领域特定信息的符号系统，不同领域的结构组织不尽相同。其次，室内位置地图符号系统具有动态特征，即不但可以事先规定好符号的组织结构，还可以根据符号应用目的实时构建新的符号，符号系统随着实际需要可以自动扩展。这一点也是室内位置地图符号系统与传统地图符号系统之间的最大区别，即遇到符号库中没有静态记录的符号时，可以根据输入的语义信息实时计算得到，且新计算的符号能通过语义树进行统一组织。

6.3.2　词法模型的数学建模

　　室内位置地图符号的生成具有典型的实时动态特征。如何在移动与使用过程中实现符号的动态生成，成为继室内位置地图符号结构化描述之后的另一关键问题。本书主要采用形式语言[158]的方法进行符号结构化描述。

　　在符号结构化描述的基础上，可以进一步建立室内位置地图符号生成的语法模型。例如，根据用例中的〈土堆上的三角点〉符号，可以抽象得到图 6.15 所示的一般描述结构，表述为"构成材料 + 构成规则"的最简形式。构成材料是指组构符号的材料和元素，包括符素和形态结构，如用例中符素(△、‖)和形态结构(⊙、⋰)。构成规则指表示材料构造为更高级词法成分的组合规则，如部件 = 符素 + 形态结构 + 符素、符号 = 符素 + 形态结构 + 部件、符号 = 部件 + 形态结构 + 部件等。其中，部件(component)是构成符号的中间形态，如用例中的⋰。

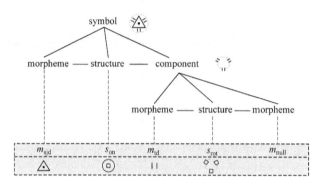

图 6.15　室内位置地图符号结构的抽象描述

Chomsky 将自然语言形式模型归纳为四种文法层次，即 0 型、1 型、2 型和 3 型，且每一种文法都是前一种文法的特化[127]。编译原理[159]中，3 型文法称为正则文法，常以一种静态的、说明的方式定义词法结构，适合于词法分析。2 型文法又称为上下文无关语法(context free grammar，CFG[160])，其典型的特征在于递归，使得其较适用于语法构建。根据 CFG 原理，可以用一个四元组描述室内位置地图符号的词法模型：

$$G_S = (V_R, V_M, S, R)$$

式中：

① $V_R = \{r_1, r_2, \cdots, r_n\}$ 为符号生成过程中的构成规则集，其中 n 为规则的数量，r_i $(i = 1, 2, \cdots, n)$ 为构成规则。V_R 中元素不能处于生成过程的终点。

② $V_M = \{m_1, m_2, \cdots, m_k\}$ 为符号生成过程使用的构成材料集，其中，k 为材料的数量，m_i $(i = 1, 2, \cdots, k)$ 具体指符素或形态结构。V_M 中元素只能处于生成过程的终点。

③ S 为语法生成的起点，可以取 V_R 集合中的不同规则并作为初始规则。

④ R 为规则的重写形式，其一般形式为

$$A \rightarrow \omega$$

式中，$A \in V_R$ 且 $A \neq \varnothing$，即 A 必须是 V_R 集合中的某一规则；ω 为规则的重写结果。

图 6.15 的符号抽象描述可以用数学模型表示，如算法 6.4 所示。

算法 6.4　室内位置地图符号的四元数学模型组描述示例

$G_S = (V_R, V_M, S, R)$

$V_R = \{\texttt{symbol,component,morpheme,structure}\}$

$V_M = \{m_{\mathrm{sjd}}, m_{\mathrm{td}}, m_{\mathrm{null}}, s_{\mathrm{on}}, s_{\mathrm{rot}}\}$

$S = \texttt{symbol}$

$R:$

$\texttt{symbol} ? \texttt{morpheme} + \texttt{structure} + \texttt{morpheme}$

$\texttt{component} \rightarrow \texttt{morpheme} + \texttt{structure} + \texttt{morpheme}$

$\texttt{morpheme} \rightarrow \{m_{\mathrm{sjd}}, m_{\mathrm{td}}, m_{\mathrm{null}}, \cdots\}$

$\texttt{structure} \rightarrow \{s_{\mathrm{on}}, s_{\mathrm{rot}}, \cdots\}$

6.3.3　构词材料和词法规则

1. 符素和形态结构

1) 制图字母

制图字母是构成符素和制图词汇的最基本单位，可以看成英语语言的"字母表"，或者汉语语言的"笔画表"。在符号表达层面上，地图符号被看成视觉变量控制下的几何元素构成[140]。本书认为这些基本几何元素就构成了制图字母的内容，它们都是纯视觉或纯几何的(可概括地认为是纯语音的成素)，是进一步构成符号语素(符素)的基本材料。制图字母是地图符号表达的最小物理单位，其区别特征是视觉变量。注意：制图字母的一个重要特征是其自身并没有意义，即制图字母与语义没有关联性。

本书基于视觉变量理论，对室内位置地图符号进行了构图层面的分析，参照文献[161]的词素思想，建立了室内位置地图符号的制图字母系统，主要包括位置、形状、尺寸、方向、纹理、色彩六大类，如表 6.4 所示。

表 6.4　室内位置地图符号的制图字母系统

类型	字母
位置类	定位点
	定位线
	边界定位线
形状类	点
	直线段

类型	字母
形状类	弧线段
	空白空间
尺寸类	大小
	粗细
	长短
	分割比例
方向类	方向向量
纹理类	排列
	密度
色彩类	色相
	纯度
	亮度

2) 符素

在语言学研究中，直到本世纪初西方学术界才充分认识了作为语法单位的语素，继而恰当地处理了形态学的词的结构[162]，因此语素在词的形态学研究中具有重要意义。符素是图形和语义特征相结合的最小单位，是图形和语义相互映射的桥梁。

对符素的解释可归纳如下：①符素是图形形式和语义概念相结合的最小单位，即语法系统中的最小单位，不可以再分解。②区别于基本几何图元或视觉变量，符素是有语义概念的；区别于符号，符素不可以独立地用于句法表达。③符素有自由符素和黏着符素之分：构成符号可以单独出现在地图上的，称为自由符素，此时自由符素已经具化为符号；不能独立构成符号，或者构成符号但不能独立出现的，称为黏着符素。④符素的价值在于其保持了符号的语法结构与语义结构之间的一致性，不仅有利于计算机通过编译计算得到符号，还能显著地提高符号的认知效果。

表 6.5 是本书对系列比例尺地图符号进行解构抽取得到的符素示例(部分)，涵盖了点、线、面状符号中使用的常见符素。彭克曼[163]以军标为对象进行了符素设计和抽取研究。

表 6.5　对系列比例尺地图符号进行解构抽取得到的符素示例(见彩图)

自由符素		黏着符素	
△、⊗、☆	<三角点>、<水准点>、<天文点>	形非☆	<土堆>
𝖷、𝖷	<矿井>、<废弃矿井>	▬	<地面>
⚘	<风车>	⌇	<电>
◗	<石油>或<油库>	⊼	<观测>或<测量>
≡	<沼泽>	⟩—⟩	<气象>
⌐	<贝类>	▬■▬	<铁路>、<轻轨>
▨	<湖泊>或<河流>	⊢—⊸—	<电线>、<管道>
♧、⼂、⽊	<阔叶>、<棕榈>、<针叶>	⊢—⊣ ⊦	<国界>、<省界>
⸂	<泉>	▲▲ ⫴	<石块>、<盐碱>
⊥、⊤、+	<明礁>、<暗礁>、<干出礁>	⍳、↓、III	<草>、<稻>、<高草>

3) 形态结构与结构谓词

形态结构反映的是符素组合为符号的结构模式，是空间关系作为各级无语义的、同义的或上下义的语言单位之间的组合约束[140]。关于形态结构的重要性，可以用表 6.6 中的用例来表述。第一，形态结构是必须考虑的。倘若不考虑符素语义间关系的表达，就无法正确处理符素图形间的图上相对位置和关系。例如，对于语义关系〈…在…上〉，用例中分别使用了二维环境下的中心边缘结构(◎)和三维环境下的上下结构(⊟)组织符号的图形。第二，形态结构是有序的。例如，"A 在 B 上"使用上下结构(⊟)，其组织关系必须是 $\frac{A}{B}$ 而不能是 $\frac{B}{A}$，其深层次的原因涉及人的空间认知机理的理解。认知语言学中采用意向图式理论来解释语言学词法中的形态结构[164]，可以借鉴这一方法。

室内位置地图符号形态结构基本类型描述了各结构与语义的关联关系。表 6.6 中，符号的基本形态结构共有独立、旋转重复、中心边缘重复、向量平行重复、对称重复、规则或线性重复、随机或非线性重复 7 大类。表 6.6 归纳了每一类形态结构和参数描述、能够表征的语义类型、实例，涵盖了点、线、面状符号中常见的形态结构。

表 6.6　地图符号进行解构抽取得到的形态结构

类型	结构描述(参数)	语义类型	实例(部分结构用虚线强调)
独立	定位点 p	默认、核心、空间位置	
旋转重复	定位点 p、半径 r、数量 n	环绕、辅助、范围、区域	
中心边缘重复	定位点 p、层数 n、层半径 r	扩展、发散、收缩	
向量平行重复	起点 p_s、终点 p_e、重复数 n、间距 l	趋势、排列、方向	
对称重复	中心点 p、方向 d	对称	
规则或线性重复	x 间距 l、y 间距 v、类型 t、方向 d	填充、构面	
随机或非线性重复	类型 t、密度 ρ	散乱、分布	

这些形态结构可以在模型坐标系下通过特定的参数设置，构成结构谓词，用于在词法生成过程中控制符素组合构造形成符号。用例中(⊙)可以用中心边缘结构表示为谓词 $S\_ON(p = (0,0), n = 1, r = 0.5)$，(⋄)可以用旋转结构表示为谓词 $S\_ROT(p = (0,0), r = 0.3, n = 3)$。将符号的形态结构与符号语义关系相关联，实现了符号的构造与符号语义描述结构的统一。

2. 词法构成规则的描述

与上下文无关语法等价的 BNF 描述形式具有简洁清楚、易于阅读、容易理解等特征，常作为计算机语言语法描述的元语言，因此可采用 BNF 对语法规则的重写形式 $A \rightarrow \omega$ 进行描述。符号生成能力的强弱取决于语法描述的范围，本书的描述范围限定于符号结构化描述四元组。根据数学模型 G_S，室内位置地图符号生成语法规则的 BNF 描述如表 6.7 所示。

表 6.7　室内位置地图符号生成语法规则的 BNF 描述

表 6.7　室内位置地图符号生成语法规则的 BNF 描述

BNF 规则	规则解释
⟨dynamic_symbol⟩::=⟨sbl_dec_list⟩[⟨context_dec⟩] ⟨context_dec⟩::=STRING_LITERAL	符号重写为符号列表和上下文描述
⟨sbl_dec_list⟩::=⟨sbl_dec⟩ 　　　　　|⟨sbl_dec_list⟩','⟨sbl_dec⟩	符号描述列表
⟨sbl_dec⟩::=SYMBOL [⟨sbl_name⟩⟨sbl_id⟩] 　　　　'('⟨comp_dec⟩⟨struct_pred⟩⟨comp_dec⟩')' ⟨sbl_name⟩ ::= STRING_LITERAL ⟨sbl_id⟩::=INT_LITERAL	符号描述为部件 + 结构谓词 + 部件，符号 ID 和符号名称
⟨comp_dec⟩::=⟨sbl_morph⟩ 　　　　|⟨comp_dec⟩⟨struct_pred⟩⟨comp_dec⟩ 　　　　|⟨sbl_morph⟩⟨struct_pred⟩⟨sbl_morph⟩	部件描述为符素，部件 + 结构谓词 + 部件、符素 + 结构谓词 + 符素
⟨sbl_morph⟩::=STRING_LITERAL ⟨struct_pred⟩ ::= S_ON|S_ROT|...	符素 结构谓词列表

注：表中大写字符串为词法分析关键词。

表 6.7 中，部件的重写规则⟨comp_dec⟩，可以重写为"部件 + 结构谓词 + 部件"的形式，而这是一种典型的递归迭代的形式。因此，理论上句法规则可以描述树深度为 $N(1,2,\cdots,\infty)$ 的地图符号语法结构。

6.4　基于 OpenGL 渲染引擎的地图快速绘制

在室内位置地图显示方面，其具有多级缩放、无缝显示、动态载负量调整等优点[165]。地图符号化的质量和室内位置地图绘制速度是制图追求的两个目标[43]。目前，地图符号化的质量基本能满足各类用户群体的需求，但是室内位置地图绘制速度的问题却一直影响地图用户的用图感受，特别是在大范围，涉及大量不同尺度、多种来源数据时，系统响应用户操作的迟滞时间较长，导致用户因等待而产生焦躁和不满意，难以给地图用户带来较为流畅的操作体验，从而降低了室内位置地图与用户适人化的交互操作效果。此外，现已进入了 Web 地图的时代，地图数据需要异地实时的传输和显示，而且在应用中往往需要加载各类专题数据，因此更需要考虑基于网络环境提高位置地图绘制速度的问题。很多学者提出了各种方法，归纳起来主要是对地图进行分块、分层处理并建立高效的索引模型，通过减少显示区域内的地图数据量和提高索引速度达到提高位置地图显示效率的目的。

目前，在三维虚拟地理环境普遍采用具有图形加速功能的三维图形接口及其技术对场景进行渲染，渲染平均帧数基本达到了用户实时操作的要求，因而它在给用户带来更符合人类视觉特点的直观三维场景的同时也带来了更加快速流畅的操作。因此，本书研究了利用三维接口开放图形库(open graphics library，OpenGL)来实现地图数据的符号化和多幅地图数据的快速组织和调度策略。

6.4.1　利用 OpenGL 绘制地图的方法

OpenGL 是一种独立于硬件的具有图形绘制功能的流线型接口，它能够利用硬件加速的方法实现对图元的绘制，从而实现更高性能的图形绘制。与图形设备接口(graphics device interface，GDI)一样，OpenGL 也可以处理二维的点、线、面等图元。利用 GDI 和 OpenGL 同时对二维图元进行绘制，当图元数量较少时，它们的绘制速度差距不大，但是在图元数量较大并且大都是静态图元时，利用显示列表技术、纹理映射技术、顶点数据技术的 OpenGL 渲染速度要远快于GDI。此外，OpenGL 的渲染方法是与系统无关的，可扩展性强，因此本书利用OpenGL 实现的地图要素符号化模块可以移植到其他操作系统。

根据空间几何特征可以将地物分为点状要素、线状要素和面状要素[166]。本书利用 OpenGL 相关技术针对不同要素设计了不同的绘制方法。

1. 点状要素的符号化

点状要素符号一般可分为简单符号和复杂符号。简单符号图元的绘制比较简单，在利用 OpenGL 绘图函数直接绘制点、圆、三角形等基本图元的基础上，通过对基本图元的组合就可完成点状要素的符号化，如村庄、县级行政等。对于比较复杂的符号，可以利用基于纹理映射的方法。该方法首先将点状符号预先处理成符号纹理，然后在点状要素的位置上构造一个多边形面元，最后将符号纹理映射到点状要素所在位置的多边形面元上。

以室内 ATM 符号为例(图 6.16)，其包含一个定位点 p ，这时需要依据这一个点计算出以该点为中心的矩形四个点 p_1、p_2、p_3、p_4。关键问题就是 d_x 和 d_y 这两个值的确定，它们的大小要根据它们在屏幕上占据距离的宽度与长度经过坐标转换变成空间坐标系中的值进行计算。采用 OpenGL 的透明纹理技术，对符号白底进行混合透明处理。对于带有方向的点状要素，只需在 OpenGL 根据两点计算出的偏转角进行旋转。

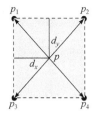

图 6.16　点状要素的符号化方法

对于基于纹理映射的点状要素符号化方法，还可以采用 OpenGL 提供的点块纹理技术进行优化。该技术支持通过绘制一个三维点，把一个二维纹理对象显示在屏幕上，而且具有自动调整视点与纹理的位置功能，不需要应用矩阵逻辑来维护，其所需要处理的数据也只为 4 个顶点的多边形的 1/4，因而可以大大提高点状纹理映射的效率。图 6.17 为利用该方法实现的部分点状要素符号化效果图。

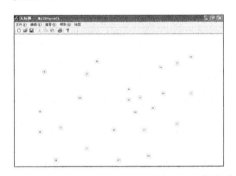
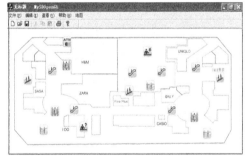

图 6.17　部分点状要素符号化效果图

2. 线状要素的符号化

线状要素的符号化配置本质上是一种伦移变换[167]。因此，线状要素的符号化配置可以通过伦移变换的原理构建线状符号单元与线状要素实体间配置的函数关系，使得线状符号单元在线状要素定位线上进行正确的配置。针对线状要素的符号化采用两种方式进行绘制：一种是针对简单的线状符号，如小路、大车路、乡路等，直接利用 OpenGL 函数进行绘制，通过对线划的宽度、颜色、样式等的设置表示不同线状要素。另一种是如铁路等较为复杂的线状要素符号，利用纹理循环配置的方法进行绘制(图 6.18)。该方法以线状要素本身的定位线为基准，将线状要素扩展成一定宽度的闭合多边形，在该多边形上循环映射不同的线状符号图元组合来表示不同的线状要素。本书采用平行线推移算法实现以线状要素坐标点连线为定位线的多边形生成。

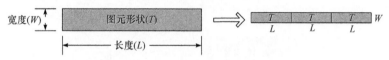

图 6.18　复杂线状要素抽象表达模型

如图 6.19(a)所示，假设折线 ABC 的三个点坐标分别为 (x_A,y_A)、(x_B,y_B)、(x_C,y_C)，对其向上平移距离 t，得到其平行推移后的折线为 GB_1E，以 B 点为中心建立直角坐标系，设线段 CB 与 x 正轴的夹角为 α，线段 AB 的延长线与 x 负轴的夹角为 β，线段 B_1B 与线段 BC 的夹角为 θ，则有

$$\theta = \frac{180° - \alpha - \beta}{2}, \quad d = \frac{t}{\sin\theta} \tag{6.7}$$

$$\alpha = \arctan\left(\frac{y_C - y_B}{x_C - x_B}\right) \tag{6.8}$$

$$\beta = \arctan\left(\frac{y_B - y_A}{x_B - x_A}\right) \tag{6.9}$$

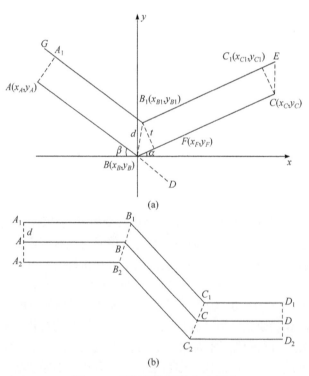

图 6.19　平行线推移算法示意图

根据其几何关系推理可推算出

$$x_{B1} = x_B + d\cos(\alpha + \theta) \tag{6.10}$$

$$y_{B1} = y_B + d\sin(\alpha + \theta) \tag{6.11}$$

若 C 点为线段的最后一个点，则其平行推移后 C_1 点位置坐标的计算公式为

$$x_{C1} = x_C + t\left(\frac{\cos(\alpha + \theta)}{\sin\theta} - \frac{\cos\alpha}{\tan\theta}\right) \tag{6.12}$$

$$y_{C1} = y_C + t\left(\frac{\sin(\alpha + \theta)}{\sin\theta} - \frac{\sin\alpha}{\tan\theta}\right) \tag{6.13}$$

在以上的论述中，参数 t 值可以为正，也可以为负。t 值的正负可决定平行推移出的平行线是在定位线的左侧还是右侧，推移距离 t 需要根据地图比例尺和屏幕分辨率等的不同，设定相应值以控制线的宽度。

如图 6.19(b)所示，线段 $ABCD$ 为线状要素的定位线，根据平行线推移算法，分别向两侧推移垂直距离 t，得到了其左右两侧的平行线，再将线段 $A_1B_1C_1D_1$ 和线段 $A_2B_2C_2D_2$ 两端进行闭合，就得到了一个多边形，最后将相应的符号纹理映射到多边形上。考虑到线状符号在拐角处易产生严重变形以及出现断裂、基本图元自相交等问题[168]，本书采用符号自适应性及双仿射变换方法进行解决[169]。

对于铁路这样的要素，只需要将单位纹理符号按照配置规则在平行四边形里循环贴图，但是对于电力线这样的线状要素还需要使用透明纹理技术，将单位符号纹理中符号以外的像素进行透明纹理处理。图 6.20 是对部分线状要素的绘制效果。

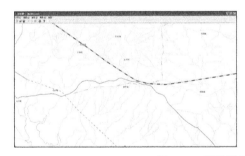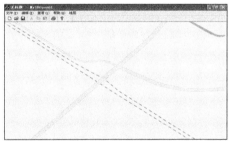

图 6.20　部分线状要素的绘制效果

3. 面状要素的符号化

面状符号一般由边界线和填充图形构成，其边界轮廓线可利用线状要素符号化方法进行处理，填充图形可以用晕线、点状符号、位图等来描述[170]。在面域内填充底色及符号时，若该面域的多边形是复杂多边形，则需要对该多边形进行剖分处理。OpenGL 只能直接操作凸多边形，如果需要处理凹多边形、中间带孔的多边形或具有相交边的多边形，那么需要将不规则的多边形剖分成简单的三角

形。图 6.21 给出了复杂多边形的一种分解剖分方案，剖分完成的多边形可直接进行纹理映射以完成面状要素的符号化。

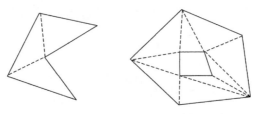

图 6.21　复杂多边形的剖分

对不规则多边形进行剖分的方法有很多种，本书使用的是基于 Delaunay 法则带约束的递归生长算法，剖分后相邻的 Delaunay 三角形互不重叠，各三角形的外接圆也不包含其他三角形中的点，其剖分流程如图 6.22 所示。

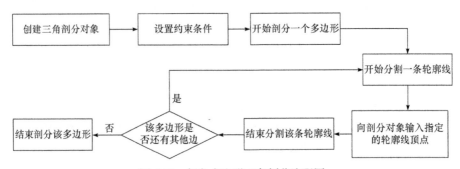

图 6.22　复杂多边形三角剖分流程图

对于颜色填充的方式，只需要对剖分的三角形进行颜色填充。对于面域内部需要填充点状符号或晕线的面状要素，一方面要计算纹理坐标，另一方面要根据显示比例控制面域内点状符号的循环次数。图 6.23 为面状要素三角剖分图，图 6.24 为利用以上方法实现的面状要素符号化效果图。

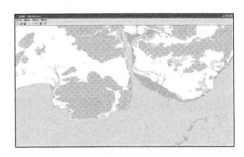

图 6.23　面状要素三角剖分图　　　　图 6.24　面状要素符号化效果图

6.4.2　基于内存池技术的数据文件缓存机制

地图涉及的数据量大，因此需要设计合理高效的调度机制，本书提出采用基于内存池技术的数据文件缓存机制，并根据视点位置和视域的大小制定相应的数据调度规则，实现地图数据的快速调度。

视点的快速变化，需要系统能够及时快速地根据当前视点的位置和显示范围将相关比例尺的地图数据进行预处理并更新到内存中，进行可视化表达。以漫游操作为例，按照一般的内存管理方式，视点位置的变化必然要求窗口中显示的地图数据及时更新，这就需要计算机不断分配和释放内存。如果有新的数据需要加载，那么向系统发出一次内存申请，并将不在视域范围内的数据进行释放。因此，视点的不断变化必然导致计算机内存碎片大量增加，影响系统的运行效率，为改善这种情况，需要根据地图数据量的大小，预先分配合适大小的内存缓冲区，并对缓冲区构建唯一的索引表。为了管理方便，将地图分块编号作为页面索引值，采用四叉树索引方式，建立其与地图数据的映射关系。当有地图数据申请载入时，首先通过索引表判定该块数据是否已经存在于内存池中，然后决定是否在内存池中开辟空间。一旦内存池中地图数据超过其预定大小，就需要通过规则和算法将相应的页面数据置换出去。考虑到地图数据组织的方便，本书采用基于视点相关性的老化页面置换算法。具体来讲，就是构建地图数据块与视点位置的相关系数，并设置一个计时器对各页面数据的重要性进行记录，当内存池中的页面数据需要被置换时，将内存池中计时最长的页面置换出去。内存分配和释放的主要流程如图 6.25 所示。

6.4.3　基于视点相关的地图数据实时调度

在基于视点相关的地图数据实时调度中，本书提出利用共享显示列表的多线程数据调度方法，首先创建主线程和后台线程。主线程负责响应用户的操作、与视点相关地图分块编号的计算；后台线程负责对内存池数据进行处理。两者通过共享显示列表的方式实现通信。

如图 6.26 所示，根据当前视点的位置信息及当前比例尺地图数据的经差和纬差可计算当前地图周围的 8 幅地图分块编号，将全部分块编号存入数据容器 V_1 中，这时需对 V_1 进行一次预读取判断，以此来确定 V_1 中存储的地图数据哪些图幅块是存在于地图数据库中的，进而将存在的分块编号存入容器 V_2 中。

V_2 中一旦有了新数据，后台线程便启动，若满足以下两个条件则立即对 V_2 中数据进行处理。

条件 1：后台线程监测出新地图数据，即将 V_2 中存放的分块编号与内存池中地图数据分块编号进行比对，实现对新加入数据的实时检测。

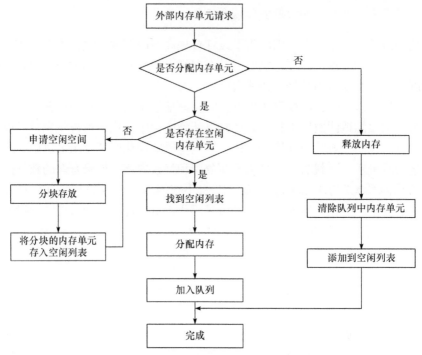

图 6.25 内存分配和释放的主要流程

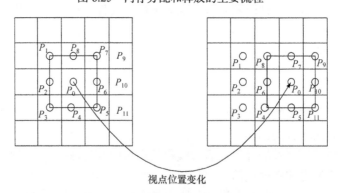

视点位置变化

图 6.26 与视点相关的图幅块调度

条件 2：后台线程中的上一任务已经完成，也就是说这时的后台线程是空闲的。这样规定的目的是控制主线程与后台线程的同步。

当后台监控线程还在进行上一个任务时，包含新图幅块的 V_2 又被后台线程监控到，这时也不会对 V_2 中的数据进行处理。当图中的视点由 P_0 点漫游到 P_6 点时，V_2 中的图幅块将是 P_0、$P_4 \sim P_{11}$ 点所在的图幅块。当后台线程对 V_2 进行处理时，首先将其与内存池中数据的分块编号进行匹配，对内存池中不存在的新图幅数据进行处理，最后将其加载到内存池。基于共享显示列表的多线程数据调度流程如图 6.27 所示。

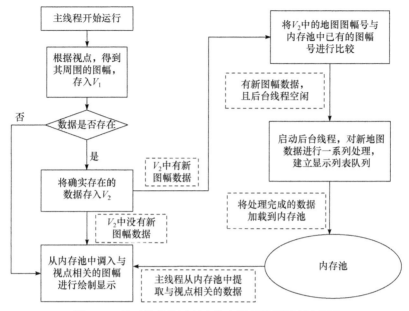

图 6.27　基于共享显示列表的多线程数据调度流程图

第 7 章　基于知识的室内位置地图制图服务

基于知识的室内位置地图制图服务不仅能够对当前用户信息、位置信息、时间信息、事件信息以及其他相关信息进行关联、集成和融合表达，还能实现快速制图，即实现基于网络环境的多模态、多情境模式室内位置地图的实时制作、发布与信息服务。本章阐述基于知识的室内位置地图制图知识获取、知识表达与知识库构建方法。在此基础上，建立基于知识的室内位置地图制图服务系统，并给出机场和商场制图服务应用案例，为基于知识的室内位置地图制图服务平台设计和应用提供参考。

7.1　室内位置地图制图知识获取

知识获取是实现系统智能化的重要步骤，其最主要的任务是将专家对领域内相关问题的认识、理解或是对已总结的知识进行抽取、汇集、分类和组织，并进行形式化描述。

7.1.1　室内位置地图制图知识类型及获取过程

1. 室内位置地图制图知识类型

对知识进行分类的目的是能够使知识使用者对知识有一个更全面、系统、深入的了解和把握，合理的知识分类有助于知识的获取、管理和检索。目前，主要从知识的确定程度、知识所产生和应用的范围、知识所产生的作用、知识的层次、知识的含义、人工智能中知识划分角度对知识进行分类，相关分类方式如表 7.1 所示。

表 7.1　知识分类

知识分类依据	知识类型	分析说明
知识的确定程度	确定性知识(精确性知识)和不确定性知识(模糊性知识)	知识的确定性主要是指客观实体对象属性、状态或过程是否发生变化，是否能够为人们所完整认识；确定性知识描述的是那些可以以真假来明确的知识，不确定性知识则是存在概率可能的模糊知识
知识所产生和应用的范围	通用知识和领域专门知识	通用知识包括领域问题求解有关的定义、事实和各种理论方法，大多已为领域内专业人员一致认可并接受；领域专门知识则是一般难以找到的知识，是凭经验获取的启发性知识，如一个专家对所从事领域的专业知识

续表

知识分类依据	知识类型	分析说明
知识所产生的作用	静态知识和动态知识	静态知识主要指对象性知识,是关于问题领域内事物的事实、关系等,包括事物概念、分类以及描述;动态知识是关于问题求解的知识,它通常指一个过程,说明怎样操作已有的数据和静态知识以达到问题求解
知识的层次	零级知识、一级知识和二级知识	零级知识主要是常识性知识和原理性知识,是关于问题领域的事实、定理、方程、对象和操作等;一级知识是经验性知识;二级知识是运用前两种知识的知识
知识的含义	事实、规则、规律、推理方法	事实是对客观事物属性值的描述;规则是可分解为条件和结论两部分的能表达因果关系的知识;规律是事物之间的内在必然联系;推理方法是一种重要的知识,可以从已知的知识推出新知识
人工智能中知识划分	事实型知识、规则型知识、控制型知识、元知识	事实型知识主要表示对象及概念的特征和相互关系,以及问题求解状况,它是有关问题环境的事实知识;规则型知识表示与受控系统有关的专家经验和专门领域等推理性知识;控制型知识是对问题求解的控制策略知识,是推理的核心;元知识是知识的知识

根据室内位置地图制图的特点和要求,参考人工智能领域的知识分类方法[171],将室内位置地图制图知识分为四类,如图 7.1 所示。下面重点对室内位置地图的事实型知识、规则型知识和控制型知识进行说明。

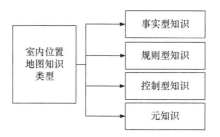

图 7.1　室内位置地图知识类型分类

1) 室内位置地图事实型知识

室内位置地图事实型知识主要包括用户、设备、系统、环境要素、地图要素、界面设计、多媒体等方面的描述性知识。其中,用户属性知识又分为用户特征知识、偏好知识及活动知识,这些知识大多采用人机结合的方式获得,通常在用户首次进入系统时,用户通过手动输入或界面选择的方式给系统提供个人特征数据。客观环境知识主要指与用户当前位置相关的环境信息,这种信息一般通过传感器主动获取得到,例如使用 GPS 定位设施掌握地理方位、利用光传感设备掌握光线明暗情况、利用声音传感设备掌握噪声情况等。用户使用设备的知识主要采用半自动化方法来获得。现阶段,已存在诸多系统和渠道可以自动掌握用户终端的设备信息和附件属性等，如设备的种类、规模、屏幕分辨率、色位及语言设定等，并且能够利用程序来调整特定用户终端设施的部分参数，如调整屏幕分辨率等。部分系统的特性不能自行监测和获取，需用户手动输入系统信息。地图制图中要素方面的事实型知识，均通过特定的数据结构和参数进行描述，如注记大小、字体、样式、颜色等都是通过一定参数描述的，这些参数来源于制图规范、领域专家的经验、相关资料以及公认的习惯等，另外，过去成熟的制图方法和系统中也含有大量实用的事实型知识。

2) 室内位置地图规则型知识

规则型知识主要描述的是实体对象、客观事件与行为(操作)之间的逻辑关系。规则型知识主要由先决条件和结果这两个要素构成，其中先决条件是触发结果发生的前提，当条件中的属性参数、状态参数等达到或超过预先设定的临界值时，触发相应的结果，结果是在先决条件满足或发生的情况下产生的。室内位置地图规则型知识又可以分为客观事实规则型知识和行为规则型知识。客观事实规则型知识主要是在某一特定条件下，存在某种客观事实状态或情况；行为规则型知识是在一定条件下，触发某种行为开始执行。两者的区别主要是在条件发生情况下，产生结果的方式不同。室内位置地图中规则型知识可以进行如下的形式化描述：

室内位置地图规则型知识::={〈客观事实规则型知识〉|〈行为规则型知识〉}

〈客观事实规则型知识〉::=〈先决条件〉〈地理空间对象实体〉

〈行为规则型知识〉::=〈先决条件〉〈行为操作〉

规则型知识和控制型知识具有一定的差异性，即规则型知识侧重判断对象在先决条件成立的情况下应该出现某种情况或发生某种行为，而控制型知识则不一定要在先决条件发生的状况下才发生某种行为。此外，规则型知识强调的是因果，并不关注出现情况或发生行为的具体过程，而控制型知识强调的则是如何去实施具体的处理过程。在室内位置地图中，规则型知识决定了用户在某一情境下活动时系统该选取何种要素进行表达，以及要素以何种方式进行表达等。

规则型知识普遍存在于地图制图过程的各个环节，它的获取主要是通过对地图制图的相关文档记录、专业制图人员总结的经验以及经过相关实验进行分析、筛选、验证获得。无论是在纸质地图制图中还是在电子地图制图中，目前都已经积累了大量的制图规则知识，如符号的设计规则、图面布局规则、配色规则、认知规则、注记配置规则等知识。由于室内位置地图是在传统地图和电子地图的基础上发展起来的，它们在制图过程中有诸多共同的需求，因此已有的这些规则知识大多适用于室内位置地图制图。

室内位置地图服务的特点就是紧紧围绕用户当前位置所处的环境，将与当前位置相关联、用户感兴趣、对用户当前活动有影响的信息主动推送给用户，而要厘清室内位置地图在当前位置应该为用户提供什么样的信息以及这些信息该以何种方式进行表达，需要对用户所处的情境进行更深层次的分析，并对其中的规则知识进行获取。

3) 室内位置地图控制型知识

地图制图控制型知识是完成特定地图制图功能、确保各环节流程按计划执行所需的知识，它包括制图中的过程性控制、制图控制、模型推理控制、流程控制等方面的知识。室内位置地图制图控制型知识主要由下述部分构成：一是控制主体，即控制活动的主体对象，它又包含主体对象的自身特征状态以及主体对象相关的活动；二是任务，即控制活动需要实现的目的，该目的指控制主体自身特征状态改变的期望，或是被控实体的特定活动过程能否运行；三是约束，即控制活动开展过程中必须要考虑的先决条件；四是行为，即控制活动开展的详细操作；五是策略，即控制主体或过程执行中的方法。通过对控制知识结构组成的分析，可以将控制型知识结构中的元素分为主体对象状态或过程运行状况、输入条件、运行流程、反馈信息以及最终输出。

2. 室内位置地图制图知识获取过程

如图 7.2 所示，知识获取是一个从客观世界知识向计算机能够识别和理解的知识进行转换的过程，获取的知识通过筛选、精炼和确定，最后汇入知识库中进行存储。

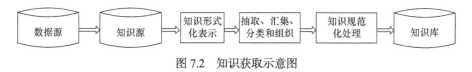

图 7.2　知识获取示意图

如图 7.3 所示，知识获取一般可分为以下过程[172]：①问题的确定，主要是确定问题的任务、目的、问题的分解、问题与问题之间的关系等；②问题概念化描述，主要是确定问题相关的概念、定义、规范；③问题的形式化描述；④知识的抽取以及测试和凝练。知识获取的主要任务则是对现有知识进行归纳、分析、组合，将其作为知识应用以及知识库自我学习的基础。对于知识库中存储的知识，需要进行一致性和完整性检查，以消除知识库中的冗余。

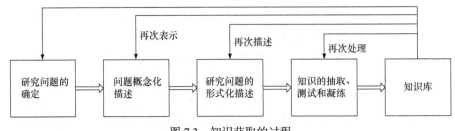

图 7.3　知识获取的过程

7.1.2　室内位置地图制图中事实型知识获取

1. 面向场景对象的事实型知识获取方法

室内位置地图制图与服务是一个动态的过程，它与用户当前位置的情境有着密切的关系。因此，室内位置地图服务中既有静态的事实型知识，也有动态的事实型知识，这就对事实型知识获取的方法模型提出了以下要求：一是能快速获取与当前制图需求相关的不同粒度的知识；二是事实型知识的获取过程能转换为形式化描述语句，以便提供给制图服务系统使用；三是对关联的不同粒度知识提取后，能对其进行快速的逻辑关系重组，使之成为能解决某一个具体问题的知识链路。

基于以上要求，本书提出采用面向场景对象的室内位置地图事实型知识获取方法，其核心思路是将室内位置地图制图的整个环节按照功能作用划分为若干个不同的子环节，各个子环节对应实现不同的功能，子环节又可根据自身功能和内在逻辑关系细分为不同层次的叶知识节点，子环节、不同层次知识节点以及节点间逻辑关系共同构成了一个场景对象。在一个场景对象中，一个子环节对应一个根知识节点，节点间的逻辑关系就构成了整个场景对象的知识链。通过知识链，具有特定功能的子环节就能与不同层次的知识节点产生逻辑对应关系。知识节点是一个知识的存储容器，容器内知识主要来自已有的领域知识、资料和成熟经验知识。该知识获取方法的一个显著优势是可以针对不同层次的场景对象获取不同粒度的制图相关事实型知识。图 7.4 是面向场景对象的事实型知识获取方法的框架示意图。

分析图 7.4 可知，在一个子环节的知识链片段中，从上至下 n 个层次的知识节点是按照其内部逻辑联系，对知识粒度不断细化的过程，尽管图中描述了 n 个层次知识节点，但是根知识节点有且仅有一个，不同层次的知识节点在知识链的关联作用下共同组成了树状结构的知识节点逻辑框架。根知识节点、各层次叶知识节点以及它们之间的知识链共同构成了一个子环节的知识场景对象。不同层次的知识节点对应填充着不同粒度的事实型知识，这样通过构建子环节的场景对象就能够实现对相关事实知识的相对完整的获取。需要说明的是，元知识是制图环节知识中无法继续细化的知识片段，为了方便检索，需参照知识节点间的逻辑关系同时结合制图设计方案来完成对元知识片段的分块存储。

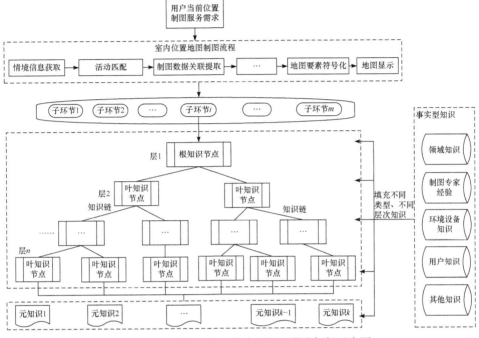

图 7.4　面向场景对象的事实型知识获取框架示意图

　　元知识片段中知识按照树状结构存放,并且按照一定逻辑关系进行排序,每一个叶知识节点都存在一个上层的父知识节点,同时也关联多个下一层的子知识节点,这样的存放方式有助于知识的快速查询、获取、应用。由知识的树状组织结构特点可知,框架中某个知识节点出现脱节或失误,都会给所有知识片段集合带来严重的影响,并直接降低该场景对象中相关片段知识的有效性。因此,在面向场景对象的知识获取方法中,需要重点考虑两方面的因素,一是结构设计要能确保整个知识链路逻辑上的完整性,二是要能够对上下层次的知识节点进行双向关联耦合。

　　知识节点的核心作用之一是承接上下知识节点,确保知识链条的完整性,因此在知识节点框架中需要设计相应的结构以满足该功能。知识节点的头部和尾部分别对应当前知识节点的父节点索引号以及下一层知识节点的索引号,当前知识节点的尾部与下一层知识节点的头部就组成了这两层知识节点间的知识链。知识节点的结构设计中还应该包含当前知识节点的名称、逻辑位置、功能介绍以及包含的模型,名称是对该知识节点的标识,逻辑位置是对该知识节点在整个场景对象中逻辑关系位置的描述,功能介绍是对该知识节点作用的描述。综上,这里设计了室内位置地图中知识节点的结构体:

```
Strcut KnowledgeNot {
    std::string  m_Chain_head,        //知识节点链头描述
    std::string  m_NotName,           //知识节点名称
    std::string  m_LogicPlace,        //知识节点所处逻辑位置
    std::string  m_NotFunction,       //知识节点功能描述
    Cmodel  m_model,                  //知识节点关联模型
    std::string  m_Chain_tail         //知识节点链尾描述
}
```

基于场景对象获取树状结构知识模型的步骤如下：①根据制图子环节的功能明确相对应的知识根节点；②参照节点间的内部逻辑联系，检索全部同该根节点有关的下层知识节点，以明确低一级粒度的知识节点，依据子环节功能作用完成对此类节点的选择，获得符合要求的低一级粒度的知识节点；③重复步骤②明确下一级粒度知识节点，反复操作直到确定叶知识节点，根知识节点至叶知识节点的逻辑关联就形成了知识链。参照知识链，利用知识段落、文件、实践经验等方式完成对所需节点的调整，对各项节点中的内容加以分隔和整理，便形成了基于该场景对象的事实型知识。在基于场景对象获得树状结构知识模型的过程中，从根节点至叶节点，节点的知识粒度慢慢变小，依照此次序，逐次从各个知识节点中提取同类型知识。

通过构建树状结构的场景对象获取事实型知识具有以下优点：①能充分利用树状结构良好的存储、组织和易于扩展的特性，实现对室内位置地图动态变化获取的事实型知识(如商场打折信息、通道状况信息等)的快速添加；②通过场景对象构建用户不同层次功能需求与不同层次知识的关联关系，有助于室内位置地图根据特定约束条件快速获取相应层次的知识；③通过场景对象不但能获取不同层次知识节点中的知识，还能获取不同知识节点间的知识链，有助于对所获取的不同层次的知识按照知识链进行逻辑组织，从而使所获取的完整知识集合具备解决用户需求的能力。

2. 面向场景对象的事实型知识获取模型构建

面向场景对象的室内位置地图事实型知识获取方法主要包括三部分：①确定制图子环节场景对象中各层次知识节点以及它们之间的逻辑关系，从而可以将一个子环节和不同层次知识节点按照它们的逻辑关系构建树状框架；②利用标准文档结构描述语言对场景对象的树状框架进行形式化描述；③利用已有的或实时获取的事实型知识按照知识本身粒度以及它们之间的逻辑关系对场景对象树状框架中的知识节点进行填充。因此，面向场景对象的室内位置地图事实型知识获取模型可分为三个子模型，它们分别是制图子环节方案确定模型、树状知识框架构建

模型以及知识节点内容添加模型。

　　室内位置地图的制图过程是实时动态的，因此制图子环节方案的确定需要对用户在当前位置的情境和服务需求进行全面分析。用户需求一般有直接目的任务需求(如"去机场登机")，以及为实现该需求而产生的辅助性需求(如"路线导航中的通道危险状况")。可见，子环节方案的确定是否正确直接影响最后制图服务的可用性和质量。因此，为了制定一个合理的制图子环节方案，需要将用户在当前位置的服务需求细分为不同层次知识节点的服务对象，并将各子环节按照逻辑关系进行严密推理和判定。

　　以室内位置地图制图环节中用户活动匹配为例，其子环节方案的确定如图 7.5 所示。用户在当前位置的需求可以细分为多个功能的子环节，因此在对需求进行分解时，需要对所有与根知识节点关联的叶知识节点进行一次遍历查询，将与用户需求相关的根知识节点以及叶知识节点查找出来。对于一个特定的根知识节点 P，它是实现某一项制图功能的模块，由一系列不同层次的叶知识节点构成，根据知识节点内部的逻辑关系，可以确定不同层次叶知识节点与元知识的

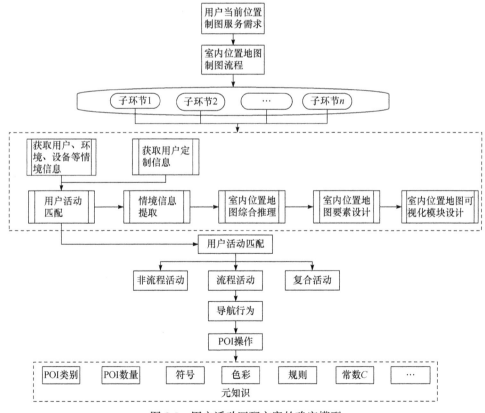

图 7.5　用户活动匹配方案的确定模型

关联关系。制图子环节方案的确定主要有三个步骤：第一步是将用户的服务需求按照制图功能模块进行子环节的搜索匹配，将关联的子环节提取出来；第二步是针对每一个子环节，按照该子环节的运行方式和逻辑关系进行叶节点知识的搜索匹配，并将所有关联的叶节点知识进行提取；第三步是构建不同层次知识节点的关联关系。

考虑到 XML 的优势，采用 XML 中的 Schema 对制图子环节中的各层次知识节点按照树状框架进行构建。构建的树状结构框架具有扩展性好、灵活易用、方便理解、结构层次描述准确清晰等特点，此外利用该 Schema 的视图能很好地展现模型的树状知识框架，使得烦琐、复杂的根知识节点、叶知识节点之间的关系变得清晰，基于 XML Schema 的树状结构框架获取模型如图 7.6 所示。

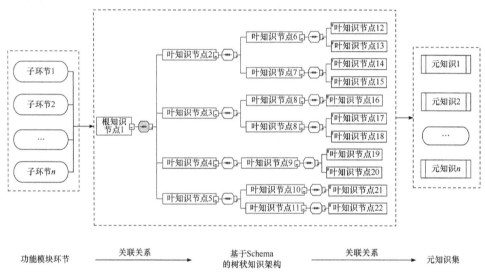

图 7.6　基于 XML Schema 的树状结构框架获取模型

在图 7.6 中，Schema 视图中显示的是根据子环节方案确定结果所构建的树状知识节点框架，通过 Schema 构建的知识节点框架模型能够实现对不同层次知识的快速检索、查找、提取和组合，从而为制图服务端的功能需求提供相关联的不同层次知识。在树状知识框架的使用中，知识获取是通过知识节点间的链快速关联实现的，因此若要成功获取知识，需要保证流程环节所关联的根知识节点和叶知识节点的存在。Schema 知识节点框架模型的末端是与元知识发生直接关系的末端叶知识节点，在树状知识框架构建模型中的元知识集的确定则是通过元知识自身的属性、与末端叶知识节点的逻辑关系等条件来确定的。构建基于Schema 的树状知识框架为功能应用需求与元知识之间搭建了桥梁，同时也为功能服务端获取不同粒度的元知识提供了一种可行的方式。

　　在完成树状结构框架的基础上，需要构建一个知识节点内容添加模型，以实现对各层次知识节点包含的内容进行不同粒度知识的添加。依据前面设计的知识节点结构，在知识节点内容添加中，主要是对知识节点中的链头、名称、逻辑位置、功能描述、关联模型、链尾等元素进行内容的添加。图 7.7 给出了对树状结

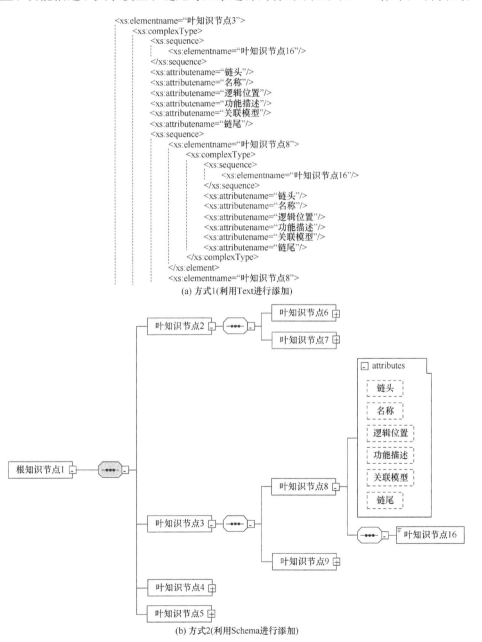

(a) 方式1(利用Text进行添加)

(b) 方式2(利用Schema进行添加)

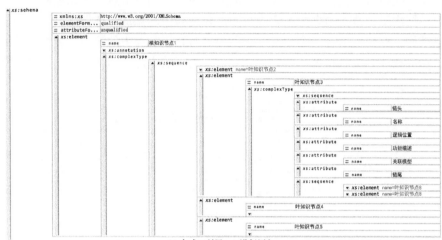

(c) 方式3(利用Grid进行添加)

图 7.7　知识节点内容添加的三种方式

构框架知识节点进行内容添加的三种方式，这三种方式都具有视图内结构关系清晰、添加内容操作界面可视的特点，能够方便、快捷地对元素进行内容添加。

7.1.3　室内位置地图制图中规则型知识获取

1. 基于情境层次模型的活动匹配规则型知识获取

基于情境层次模型，通过对用户活动整个匹配过程的分析、归纳和处理，可以获取活动中各层次的匹配规则型知识。

1) 活动匹配中规则型知识获取

活动匹配中规则型知识主要包括两种：一种是针对用户活动的判别规则型知识，该规则型知识主要是在获取用户特征、任务目的、时间、位置等情境信息的条件下，去判断用户的活动属于何种类型的活动；另一种是针对活动的分解规则型知识，在判别活动类型的基础上，将当前活动与情境模型库的活动模型进行比较与匹配，实现两者间的关联，从而将该活动分解为一系列行为。活动匹配规则描述如表 7.2 所示。

表 7.2　活动匹配规则描述

活动匹配规则	判断依据参数	形式化描述语句
S_ActivityMatchRule 顺序逻辑活动判断	用户的任务目标、当前位置、目标位置、行进速度、当前时间、预定到达时间	If User.Activity ＝＝ "S_Activity_DB" And RemainderTimeFun (Location.Now，Location.End，User.Speed，Time.Now，Time.End) < 0，Then ActivityNow.Type＝顺序逻辑活动 And ActivityNow.Name＝＝ "S_Activity_DB" And goto 活动分解

续表

活动匹配规则	判断依据参数	形式化描述语句
FS_ActivityMatchRule 非顺序逻辑活动判断	用户的任务目标、当前位置、目标位置、行进速度、当前时间、预定到达时间	If User.Activity ＝＝ "FS_Activity_DB" And RemainderTimeFun (Location.Now，Location.End，User.Speed，Time.Now，Time.End)>0，Then ActivityNow.Type＝非顺序逻辑活动 And ActivityNow.Name＝＝"FS_Activity_DB" And goto 活动分解
FH_ActivityMatchRule 复合活动判断	用户的任务目标、当前位置、目标位置、行进速度、当前时间、预定到达时间	If User.Activity＝＝"FH_Activity_DB" And RemainderTimeFun (Location.Now，Location.End，User.Speed，Time.Now，Time.End)>0 And ActivityNow.Name＝＝"FS_Activity_DB" 活动，Then ActivityNow.Type＝＝复合活动 And goto 活动分解
S_ActivityDisRule 顺序逻辑活动分解	与路线导航行为有关	If ActivityNow.Type＝＝顺序逻辑活动 And ActivityNow. Name＝＝ "S_Activity_DB"，Then ActivityNow.Navigation[i]＝ S_Activity_ DB.Navigation [i] And goto 行为匹配
FS_ActivityDisRule 非顺序逻辑活动分解	与位置定位、信息查询和识别筛选行为有关	If ActivityNow.Type＝＝非顺序逻辑活动 And ActivityNow. Name＝＝ "FS_Activity_DB"，Then ActivityNow.Position[i]＝＝ FS_Activity_ DB.Position[i] And ActivityNow.Query[i] ＝＝FS_Activity_DB. Query[i] And ActivityNow.Identification[i]＝＝ FS_Activity_DB. Identification[i] And goto 行为匹配
FH_ActivityDisRule 复合活动分解	与位置定位、路线导航、信息查询、识别筛选和实时信息监测行为有关	If ActivityNow.Type＝＝复合活动 And ActivityNow.Name＝＝ "FH_ Activity_DB"，Then ActivityNow.Position[i]＝＝ FH_Activity_DB. Position[i] And ActivityNow.Query[i]＝＝ FH_Activity_DB.Query[i] And ActivityNow.Identification[i]＝＝ FH_Activity_DB.Identification[i] And ActivityNow.Event[i]＝＝FH_Activity_DB.Event[i] And goto 行为匹配

注：S_Activity_DB 指顺序逻辑活动预设情境库；FS_Activity_DB 指非顺序逻辑活动预设情境库；FH_Activity_DB 指复合活动预设情境库；RemainderTimeFun()指结合用户当前位置、目的地位置、速度等参数的时间剩余计算函数；ActivityNow.Type 指当前活动类型；*.Position[i] 指*中活动的第 i 个定位行为；*.Query[i] 指*中活动的第 i 个查询行为；*.Identification[i]指*的第 i 个识别行为。

2) 行为匹配中规则型知识获取

行为匹配作为活动匹配的中间层，目的是将经过活动匹配分解后关联的用户行为进行判别、分解和行为之间相互叠加。行为匹配中的判别是将当前行为与情境模型库中预存的行为进行对比分析，以此来判别当前行为属于何种行为。行为匹配中的分解是通过相关判别依据和参数，对当前行为所含的操作进行细分。行为匹配中的叠加则是在两种以上行为同时发生时，对它们进行的叠加处理。行为匹配规则描述如表 7.3 所示。

表 7.3　行为匹配规则描述

行为匹配规则	判断依据参数	形式化描述语句
S_ActionMatchRule 顺序逻辑路线导航判断	路线导航分为两个以上子部分且按顺序依次进行	If ActionNow.Type＝＝ "路线导航" And ActionNext.Type＝＝ "路线导航" Then User.Action.Choice ＝＝ "位置定位" ‖ "路线导航" ‖ "流程导航" And goto 操作匹配

行为匹配规则	判断依据参数	形式化描述语句
FS_ActionMatchRule 非顺序逻辑导航、位置定位、信息查询与识别筛选判断	根据用户的操作选择或用户的兴趣偏好推理	If User.Action.Choice=="位置定位"‖"信息查询"‖"识别筛选"‖"非流程导航" And User.Action.Infor=="…" Then ActionNow.Type=="位置定位"‖"信息查询"‖"识别筛选"‖"非流程导航" And ActionNow.Name=="…" And goto 行为分解
RT_ActionMatchRule 实时信息检查判断	当前时间是否在预设的显示时间间隔点上,实时信息发生的位置	If ActionNow.Time==n × Action.Interval+ActionNow.Time And Dis(ActionNow_Location, Real-timeInformation_Location)< ε And goto 行为分解
LN_ActionDisRule 路线导航行为分解	与导航行为相关的用户操作包括POI操作、提示信息操作和特殊对象表达样式操作	If ActionNow.Type=="路线导航" And User.Operate.Choice == "POI操作"‖"提示信息操作"‖"特殊对象表达样式操作" Then goto 行为分解
SDF_ActionOverRule 顺序逻辑路线流程导航与非顺序逻辑路线流程导航叠加	既满足顺序逻辑路线导航又满足非顺序逻辑路线导航的条件	If ActionNow.Type=="路线导航" And User.Action.Choice=="位置定位"‖"信息查询"‖"识别筛选"‖"非流程导航" And User.Action.Infor =="…" And goto 操作匹配
SDO_ActionOverRule 顺序逻辑路线流程导航与其他行为叠加	既满足顺序逻辑路线导航又满足其他行为的条件	If ActionNow.Type=="导航" And User.Action.Choice == "定位"‖"查询"‖"识别"‖"非流程导航", Then ActionNow.Type=="定位"‖"查询"‖"识别"‖"非流程导航" And goto 操作匹配

注:ActionNow 指当前行为; ActionNow_Location 指当前行为发生的位置;Real-timeInformation_Location 指实时事件信息发生的位置;Dis()指时间距离计算函数; ε 指预设的距离阈值。

3) 操作匹配中规则型知识获取

操作匹配作为活动匹配的最后一层,目的是将行为匹配分解后关联的操作进行判别、分解和操作之间相互叠加。操作匹配中的判别是将当前行为与情境模型库中预存的操作进行分析对比,以此来判别当前操作属于何种操作,操作匹配中的叠加规则是对两种以上操作进行共同处理和执行。操作匹配规则描述如表 7.4 所示。

表 7.4　操作匹配规则描述

操作匹配规则	判断依据参数	形式化描述语句
POI-OperateMatchRule POI 操作判别	与路线导航、信息查询和识别筛选行为有关	If (ActionNow.Type=="导航" And QueryPOI(Location.Now)) or ActionNow.Type=="查询"‖"识别", Then OperateNow.Type == "叠加兴趣点" And goto 情境信息提取并执行

续表

操作匹配规则	判断依据参数	形式化描述语句
SS-OperateMatchRule 实时信息的操作判别	检查事件的间隔时间、当前时间、当前位置与特殊场景位置	If Real-timeInf.BTime < NowTime < Real-timeInf.ETime And Dis(ActionNow.Location，Real-timeInfor.Location) < δ And goto 情境信息提取并执行
TS-OperateMatchRule 提示信息的操作	与导航有关，主要受用户位置、目的地位置、当前时间和目的地截止时间影响	If RemainderTimeFun(Location.Now，Location.End，User. Speed，Time.Now，Time.End)!=0 And goto 情境信息提取并执行
DB-OperateMatchRule 对象表达样式操作	用户位置与需要特殊表达的对象场景位置的距离	If Dis(UserNow.Location，SpecialObject_Location) < λ Then goto 情境信息提取并执行

注：QueryPOI()指兴趣点查询函数；OperateNow 指当前操作；Real-timeInf.BTime 指实时信息或事件信息开始发生时间；Real-timeInf.ETime 指实时信息或事件信息结束时间；Dis()指事件发生位置距离当前位置计算函数；δ 为预设的距离阈值；λ 为预设的距离阈值；SpecialObject_Location 指特殊对象位置；RemainderTimeFun() 指结合用户当前位置、目的地位置、速度等参数的时间剩余计算函数。

2. 用户活动综合推理规则型知识获取

在室内位置地图服务中，综合推理是在完成用户活动匹配的条件下，以获取的情境信息为参数对用户不同层次活动(活动、行为、操作)是否开始、进行、中止、结束、切换等状态进行判断。通过综合推理规则，能够确定用户当前活动进行到哪一个环节，当前是哪种行为，下一步会触发哪种操作，因此，综合推理是判断用户在当前时间和位置需要哪种服务信息的关键。根据活动的层次理论，可将推理过程分为活动推理、行为推理、操作推理，每个层次的推理都有自身的推理规则，并严格按照规则运行。应该说，活动推理、行为推理、操作推理是对一个活动在不同层次上的推理，下一层的推理受到上一层推理的作用，而上一层的推理则需要明确推理的目标和作用，这样才能不出现相互交叉推理和混乱冲突的情况。图 7.8 给出了活动推理规则、行为推理规则和操作推理规则的相互关系及内容。

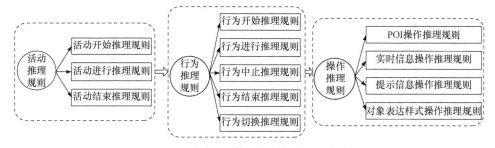

图 7.8　活动三层推理规则的关系及内容

一个特定的活动包含活动开始、活动进行和活动结束三个状态，判断当前活动处于哪一个状态则是依据活动开始推理规则、活动进行推理规则和活动结束推理规则来实现。一个活动又包含一个或多个行为，行为状态的变化包含了行为开始、行为进行、行为中止、行为结束和行为切换，根据行为匹配获取的情境信息对行为的状态进行推理，从而获得行为的推理规则型知识。操作推理规则是判断当前哪些操作需要执行，其具体包括 POI 操作推理规则、实时信息操作推理规则、提示信息操作推理规则、对象表达样式操作推理规则。表 7.5 是活动中不同层次推理规则的描述。

表 7.5　活动中不同层次推理规则描述

活动推理规则	判断依据参数	形式化描述语句
Activity Reasoning_B 活动开始推理	用户目标位置、当前位置、剩余时间、活动状态	If Dis(Location.Now, Location_D)!=0 And RemainderTimeFun (Location.Now, Location.End, User.Speed, Time.Now, Time.End) > 0 And Activity_Now.EndState==FALSE Then Activity_Now. BeginState ==TRUE
Activity Reasoning_O 活动进行推理	活动开始，无中止和结束状态	If Activity_Now.BeginState==TRUE And Activity_Now.PauseState== FALSE And Activity_Now.EndState== FALSE Then Activity_Now. OnState==TRUE
Activity Reasoning_P 活动中止推理	活动开始，无中止状态，当前活动与用户所需或选择活动不一致	If Activity_Now.BeginState==TRUE And Activity_Now.EndState== FALSE And Activity_Now!= Activity_Choise Then Activity_Now. PauseState ==TRUE
Activity Reasoning_E 活动结束推理	用户目标位置、当前位置、剩余时间、活动状态	If Dis(Location.Now , Location_D)==0 And RemainderTimeFun (Location.Now, Location.End, User.Speed, Time.Now, Time.End) < 0 Then Activity_Now.EndState== FALSE
Action Reasoning_B 行为开始推理	行为当前位置、结束位置，活动与行为的关系模型以及状态标识	If Dis(Action.Now, Location_D)!=0 And RemainderTimeFun (Location.Now, Location.End, User.Speed, Time.Now, Time.End) > 0 And Action_Now.EndState== FALSE Then Action_Now.BeginState == TRUE
Action Reasoning_O 行为进行推理	行为开始，无中止和结束状态	If Action_Now.BeginState==TRUE And Action_Now.PauseState ==FALSE And Action_Now.EndState== FALSE Then Action_Now. OnState== TRUE
Action Reasoning_P 行为中止推理	行为开始，无中止状态，当前行为与用户所需或选择行为不一致	If Action_Now.BeginState==TRUE And Action_Now.EndState== FALSE And Action_Now!= Action_Choise Then Action_Now. PauseState ==TRUE
Action Reasoning_E 行为结束推理	用户当前位置、行为结束点位置	If Dis(User.Location, Action_Now.Location)==0 Then Action_ Now.EndState==TRUE
Action Reasoning_C 行为切换推理	上一个行为结束，下一个行为开始	If Action_Now.EndState==TRUE And Action_Next.BeginState== TRUE Then ExecuteChange(Action_Now, Action_Next)
POI_Reasoning POI 操作推理	附近兴趣点位置和类型、用户位置和兴趣点偏好模板、当前时间、时间节点	If Dis(User.Location, InterestPot[i].Location) < δ Then ExecuteAdd (N, (InterestPot[1], $\cdots$, InterestPot[N]))

活动推理规则	判断依据参数	形式化描述语句
RT_Reasoning 实时信息操作 推理	当前时间、实时信息或事件发生的时间、当前位置和受影响的范围	If RT_Information.BeginTime < Time.Now < RT_Information.BeginTime And DistanceFunction(User.Location, RT_Information[i].Location) < δ Then ExecuteAdd(N, (RT_Information[1], $\cdots$, RT_Information[N]))
HI_Reasoning 提示信息推理	用户当前位置、活动节点完成位置、剩余时间、用户行进速度	If RemainderTimeFun(Location.Now, Location.End, User.Speed, Time.Now, Time.End) < θ Then ExecuteAdd(N, (Hint_Information[1], $\cdots$, Hint_Information[N]))
SO_Reasoning 对象表达样式 推理	用户位置，特殊场景位置	If Dis(User.Location, SpecialObject[i].Location) < λ Then Execute-Change(SpecialObject[i].Type)

注：Location_D 指目的地位置；Activity_Now 指当前活动；Action_Now 指当前行为；Action_Choice 指切换动作；InterestPot 指兴趣点；*.BeginState 指开始标识状态；*.EndState 指结束标识状态；*.PauseState 指中止标识状态；RT_Information 指实时信息；Hint_Information 指提示信息；SpecialObject 指特殊对象；Execute-Change() 指执行切换；ExecuteAdd() 指执行叠加；RemainderTimeFun() 指结合用户当前位置、目的地位置、速度、环境影响参数的时间剩余计算函数；Dis() 指对象间距离函数；δ、θ、λ 指预设阈值。

3. 基于情境的室内位置地图表示内容选取规则型知识获取

情境信息提取是室内位置地图情境推理的中间环节，它是在活动匹配完成的基础上，通过综合推理，利用不同层次活动与情境信息的关系去提取关联情境信息的过程。不同层次的活动(活动、行为、操作)与不同的情境信息相关联，而情境信息又与制图的数据内容相对应。因此，要实现通过情境推理去选取地图表示内容，需要首先建立活动类型、情境信息、制图数据内容三者之间的关系。

在活动层中，与非顺序流程活动相关的情境信息主要是用户信息和 POI 信息，与顺序流程活动相关的情境信息主要是位置信息、时间信息、POI 信息，与复合活动相关的情境信息主要是用户信息、位置信息、时间信息、POI 信息。不同类型活动、情境信息与制图数据内容的关系如表 7.6 所示。

表 7.6　不同类型活动、情境信息与制图数据内容的关系

活动类型	情境信息	制图数据内容
非顺序流程 活动	用户信息	属性特征数据、偏好数据等
	POI 信息	POI 名称、POI 类型、POI 属性等
顺序流程 活动	位置信息	地理位置数据、物理位置数据和位置属性数据等
	时间信息	时间数据、时间属性等
	POI 信息	POI 名称、POI 类型、POI 属性等

续表

活动类型	情境信息	制图数据内容
复合 活动	用户信息	属性特征数据、偏好数据等
	位置信息	地理位置数据、物理位置数据和位置属性数据等
	时间信息	时间数据、时间属性等
	POI 信息	POI 名称、POI 类型、POI 属性

　　在行为层中，与信息查询行为相关的情境信息主要有用户信息、位置信息和POI 信息，与路线导航行为相关的情境信息主要有位置信息、时间信息、实时动态信息、POI 信息和其他信息，与位置定位行为相关的情境信息主要有位置信息、时间信息和设备信息，与识别筛选行为相关的情境信息主要有用户信息、POI 信息，与实时信息监测行为相关的情境信息主要有事件信息、时间信息和位置信息。不同类型行为、情境信息与制图数据内容的关系如表 7.7 所示。

表 7.7　不同类型行为、情境信息与制图数据内容的关系

行为类型	情境信息	制图数据内容
信息查询 行为	用户信息	属性特征数据、事件数据等
	位置信息	用户位置数据、POI 位置数据等
	POI 信息	POI 分类数据等
路线导航 行为	位置信息	用户当前位置、导航起始位置、导航结束位置等
	时间信息	当前时间、起始时间、结束时间等
	实时动态信息	动态交通数据、动态天气数据等
	POI 信息	POI 名称、POI 类型、POI 属性等
	其他信息	其他数据等
位置定位 行为	位置信息	地理位置数据、物理位置数据和位置属性数据等
	时间信息	时间数据、时间属性等
	设备信息	—
识别筛选 行为	用户信息	属性特征数据等
	POI 信息	POI 名称、POI 类型、POI 属性等
实时信息监测 行为	事件信息	属性特征数据等
	时间信息	事件发生的起始时间、持续时间、结束时间等
	位置信息	事件发生的地理位置、物理位置、语义位置等

在操作层中，与 POI 操作相关的情境信息主要有用户信息、位置信息和 POI 信息，与实时信息操作相关的情境信息主要有位置信息、实时信息，与提示信息操作相关的情境信息主要有用户信息、位置信息、时间信息，与特殊对象表达样式操作相关的情境信息主要有位置信息和 POI 信息。不同类型操作、情境信息与制图数据内容的关系如表 7.8 所示。

表 7.8　不同类型操作、情境信息与制图数据内容的关系

操作类型	情境信息	制图数据内容
POI 操作	用户信息	属性特征数据、事件数据等
	位置信息	地理位置数据、物理位置数据和位置属性数据等
	POI 信息	POI 名称、POI 类型、POI 属性等
实时信息操作	位置信息	地理位置数据、物理位置数据和位置属性数据等
	实时信息	动态交通数据、动态天气数据、事件情况数据等
提示信息操作	用户信息	属性特征数据、事件数据等
	位置信息	地理位置数据、物理位置数据和位置属性数据等
	时间信息	时间数据、时间属性等
特殊对象表达样式操作	位置信息	地理位置数据、物理位置数据和位置属性数据等
	POI 信息	POI 名称、POI 类型、POI 属性等

在构建不同层次活动(活动、行为、操作)、情境信息、制图数据内容关系的基础上，可以通过提取与当前不同层次活动的情境信息去选取相关的制图内容。提取不同层次活动相关情境制图内容规则的描述如表 7.9 所示。

表 7.9　提取不同层次活动相关情境制图内容规则的描述

提取规则	判断依据参数	形式化描述语句
S_ExtractActivityRule 提取与顺序活动相关的情境信息	活动匹配结果与活动当前进行状态、顺序活动与情境信息关系	If ActivityMatch.Type ＝顺序流程活动 And Activity_Now. OnState＝TRUE Then ExtractFromQJXX_DB(Information. Type＝"位置信息"‖"时间信息"‖"POI 信息") And ObtainDataContent(Information.Type) goto 执行
FS_ExtractActivityRule 提取与非顺序活动相关的情境信息	活动匹配结果与活动当前进行状态、非顺序活动与情境信息关系	If ActivityMatch.Type ＝非顺序流程活动 And Activity_Now. OnState ＝TRUE Then ExtractFromQJXX_DB(Information. Type＝ "用户信息"‖ "POI 信息") And ObtainData Content(Information.Type) goto 执行
FH_ExtractActivityRule 提取与复合活动相关的情境信息	活动匹配结果与活动当前进行状态、复合活动与情境信息关系	If ActivityMatch.Type ＝复合活动 And Activity_Now. OnState＝ TRUE Then ExtractFromQJXX_DB (Information. Type＝ "用户信息"‖ "位置信息"‖ "时间信息"‖ "POI 信息") And ObtainDataContent(Information.Type) goto 执行

续表

提取规则	判断依据参数	形式化描述语句
WD_ExtractActionRule 提取与位置定位行为相关的情境信息	行为匹配结果与行为当前进行状态、位置定位行为与情境信息关系	If ActionMatch.Type ＝＝位置定位 And Action_Now.OnState＝TRUE Then ExtractFromQJXX_DB(Information.Type＝＝ "位置信息" ‖ "时间信息" ‖ "设备信息") And ObtainDataContent(Information.Type) goto 执行
LD_ExtractActionRule 提取与路线导航行为相关的情境信息	行为匹配结果与行为当前进行状态、路线导航行为与情境信息关系	If ActionMatch.Type ＝＝路线导航 And Action_Now.OnState＝TRUE Then ExtractFromQJXX_DB (Information.Type＝＝ "位置信息" ‖ "时间信息" ‖ "POI 信息" ‖ "实时动态信息" ‖ "其他信息") And ObtainDataContent(Information.Type) goto 执行
XC_ExtractActionRule 提取与信息查询行为相关的情境信息	行为匹配结果与行为当前进行状态、信息查询行为与情境信息关系	If ActionMatch.Type ＝＝信息查询 And Action_Now.OnState＝TRUE Then ExtractFromQJXX_DB(Information.Type＝＝ "用户信息" ‖ "位置信息" ‖ "POI 信息") And ObtainDataContent(Information.Type) goto 执行
SS_ExtractActionRule 提取与识别筛选行为相关的情境信息	行为匹配结果与行为当前进行状态、识别筛选行为与情境信息关系	If ActionMatch.Type ＝＝识别筛选 And Action_Now.OnState＝TRUE Then ExtractFromQJXX_DB(Information.Type＝＝ "用户信息" ‖ "POI 信息") And ObtainDataContent (Information.Type) goto 执行
SJ_ExtractActionRule 提取与实时信息监测行为相关的情境信息	行为匹配结果与行为当前进行状态、实时信息监测行为与情境信息关系	If ActionMatch.Type ＝＝实时信息监测 And Action_Now.OnState＝TRUE Then ExtractFromQJXX_DB (Information.Type＝＝ "位置信息" ‖ "时间信息." ‖ "事件信息") And ObtainDataContent(Information.Type) goto 执行
POI_ExtractOperateRule 提取与 POI 操作相关的情境信息	操作匹配结果与操作当前进行状态、POI 操作与情境信息关系	If OperateMatch.Type＝＝POI And Operate_Now.OnState＝TRUE Then ExtractFromQJXX_DB (Information.Type＝＝ "用户信息" ‖ "位置信息" ‖ "POI 信息") And ObtainDataContent(Information.Type) goto 执行
SSXX_ExtractOperateRule 提取与实时信息操作相关的情境信息	操作匹配结果与操作当前进行状态、实时信息操作与情境信息关系	If OperateMatch.Type＝＝ 实时信息 And Operate_Now.OnState＝ TRUE Then ExtractFromQJXX_DB (Information.Type＝＝ "位置信息" ‖ "实时信息") And ObtainDataContent(Information.Type) goto 执行
TSXX_ExtractOperateRule 提取与提示信息操作相关的情境信息	操作匹配结果与操作当前进行状态、提示信息操作与情境信息关系	If OperateMatch.Type＝＝提示信息 And Operate_Now. OnState ＝ TRUE Then ExtractFromQJXX_DB(Information. Type＝＝ "用户信息" ‖ "时间信息" ‖ "位置信息") And ObtainDataContent(Information.Type) goto 执行
TSDX_ExtractOperateRule 提取与对象表达样式操作相关的情境信息	操作匹配结果与操作当前进行状态、对象表达样式操作与情境信息关系	If OperateMatch.Type＝＝特殊对象表达样式 And Operate_Now.OnState＝＝TRUE Then ExtractFromQJXX_DB(Information. Type＝＝ "位置信息" ‖"POI 信息") And ObtainDataContent (Information.Type) goto 执行

注：ActivityMatch 指活动匹配；ActionMatch 指行为匹配结果；OperateMatch 指操作匹配；Activity_Now 指当前活动；Action_Now 指当前行为；Operate_Now 指当前操作；ExtractFromQJXX_DB()指从情境信息库中提出情境信息；ObtainDataContent() 指从数据库中获取某一类型的数据。

7.1.4　室内位置地图制图中控制型知识获取

1. 室内位置地图制图分步协同的控制方式

为保证室内位置地图制图方案得到合理、顺畅的执行，需要对室内位置地图制图过程的各环节进行协调控制。

室内位置地图制图的分步协同控制是根据控制理论的基本原理和方法，结合室内位置地图制图过程特点以及地图服务方式而提出的制图过程控制方式，目的是实现室内位置地图能够根据用户需求、情境信息等因素进行动态制图。因此，该控制过程可以抽象为首先在室内位置地图制图系统中设计相关的信息接入端口，该端口主要接收用户的指令输入和与位置相关的情境信息，然后将获取的信息传递给一个信息处理器，该处理器主要完成对获取信息的解译分析和控制处理，最后将经过控制处理的信息进行输出。因此，可以将室内位置地图分步控制方式中的主要内容分为信息接入端口、信息处理器和信息输出端口三部分。室内位置地图分步控制方式如图 7.9 所示。

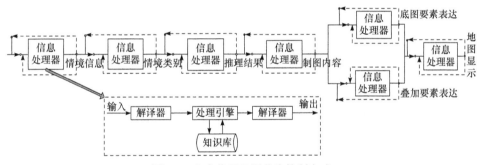

图 7.9　室内位置地图分步控制方式

制图分步协同控制的基本流程如下：信息接入端口是为信息处理器提供信息输入的渠道，其主要任务是根据制图经验和方法，提供给制图子模块需要获取的接入信息，从而约束制图子模块按照正确流程方案执行。信息处理器是控制的核心部分，它主要将信息接入端口提供的数据进行信息解译，目的是将其解译成处理器能够理解的数据，利用解译后的数据去触发特定的模块对该数据进行处理、分析和运用，进而将结果解译输出。

室内位置地图制图控制的内容主要包括情境匹配算法控制、数据关联选取控制、综合推理控制、数据(包括底图数据和叠加数据)表达控制、地图显示控制，它们与室内位置地图制图各环节的对应关系如图 7.10 所示。

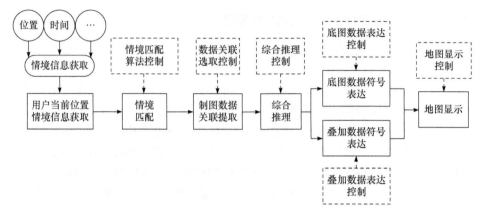

图 7.10　室内位置地图制图各环节对应的制图控制内容

2. 基于流程图的室内位置地图控制型知识获取

室内位置地图中控制型知识获取的基本过程如下：首先对制图过程中的各种功能模块的运行过程进行建模处理；然后利用形式化的语言或符号对建模过程中的运行控制模式或算法进行描述；最后通过对模型的分析和对控制性算法的处理，获取相关的控制型知识。

流程图是一种按计划或方案执行的图，通过使用一些约定的代表某种特定含义的符号或图形元素对计划或方案流程进行结构化的表达[173]。对流程图中各图元间的逻辑关系以及执行顺序进行分析，进而利用一些关系判断语句、循环语句和选择语句对整个流程进行编码，以提供给计算机执行。对流程图中符号的设计，主要以简单、清晰为主，常见流程图中符号及其含义如表 7.10 所示。

表 7.10　常见流程图中符号及其含义

元素符号	符号名称	语义注释
◇	条件判断	菱形分支节点，表示条件判断或开关类型功能。该符号有两个或两个以上可选择的出口，在对符号中定义的条件进行求值后，有且仅有一个出口被激活。求值结果可在表示出口路径的流程线附近写出
▯	流程处理	矩形流程节点，表示程序中各种流程处理功能
▱	数据	基本数据符号，表示数据
▭	端点符	表示转向外部环境或从外部环境转入。一般用于表示程序流程的起始或结束、数据的外部使用以及起源(或终点)

续表

元素符号	符号名称	语义注释
→———→	流程线	表示程序的控制流,箭头方向为控制流流向
○	连接符	表示转向流程图他处,或从流程图他处转入。用来作为一条流程线的断点,使该流程线在别处继续下去。对应的连接符应有同一标记

如图 7.11 所示,顺序结构、选择结构及循环结构是流程图中的主要结构形式,根据结构化流程设计的特性,所有其他复杂的算法过程都可以由它们组合实现。

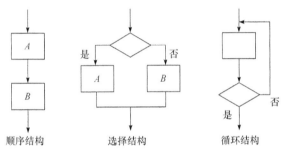

图 7.11　流程图的三种基本控制结构

顺序结构是单一的线性结构,其中包含的处理元素按照线性顺序依次执行,它是一种最为典型的结构,也是另外两种控制结构的基础。选择结构是对特定先决条件进行逻辑判断,根据判断结果执行不同的流程。循环结构是经过判断逻辑条件的真假来确定是否通过循环进行特定的操作或跳出循环。通过对三种基本控制结构的分析可知,每种结构都只有一个流程入口和一个流程出口,它们可以十分方便地进行组合以实现各种复杂的逻辑关系流程图。

构建流程图是为了对控制过程进行规范化、结构化,以便让计算机理解控制的过程或算法的含义,并对系统运行过程进行调整和处理,最终得出解。因此,在构建流程图的基础上,需要将流程图的设计转化成计算机所能理解和应用的程序代码。图 7.12 给出了流程图转化成程序代码的基本过程。首先对用户绘制好的流程图进行解析,并利用 XML 文件进行记录,然后对流程图中各图元进行模块的识别和分析,并将存在的多个循环结构进行顺序线性化,将流程图中条件约束下的 GoTo 结构(包含 break、return 等)进行结构化流程处理,对各个分支的结构进行顺序线性化,最后对所有处理后的模块进行程序编码的转化,生成各模块对应的编程文本。

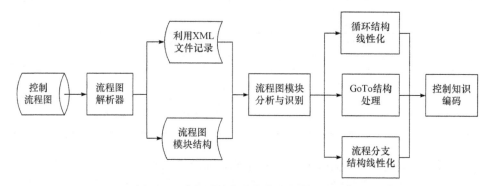

图 7.12　流程图转化成程序代码的基本过程

采用基于流程图的方式去获取相关的室内位置地图制图控制型知识。其过程主要包括两个方面：一是对控制流程算法进行流程图的描述。该过程主要是专业制图人员使用流程图标准符号将室内位置地图控制算法进行流程图的绘制，以实现对算法的形式化表达，通过流程图与算法的反复比较和检查，确保流程的正确性、完整性和运行效率。二是对流程图的代码语言进行描述。制图过程控制算法的编码实现，是通过将控制算法流程图转化为计算机程序语言，控制流程图与最后的编码模块有一一对应关系。制图过程中控制算法的编码通常具有以下三种方式：①利用程序语言形成程序代码获得；②利用程序模型创建工具类代码，经过处理和调试后获得；③直接通过专业软件的开发包进行二次开发获得。

室内位置地图制图的各个环节都存在控制策略知识，下面以路线导航中时间可行性推理为例，利用流程图对其控制过程进行描述。

在室内位置地图的路线导航服务中，时间推理控制主要是考虑通道等因素对导航的影响，以判断用户能否按预定时间到达目的地，是否需要重新规划路线等。控制的主要过程如下所示。

(1) 获取当前位置，并以用户当前位置为定位点搜索一定距离范围 δ 内的所有 POI 数据集，通过定位点位置和周围 POI 数据的位置属性来判断用户当前位置是在室外还是室内，并将判定结果传递给相应模块。

(2) 若判定用户当前位置在室外，则进行下一步，否则结束。

(3) 获取用户当前位置所在城市或区域的天气信息以及导航线路的交通拥堵状况信息，通过将相关参数传递给 GIS 计算模块，计算用户以当前速度按照规划路线行进到目的地所需的剩余时间。

(4) 对计算所得剩余时间与用户预设或活动限制的时间进行对比。若计算所得剩余时间不能满足用户需求，则根据天气、道路交通、事件等信息进行重新规划，直到满足用户条件为止；若最后计算仍没有可行方案，则提示用户时间差值量。

图 7.13 给出了路线导航中时间可行性的推理控制流程图。

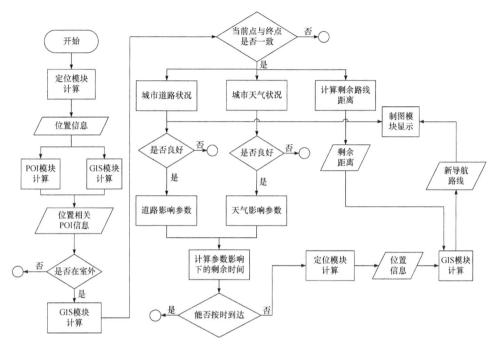

图 7.13 路线导航中时间可行性的推理控制流程图

知识的表示就是将知识进行符号化和形式化描述，是加工处理、使用和共享知识的基础。室内位置地图制图过程中的知识组织是一种树状架构的形式，因此对该过程的知识表示除了要具有知识表示的共性外，还有以下要求：①室内位置地图制图知识表示方法需要能够确切地展现出各部分知识节点间存在的树状逻辑关联关系；②根据所处制图环节层次的不同，对室内位置地图制图知识的描述也存在多种粒度，因此所使用的知识表示方法需要具备可展现不同粒度知识的能力；③各类知识表示方法在管理自身知识节点时应具备高效率的增添、删除等编辑能力，从而方便对树状架构方式存储的知识实施更新维护；④知识的表示方法应该具备可确切展现出场景对象中知识链以及关联关系的能力。仅使用一种知识表示方法，则不能满足室内位置地图制图知识表示的要求，也难以对制图中事实型知识、规则型知识、控制型知识、元知识进行统一、合理的表示。

7.2　室内位置地图制图知识表达与知识库构建

7.2.1　基于 XML 的室内位置地图制图知识混合表示方法

　　目前表示知识的常见方法比较多，应用也比较普遍，但各类表示方法都有各自的特点与适用范围，例如产生式表示法主要用于表示规则性强和关系明确的知识，而框架表示法主要用于表示层次逻辑关联关系比较清晰的知识。针对室内位置地图制图中知识类型、关系结构等特点，为满足知识应用的要求，需要分别选用适合的表示方法对制图中的各类知识进行表示。对于规则性和推理性特征比较强的规则型知识、控制型知识，主要选用产生式表示方式进行表达，而对于层次性显著的事实型知识，则选用框架式表示方式进行表达。因此，室内位置地图中知识的表示和组织需要有一个扩展性好、可操作性强、可编辑并且能融合各种知识表示方式的平台。此外，常用的知识表示方法在形式化表达上有结构逻辑关系清晰的特点，可以用形式化的符号或语言进行描述，其中使用最普遍的是 BNF语言。BNF 语言运用由大到小逐步分割的方式对各类概念进行表示，其与 XMLSchema 内利用树状架构表达各类概念相似，BNF 语言能表示的概念也可以利用XML 进行合理的描述。XML 还拥有 namespace、URL 与 XLink 等，这也为实现对各类架构的描述打下了良好基础。综上可知，将 XML 用作室内位置地图制图知识表达的平台具有可行性。

　　本书使用的知识表示方法是在 XML 树状架构的组织下，利用产生式表示法(或规则表示法)与框架表示法对室内位置地图中不同类型知识进行混合表示。该方法既可以利用产生式表示法与框架表示法在知识表示上的优势，又能对知识间的逻辑关系进行清晰、明确的表达。对地图制图中知识的关联层次关系主要是利用复合式逐级递进的方式进行组织和表达，并通过多种类型的槽完成对各类知识的分区表示，每个槽对应有限数量的侧面，不同侧面又存储可变数量的具体数据或状态，通过框架、槽和侧面可以对知识进行不同粒度的描述和组织。

　　在室内位置地图制图知识混合表示方法中，不同类型知识间的逻辑层次关系主要通过知识链表达。如图 7.14 所示，制图过程按照功能作用可划分为一系列的功能子环节，每个子环节对应一个根知识节点，它与不同层次的叶节点间以逻辑关系构建起知识链。对于图中的一个节点(n, x, y)，n 为该节点所属的子环节编号，x、y 分别表示层级与在该层的次序。室内位置地图制图知识的混合表示主要是依据框架包含的"槽"概念实施扩展，并运用各类槽分别对以场景对象为目标获得的各类知识实施区分表达。从原则上讲，各子框架均允许拥有多个槽，而各个槽又允许拥有多个侧面,但在具体运用过程中,划分槽时应充分考虑节点的本质属性,不然会引发知识表示不明确与知识表示冗余严重等问题。根据知识节点中知识的作用、类型将槽主要分为知识节点描述性槽、事实型知识槽、规则型知识槽、控制型知识槽以及其他类型槽。事实型知识槽、规则型知识槽、控制型知识槽分别记录该场景对象的相关事实型知识、规则型知识和控制型知识;其他类型槽为预留备用槽,方便扩展使用。

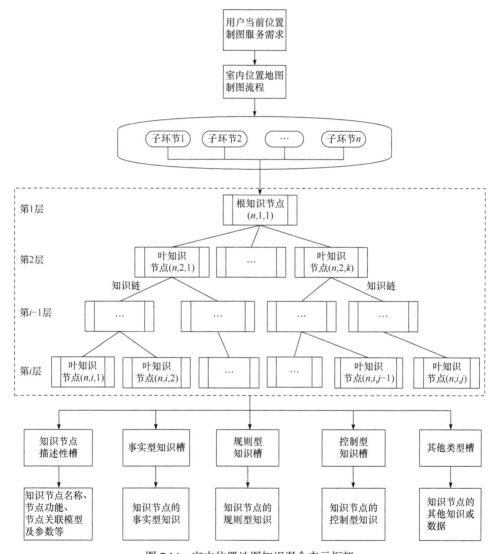

图 7.14　室内位置地图知识混合表示框架

利用 XML Schema 对室内位置地图中的树状框架结构进行表示时,需遵循以下规则：①按照树状框架结构要求，各个根节点(框架)均允许拥有多个同自身相连的叶节点(子框架)，各个叶节点也可拥有多个下一级别的叶节点，而且各个叶节点均可拥有多个同自身相关的槽，各个槽又可拥有多个同自身相关的侧面。也就是说，叶节点允许有多个，但根节点只能是一个。②在以 XML Schema 对室内位置地图知识混合表示方法的架构中，各类叶节点的逻辑位置同树状结构框架模型是整体对应和统一的，其利用 n、x、y 对每个叶节点进行逻辑位置的标识。混合表示方法中的各节点框架、槽和侧面通过在 XML Schema 中的逻辑位置来表现层次和关系。③当利用 XML Schema 对混合表示模型进行表示时，各类叶节点、槽与侧面的构建均应将此模型内包含的规则作为构建基础，例如在划分叶节点时应将室内位置地图制图相关知识的内部逻辑架构作为主要依据，对各类槽的分类过程应考虑该槽所描述对象的本质属性，在设计侧面时应结合具体的功能要求进行实施。

图 7.15 给出了以 XML Schema 为基础构建的混合表示模型的一个基本组成框架，分析可知该模型框架具有以下明显特点：①整个模型由左至右共分成三部分，也就是框架内容、槽内容和侧面内容；②此模型同树状架构相似，框架由左至右逐渐清晰，相应的知识粒度也在逐步下降。处于最左端的是根节点框架，相应的知识粒度大小也处于最粗的阶段，等同于根框架，由左至右，相关叶节点的知识粒度逐步下降，与槽直接关联的框架是叶框架；③各个框架均允许拥有多个同其相关的下一级框架，但是根框架只能是一个。

以 XML Schema 为对象构建的混合表示模型具备以下特点：①树状架构形式能够十分清晰准确地表示出框架各部分之间存在的层次关系，对以场景对象为目标获得的室内位置地图制图知识框架中的知识链内容进行确切表示，并且可以利用三维坐标的方法对各类叶节点在模型内的所处逻辑位置进行准确定位；②运用扩展槽与侧面的内容，依据功能要求并结合以场景对象为目标获得室内位置地图制图知识的方式，把相关叶框架内的知识依照本质属性分成六种类型的槽，进而较好地解决常规知识表示方法中存在的属性区分混乱和知识冗余等问题；③在针对侧面进行定义时应重视以场景为对象获得室内位置地图制图知识方法的特征，且以相应的功能要求为基础，对室内位置地图制图中的各类型知识进行充分表达。

室内位置地图制图知识混合表示方法中的填充模型主要由三部分组成：①树状结构的知识节点框架；②针对末端知识节点的各类槽；③与槽对应的侧面，它们是填充内容的具体位置。图 7.16 给出了室内位置地图制图中采用混合表示方法内容填充模型对活动匹配子环节知识节点进行填充的示意图。

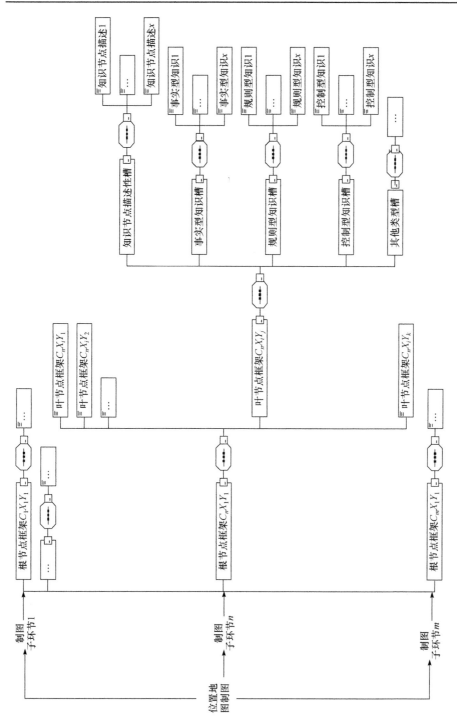

图7.15　基于XML Schema的混合表示模型框架

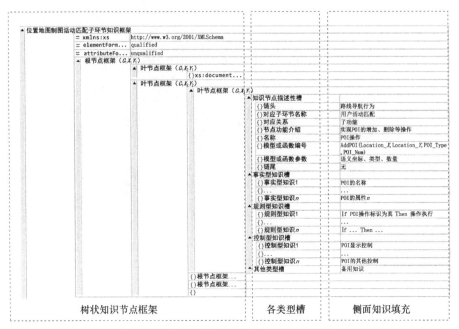

图 7.16　混合表示方法内容填充模型示意图

7.2.2　室内位置地图制图知识的推理与控制策略

1. 知识推理概述

推理指根据一定的规则从已知事实推导出新事实的思维过程；知识推理则指在已有知识的条件下，对其进行分析、推导，进而获得新知识的过程。知识推理的主要目的是解决在知识应用过程中，如何选择知识去执行以及执行过程中的策略问题。按照知识的不同表示方法，知识推理可以分为基于语义网络的知识推理方式[174]、基于规则的知识推理方式[175]、基于谓词逻辑的知识推理方式[176]和基于框架的知识推理方式[177]等；按照不同的推理模式，知识推理可以分为演绎推理[178]、归纳推理[179]、精确推理[180]、模糊推理[181]、单调推理和非单调推理[182]等。

知识获取和表达的任务是通过知识实现对相关问题的描述和处理，而知识运用大都是利用推理机实现的。推理机实际上就是智能系统内用于推理的算法、控制机制等，其主要任务有：①利用现有知识进行推导以获得需要的结果与新的知识；②对知识的查询、搜索、应用等过程进行管理和控制，例如对相关知识库内各种规则型知识的扫描流程顺序进行明确[183]。因此，对于推理机来说，最主要的两个作用就是推理方法的明确和对知识、操作流程的管理和控制。其中，推理方法需要重点关注对前提条件和结果间存在的各类逻辑关联、信息传输模式的分析；对操作流程的管理和控制主要是为了对搜寻范围进行缩减，从而使得过去的指数型求解问题在多项式时间内得到解决，对知识、操作流程的管理和控制的内容主要由推理策略与搜寻策略这两部分组成。一个高性能的推理机需要满足以下方面的要求：①能够实现高效检索与高效匹配；②具有高度的可管控特性；③具备可观测特性；④具有一定的启发性。

2. 基于实例与规则相结合的室内位置地图混合知识推理方式

目前应用较为普遍的知识推理方式主要包括基于规则的知识推理方式、基于语义网络的知识推理方式、基于实例对象的知识推理方式、基于遗传算法的知识推理方式等，下面对前三种推理方式的原理进行简要论述和分析。

基于规则的知识推理方式的流程如下：首先，用户针对需要解决的问题进行输入操作，推理机通过解释器获得此信息；其次，推理机依据相关请求对规则型知识库内的各类规则进行匹配，若匹配成功，则从知识库内提取出相应的规则知识，若匹配失败，则推理终止；之后将推理结果发送至用户端。若有若干条规则均匹配成功，则存在该选择哪条规则进行执行的问题，也就是存在匹配冲突问题，这时就需要推理机依据相关的匹配冲突解决机制解决此类问题。若用户想了解具体的推理过程，则可由相关解释器依据存储的匹配流程向用户提供解释。各类规则的匹配流程会生成相应的推理链接，而此类链接主要包含前向链接与后向链接两部分内容。前向链接主要是基于相关事实，依据部分已有事实实施推理，整个推理流程会伴随着事实增加而逐步前进。后向链接则是以目的为基础，依据推理目的对相关知识库内规则的结论内容进行匹配。

基于语义网络的知识推理方式一般选用匹配与继承这两种推理机制。匹配实际上就是依据问题的属性与特征在相关的语义网络内搜寻满足要求的知识进行推理，从而对相关问题进行求解。继承则是把表示实体的相关节点顺着继承弧传输至相关描述实体的实际节点，利用继承能够获取到此类节点的属性与特征。匹配方式的推理过程主要包括以下部分：首先，完成对相关问题的目标格网化构建；然后，通过存储相关事实的语义网络去搜索满足条件要求的模块，并通过推理得出每条弧连接的两个端节点的初始匹配位置；最后，通过这两个端节点实施递归匹配，获得问题的解。继承方式的推理过程主要包括以下部分：首先，创建出存储待求解节点以及与其相关的继承节点的节点表；其次，对表内第一个节点中是否存在继承弧进行检验，若存在，则把同此弧相关的节点加至整个节点表的表末，保存新节点的属性且在表内将首节点删除；再次，进行循环操作，直至节点表显示为空；最后，采集各类被记录下来的节点的属性。

基于实例对象的知识推理方式主要是结合过去求解与当前实例相似问题的经验实施推理，进而解决当前问题。该推理方式的主要过程如下：首先，针对相关问题的特征属性进行抽取、描述与输出等操作，并进行实例搜索；然后，针对部分实例进行改进和完善，进而针对求解方法进行评估；最后，存储新的实例。

针对室内位置地图制图服务中的动态性、适应性及有效性特点，在推理方式方面，本书采用基于实例的推理与基于规则的推理相结合的混合推理方法。如图 7.17 所示，在推理过程中两者是相互协调、共同作用的。其推理流程主要包括以下步骤：首先，在输入初始情境数据时，相关系统会先利用基于实例的推理方式搜索同其相匹配的情境模型，通过评估判断其是否存在解。若存在，则将相关的可视化结论反馈至用户端；若不存在，则证明存在两种状况，第一种是此系统情境模型内尚缺少可匹配的模型，第二种是存在此类模型但缺少能够直接匹配或相近程度较高的模型，面对此类状况，则更换成基于规则的推理方式。然后，利用规则库实施规则推理，且通过自评估方法判断其是否存在解。若存在，则将相应的可视化结论反馈至用户端；若不存在，则适度增加规则(条件)数量，并进行循环判断，直到搜寻并处理得到相应解，将其标记为初始解。由该步骤获得的初始解为在当前条件下的推理结果，将其存储至关联的情境模型库内，从而增加情境模型库里的推理结果种类和数量。最后，在用户与系统进行人机交互的过程中，不断给系统提供与用户当前位置相关的情境数据，利用产生式规则推理方式对问题进行求解，并把获得的推理结果提供给用户。此外，为丰富知识库中的典型情境模型，达到各类动态情境的自适应匹配目的，还可以将适用性强、有代表性的情境模型与表达模板添加到相应的知识库中。

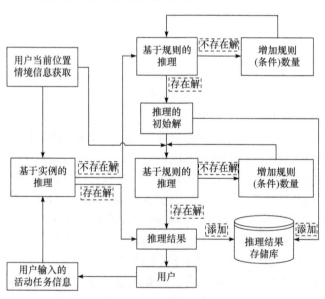

图 7.17　室内位置地图服务推理机制流程

因此，基于实例的推理方式主要是运用相关系统的对比搜寻功能，利用相似性比较的方法解决部分类似问题，协助完成情境的初始化，从而节省大量的时间成本。基于规则的推理方式则具有如下功能：首先针对类似模型或模板实施自适应调整；其次依据逐渐完备的规则实施自适应解析，且构建出相应的新模型或模板。室内位置地图制图服务在推理方式上采用混合推理，既满足了室内位置地图服务基础条件自适应与动态情境自适应的需求，又使得相关系统具备了一定程度的自学习能力。

3. 室内位置地图知识推理控制策略和解释方式

推理控制策略是推理的重要内容，它主要解决推理过程中知识选择和知识执行顺序的问题。此外，推理控制策略还需要对在推理中出现的冲突问题、异常情况等进行合理的处理。目前，在各类专家智能系统中应用较多的推理控制策略主要有冲突消解控制策略[184,185]、正向推理控制策略、反向推理控制策略、混合推理控制策略、双向推理控制策略和元推理控制策略。为充分利用系统获取的各类情境信息，本书采用基于实例和规则结合的正向推理控制策略，在使用正向推理控制策略的同时也会使用冲突消解控制策略。

冲突消解控制策略主要解决的是多条可用知识中该如何合理地选择其中一条知识进行使用的问题，是一种基本的推理控制策略。冲突化解机制主要工作流程是：首先试用知识库中预选出的某条知识，若该条知识在使用中有效，则结束执行；否则继续对其余可用知识进行试用，直至找到有效规则，这是一个条件判断和循环的过程。在冲突消解控制策略中，对知识的使用一般是按照一定的条件和规则进行排序的，排序方法主要包括：①专一性排序方法。该方法主要是按照知识的层次进行排序，若知识 A 比知识 B 详细具体，则认为知识 B 的层次更高。②利用知识库的组织框架次序的排序方法，依据相关知识在对应的知识库组织框架内的次序来决定其优先级。③就近排序方法。该方法中含有一个能够即时改变知识优先级的算法，将最近时间使用过的知识赋予高的优先级。需要说明的是，冲突消解控制策略通常存在效率较低的缺点，尤其是在面对复杂问题时，容易产生求解过慢或求解无果的状况。

正向推理控制策略的思路是：首先获取与当前功能需求关联的知识集合，利用冲突消解控制策略对知识集合中的知识进行可用性筛选，并对可用的知识进行应用推理求解，直到完全解决并满足用户需求。通常来讲，实施正向推理需要拥有能够存储推理状态的数据库、能够存储相关知识的知识库以及用于实施推理的推理机。相关工作流程包括：各类用户把需要求解的问题数据存储至数据库，通过推理机的运转，从相关知识库内选取适合的知识内容，并将获得的新数据存储至数据库，依据当前状况选取适合的知识进行循环推理，直到完全解决问题。正

向推理方法的一般性算法描述如下:

```
Procedure Date_Driven(KB, DB)
L1  S←Scan1(KB, DB)
    While (NOT(S=∅)) AND Solving_flag=0 do
        R:=Conflict_Resolution(S)
        Excute(R)
        S←Scan1(KB, DB)
    Endwhile
    If(S=∅)AND Solving_flag=0
    Then Ask_User_Input(DB)
    GoTo L1
    END
```

在上述内容中, 函数 Scan1(KB, DB)可对各类知识库进行扫描, 并生成同数据库相匹配的能够使用的知识集合, 而 Solving_flag=0 则代表系统还未产生结果, 函数 Conflict_Resolution(S)代表相应的冲突解除方法, 其生成一项启用知识, Excute(R)代表实施 R 中的操作内容, 对数据库进行改动, 而 Ask_User_Input(DB)代表向用户发出提供新问题数据的请求。

在正向推理过程中, 相关推理机会依据用户输入的数据从知识库内选用初步判定合适的知识, 进行重复求解, 而相应的推理匹配阶段可能存在以下结果: ① 若所有规则均匹配失败, 则选择停止推理, 或利用其他方法进行再次匹配; ② 匹配后仅有一条规则成功, 则将该条规则状态标识成可用; ③有多项规则均顺利完成匹配, 则应构建冲突化解机制以便于从中选择合理的知识进行使用。

在室内位置地图服务过程中, 利用规则推理时, 系统会根据用户输入的任务需求以及系统获得的相关情境信息实施求解, 如运用正向推理控制策略方法, 则可利用相关元知识解决此类方法中存在的多条匹配准则选取问题。其中, 各类元知识主要由相关知识的属性、置信度、粒度、执行概率等级等因素构成。在具体的推理过程中, 也可把元知识运用至匹配计算中去, 从而达到混合推理控制的目的。若在各类实例知识的元知识内存放相关的使用时间与执行概率参数, 则在对同实例相匹配的相似度算法进行完善时, 对相关实例知识的执行概率与时间特点进行融合, 进而得到更合理的匹配结果。

室内位置地图制图服务的目标是能根据不同用户在不同环境条件下提供按需制图、动态制图的服务。制图服务面对的用户具有多样性的特点, 它们所具备的专业知识背景也各有差异, 因此需要系统具有一定的解释功能, 将系统推理运行的结果或状态以可被用户理解的方式进行表达说明。

解释和推理关系密切，其可以在一定程度上提升推理的透明度，方便用户了解并对系统动态变化过程进行理解。解释功能主要有：对获取的用户数据进行分析和归类；为推理得到的结果进行解释；为室内位置地图定制提供科学指导。为了使最终的解释结果符合要求，解释功能应具有如下特征：①高度的准确性，确保每项推理结果在推理过程方面保持合理性；②很强的可理解性和易读性，运用简单易学的自然语言或专业术语；③高效性，解释和结果应保持同步且具有高效性；④高度的灵活性，针对各类用户可分别给出与之相匹配的解释。解释的基本方式包括：①预制文本法，将预先设置好的推理说明、错误提示等信息以文本的形式先存入系统，需要时直接调用即可，方便快捷；②追踪解释法，通过对知识推理过程进行复盘而对当前状况进行说明；③策略解释法，以实现某个特定任务或功能为目的，对制订的相关计划进行说明，以便于理解；④自动程序员解释法，这是一种比较新的解释方法，通过构造一个专家解释系统对推理轨迹进行尝试性说明。在室内位置地图服务系统的实现过程中运用较为频繁的是预置文本法和追踪解释法。

7.2.3　室内位置地图制图知识库的构建

1. 室内位置地图制图服务知识库构架

室内位置地图制图知识库是按照一定结构和组织关系对相关知识进行存储、管理的，知识库是事实型知识、规则型知识、控制型知识和元知识的集合，且能够对其进行增添、改变与维护等操作。

知识库的组织结构主要是根据知识间的逻辑关系进行构建的，该过程一般要求：①知识库和知识推理应具备足够的独立性，即使在相关的知识库内部组织方法发生改变时，知识推理也不会受到严重影响；②应方便对知识库实施检测、扩展、管理和改动，以增强知识库的功能和提高知识库运行效率；③应方便对内容进行各种操作，如搜索、匹配、提取等；④知识库内应能够对不同表达样式的知识进行综合存储和管理控制。

在室内位置地图中，知识库包含的事实型知识、规则型知识和控制型知识越完整和正确，在知识库基础上的推理也就越合理。为了提高知识库的使用效率，根据知识的类型、表达方式、功能作用的不同，可以将知识库细分为一系列子知识库，这样可以在应用时缩小查询搜索的范围，从而提高知识库的运行效率。室内位置地图制图服务知识库构架如图 7.18 所示。

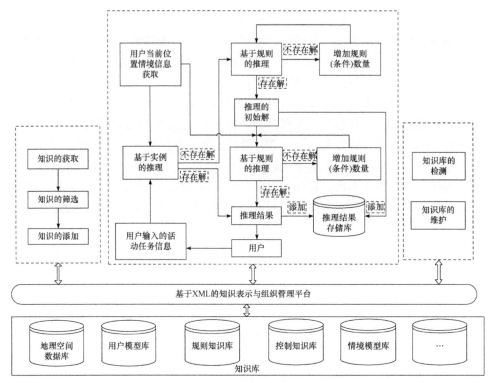

图 7.18　室内位置地图制图服务知识库构架

2. 室内位置地图制图知识存储表的设计

　　知识库中表的设计直接关系到知识库使用的质量和效率，对各种知识表的设计主要有以下要求：①知识表包含的信息及字段属性设计合理，能够较为全面地描述知识的属性特征以及其他信息；②知识表设计应考虑各知识点间的相互关系，以方便在知识库应用中围绕特定问题进行知识表的快速高效关联；③知识表的设计需要预留一定的扩展字段，以方便对知识表的增添和删减；④知识表需要具有可编辑和可修改的功能，以方便对知识表进行管理、维护和修改。以下为各类知识存储表的设计方案。

1) 用户信息知识表

　　用户信息知识表包含的主要信息有用户的自身特征、兴趣爱好、知识结构、文化程度等，它描述的是在一定时间段内用户基本固定的特征信息，见表 7.11。

表 7.11　用户背景知识表

字段名称	字段类型	参数内容或选项
ID 号(ID)	int	1，2，…

续表

字段名称	字段类型	参数内容或选项
民族	int	汉族、回族、维吾尔族、…
年龄	int	20 岁以下，20~30 岁，30~40 岁，40~50 岁，50~60 岁，60 岁以上
性别	int	男、女
语言	char(30)	汉语、英语、…
文化程度	int	高中以下、高中、本科、本科以上
兴趣爱好	char(50)	旅游、消费购物、餐饮美食、…
地图专业知识	int	较差、一般、好
计算机操作水平	Int	较差、一般、好
…	…	…

2) 位置信息表

室内位置地图中的位置信息不单包括地理位置，还包括位置的相关属性以及关联关系等，它是室内位置地图数据模型中最基础的一种。位置信息表见表 7.12。

表 7.12　位置信息表

字段名称	字段类型	参数内容或选项
地理位置	int	城市、街道、建筑物、室内空间
位置标识	int	起点、终点、节点_起点、节点_终点、当前、兴趣点等
位置状态	int	室内、室外、室内外
位置目标类别	int	点状、线状、面状、体状
位置关系	char(30)	物理位置转地理位置(坐标转地名)
…	…	…

3) 时间信息表

室内位置地图情境中的时间信息分为时间数据、时间属性和时间转换三部分，其中时间转换又包含时间单位转换和时间点与时间段的转换。因此，在时间信息表中，主要记录时间数据、时间类型、时间标识、时间归属地以及时间转换标识，见表 7.13。

表 7.13　时间信息表

字段名称	字段类型	参数内容或选项
时间数据	char(30)	当前时间
时间类型	int	点时间、段时间、时间间隔
时间标识	int	时间状态的描述
时间归属地	int	北京时间、东京时间、…
时间转换标识	char(30)	时间单位转换、时间点与时间段的转换
…	…	…

4) 天气信息表

室内位置地图服务中，天气信息表主要是对特殊天气(雨、雪、雾等)及其级别进行描述和记录，不同级别的特殊天气对道路交通的影响作用是不同的，见表 7.14。

表 7.14　天气信息表

字段名称	字段类型	参数内容或选项
雨况描述	int	小雨、中雨、大雨、暴雨、大暴雨、特大暴雨
雨况对交通的影响	int	小雨(速度减 10%)、中雨(速度减 20%)、大雨(速度减 40%)、暴雨(速度减 60%)、大暴雨(速度减 80%)、特大暴雨(速度减 99%)
雾况描述	int	轻雾、雾、大雾、浓雾、强浓雾
雾况对交通的影响	int	轻雾(速度减 10%)、雾(速度减 20%)、大雾(速度减 50%)、浓雾(速度减 70%)、强浓雾(速度减 99%)
雪况描述	int	小雪、中雪、大雪、暴雪
雪况对交通的影响	int	小雪(速度减 10%)、中雪(速度减 20%)、大雪(速度减 50%)、暴雪(速度减 99%)
…	…	…

5) 交通信息表

室内位置地图中，交通信息主要是指道路堵塞、交通事故、道路封闭等信息，它们都会不同程度地影响通行。因此，交通信息表描述的内容主要包括交通状况、交通拥堵指数和交通对速度的影响这三个部分，见表 7.15。

表 7.15 交通信息表

字段名称	字段类型	参数内容或选项
畅通	int	速度减 10%
基本畅通	int	速度减 20%
轻度拥堵	int	速度减 50%
中度拥堵	int	速度减 70%
重度拥堵	int	速度减 99%
…	…	…

6) POI 信息表

POI 通常指室内位置地图中描述的空间对象，POI 信息表主要记录 POI 类型、POI 名称和 POI 属性，见表 7.16。

表 7.16 POI 信息表

字段名称	字段类型	参数内容或选项
POI 类型	int	购物场所、餐饮场所、休闲场所、…
POI 名称	char(30)	电影院、咖啡厅、快餐店、…
POI 时间信息	char(30)	营业时间
POI 位置信息	char(50)	POI 的语义位置
POI 描述特征	char(200)	POI 的属性描述
…	…	…

7) 事件信息表

事件信息主要包括交通事故信息、折扣信息、晚点信息。对于交通事故，主要描述交通事故的类型、位置、事故发生的时间或持续时间；对于晚点信息，主要描述晚点类型、原因和时间；对于折扣信息，主要描述折扣信息类别、位置，以及折扣开始时间和持续时间。事件信息表的设计见表 7.17。

表 7.17 事件信息表

字段名称	字段类型	参数内容或选项
交通事故类型	int	撞车(人)、路陷、桥塌、路或桥维修、禁行、…
交通事故位置	char(30)	交通事故发生的语义位置

字段名称	字段类型	参数内容或选项
交通事故时间	char(30)	交通事故发生的时间或影响持续时间
晚点信息类型	int	飞机晚点、火车晚点、…
晚点信息原因	char(30)	晚点原因
晚点信息时间	char(30)	具体晚点时间
折扣信息类型	int	餐饮折扣、服饰折扣、家具折扣、…
折扣信息位置	char(30)	折扣商店位置
折扣信息时间	char(30)	折扣发生时间或持续时间
…	…	…

8) 设备系统知识表

在设备系统知识表中主要是对用户使用设备的屏幕尺寸、屏幕分辨率、屏幕器色位、操作系统、系统界面语言、网络带宽，以及其他相关附属设施等信息的描述，见表 7.18。

表 7.18　设备系统知识表

字段名称	字段类型	参数内容或选项
地址	int	用户的 IP 地址
操作系统	char(30)	Windows、Linux、…
屏幕尺寸	char(30)	屏幕尺寸
屏幕分辨率	char(30)	屏幕的分辨率
屏幕器色位	char(30)	32 位、64 位、…
系统界面语言	int	汉语、英语、…
网络带宽	int	1Mbit/s 以下、1M~2Mbit/s、…
附属设备	char(50)	其他关联设备

9) 活动信息表

活动信息表主要是对用户活动任务相关信息的描述，其主要包括活动编号、活动的名称、活动的类型、活动起始位置、活动终点位置、活动预定完成时间、活动关联的行为等，见表 7.19。

表 7.19 活动信息表

字段名称	字段类型	参数内容或选项
活动编号	int	活动的编号标识
活动名称	char(30)	活动名称描述
活动类型	int	顺序逻辑活动、非顺序逻辑活动、复合活动
活动起始位置	char(30)	活动开始的位置
活动终点位置	char(30)	活动结束的位置
活动预定完成时间	char(30)	活动预定完成时间
活动关联的行为编号	int	与该活动有关的行为编号
活动关联的行为数量	int	与该活动有关的行为数量
…	…	…

10) 行为信息表

行为信息表主要是对用户行为相关信息的描述，其主要包括行为编号、行为名称、行为类型、行为起始位置、行为终点位置、行为预定完成时间、行为关联的操作等，见表 7.20。

表 7.20 行为信息表

字段名称	字段类型	参数内容或选项
行为编号	int	行为编号标识
行为名称	char(30)	行为名称描述
行为类型	int	位置定位行为、路线导航行为、信息查询行为、识别筛选行为以及动态信息监测行为
行为起始位置	char(30)	行为开始的位置
行为终点位置	char(30)	行为结束的位置
行为预定完成时间	char(30)	活动预定完成时间
行为关联的操作 ID	int	与该行为有关的操作编号
行为关联的操作数量	int	与该行为有关的操作数量
…	…	…

11) 操作信息表

操作信息表主要是对操作相关信息的描述，主要包括操作编号、操作名称、操作类型、操作起始位置、操作终点位置、操作预定完成时间、操作关联的情境信息等，见表 7.21。

表 7.21 操作信息表

字段名称	字段类型	参数内容或选项
操作编号	int	操作的编号标识
操作名称	char(30)	名称描述
操作类型	Int	POI 的操作、实时信息的操作、提示信息的操作、对象表达样式的操作
操作起始位置	char(30)	操作开始的位置
操作终点位置	char(30)	操作结束的位置
操作预定完成时间	char(30)	操作预定完成时间
操作关联的情境信息	char(30)	与该活动有关的情境信息
…	…	…

7.3 室内位置地图制图服务系统设计及应用案例

7.3.1 室内位置地图制图服务系统设计

1. 系统层次结构

基于知识的室内位置地图服务系统基本框架如图 7.19 所示。它主要包括情境感知、多源数据获取和融合、用户情境模型构建、模型匹配与情境推理、室内位置地图制图知识库构建、地图实时生成与交互、人机交互界面设计等部分。

2. 功能模块设计

本系统的开发平台为 Visual Studio 2005，数据管理使用的是 Access 数据库，系统功能模块如图 7.20 所示。其中，系统的功能模板主要包括情境知识获取与推理模块、数据处理模块、知识管理模块以及地图可视化模块。其中，情境知识获取与推理模块主要是实现对用户、环境、系统等情境信息的获取以及对活动进行匹配和推理；数据处理模块包括对地图显示、POI 显示、情境处理等方面的操作；知识管理模块主要是对模板库、知识库以及数据库进行管理；地图可视化模块主要包括室内位置地图制图要素的可视化表达和界面可视化。

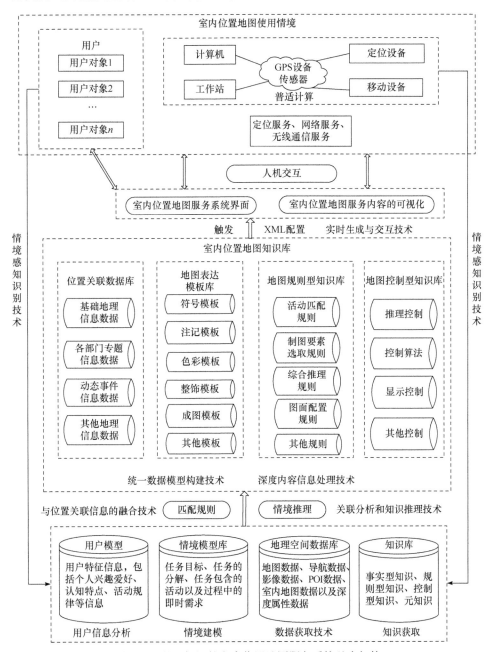

图 7.19 基于知识的室内位置地图服务系统基本架构

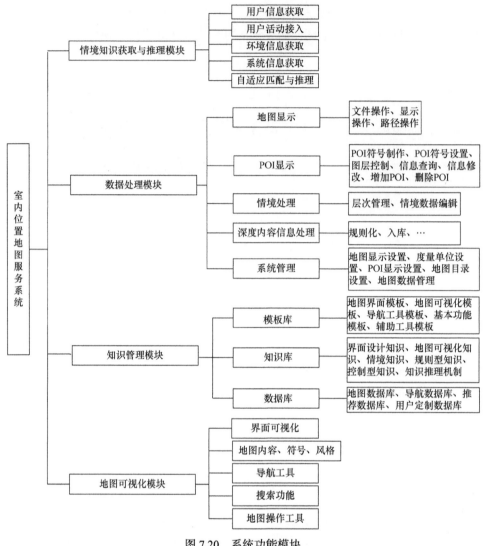

图 7.20 系统功能模块

3. 系统基本构成

系统基本构成如图 7.21 所示。其中主要包括终端用户应用系统、位置服务中间件、基于 XML 的知识表示与组织管理平台等部分。

终端用户应用系统：用户使用的终端上运行的程序，主要负责人机交互，包括地图浏览和显示、任务选择、信息获取。

定位中间件：用于解析位置参数的模块，主要负责将终端位置传感器发来的信息解析为位置坐标，该坐标可以是经纬度，也可以是局部坐标。该中间件主要抽象出了各种不同定位方式的公共接口，如 GPS、Wi-Fi 等，避免上层应用与其他模块的修改。

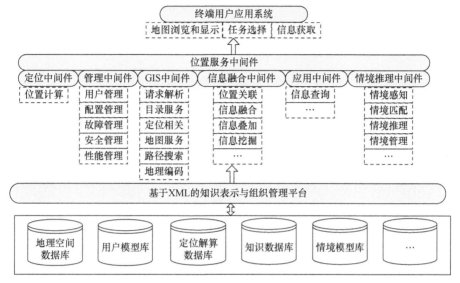

图 7.21 系统基本构成

管理中间件：负责系统运行所需各种参数、功能等方面管理的模块。

GIS 中间件：用于完成 GIS 功能的模块，主要负责根据定位中间件发送的位置信息、情境推理中间件发送的情境信息进行地图的制作(即叠加信息与地理底图的合成)，并将信息融合中间件得出的推送信息按照表达模型要求表示在地图上。

信息融合中间件：将不同信息按照一定规则进行融合运算的模块，主要负责对情境推理中间件得出的结果进行信息融合、叠加、挖掘等，并得到需要推送给用户的信息。

应用中间件：服务器或本机上运行的程序，是智能服务系统的上层应用接口，负责消息分发、组件加载、参数传递等工作。

情境推理中间件：用于进行情境解析、信息需求提供的模块，主要负责根据终端发送的用户信息、时间信息、设备信息等以及定位中间件解析出的位置信息等，解析出该用户当前所处的情境，以及所需要的信息、叠加方式等。

各组件间的交互如图 7.22 所示。

4. 系统开发模式

室内位置地图制图服务系统基于标准 C++的技术路线，采用以 Visual Studio 为主、其他集成开发环境为辅的开发环境策略。

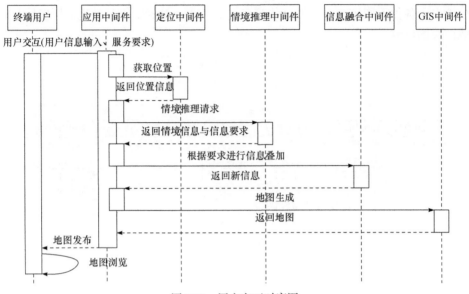

图 7.22　用户交互时序图

　　系统引擎的软件架构采取了对象层、组件层和应用层三个层次，如图 7.23 所示。

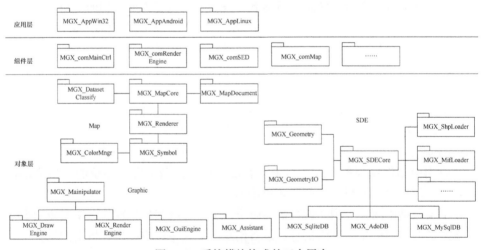

图 7.23　系统模块构成的三个层次

　　对象层：一系列可重用的制图系统对象模块。按照"图形-数据"的分离原则，对象层目前共有三个对象组，即负责图形绘制的 Graphic 组，负责数据组织、存储和管理调度的 SDE(spatical database engine)组，以及负责室内位置地图快速制图的 Map 组。

　　组件层：为了重用特定功能完整的程序模块，系统采用组件开发模式，将对象层的若干对象通过有机的组合形成符合特定需求的组件，提供给应用层使用。

　　应用层：通过组合不同的组件，定制不同的应用程序，通常是定制面向不同平台如 Windows、Android 和 Linux 的应用 App。

　　工程和代码的组织方式主要是通过.mk 文件的级联，使得每一个对象模块均组织在同一个工程文件夹下，在同一个工程中实现对各个模块的编译和联调联试。图 7.24 给出了 Visual Studio 和 Eclipse 环境下工程和文件组织的截图，两个环境下共享和编辑同一套源代码文件。

图 7.24　Visual Studio (左)和 Eclipse(右)环境下工程和文件组织的截图

5. 空间数据引擎与运行机制

　　如图 7.25 所示，空间数据引擎总体架构核心模块 SDECore 基于 SQLite 内存数据库构建，以内存数据库作为 SDE 数据库驱动，并利用单层网格、多层网格等索引技术，能够实现快速的空间数据检索和查询，为快速制图提供数据支撑。

　　SDECore 与数据或文件的交互是通过 Database 中间件实现的，Database 中间件实现了对 ADO(Activex Data Objects)系列数据库、SQLite 及 MySQL 等商业

或非商业数据库、文件系统、分布式文件系统的封装，通过统一接口为
SDECore 提供数据库和数据文件存取、管理服务。

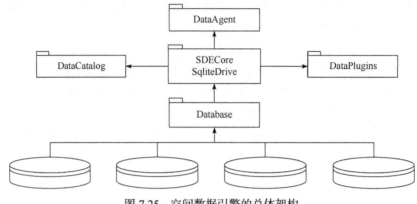

图 7.25　空间数据引擎的总体架构

面向多源异构的空间数据，SDE 通过数据插件机制，为每一种异构数据定
制一个插件。设计 DataAgent 模块，主要负责向用户提供数据、向数据引擎请求
数据、管理内存数据库缓存。空间数据引擎的主要对象及其接口模型如图 7.26
所示。接口功能分类如表 7.22 所示。

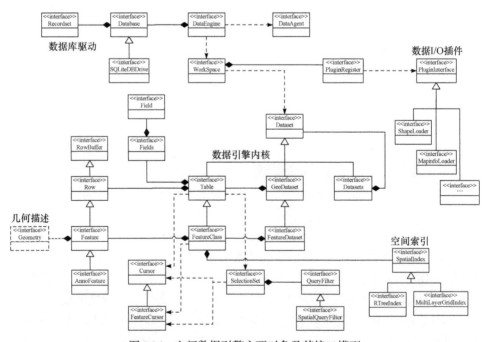

图 7.26　空间数据引擎主要对象及其接口模型

表 7.22　空间数据引擎接口功能分类

功能	接口
字段管理	Field, Fields
记录管理	RowBuffer, Row, Feature, AnnoFeature
数据集管理	Dataset, Table, FeatureClass, GeoDataset, FeatureDataset
查询过滤器	QueryFilter, SpatialQueryFilter
选择集、游标	SelectionSet, Cursor, FeatureCursor
工作区和代理	DataEngine, DataAgent, WorkSpace
数据库驱动	Database, Recordset
空间索引	SpatialIndex, RTreeIndex, MultiLayerGridIndex
数据插件	PluginInterface

　　基于内存数据库的空间数据引擎运作机制如图 7.27 所示。当空间数据引擎启动后，就会在内部建立起基于 SQLite 的内存数据库驱动。该内存数据库管理和维护所有制图需求数据，并且隔离了地图制图模块和物理数据(数据库或文件)的直接请求。其优势在于不仅使得制图模块和物理数据松耦合，而且基于内存数据库的数据访问和查询的效率较高。

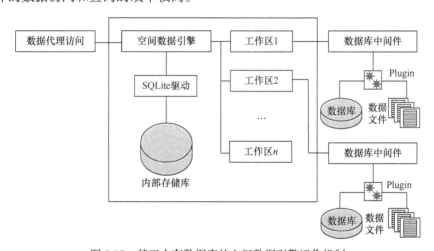

图 7.27　基于内存数据库的空间数据引擎运作机制

　　制图模块通过数据访问代理向空间数据引擎请求数据时，空间数据引擎通过 SQLite 驱动在内存数据库中查询检索数据。此时，QueryFilter 和 SpatialFilter 会根据查询条件(含空间索引条件)计算出 SQL 语句，并将语句提交 SQLite 执行。

当查询的数据集或表不在内存数据库的工作区时，工作区会根据其设置的数据访问链接地址(包括数据库地址或文件数据路径)请求数据，数据库中间件通过使用数据插件提取数据表，并将数据表附加至内存数据库中。

空间数据引擎负责该数据源上各种类型数据的注册，向数据引擎提供给定条件下的数据集名称。对于室外数据，依据网格思想，按照网格层次对数据进行划分(可以与目前的地形图分幅方式相同)，每一个网格具有全球唯一的 ID 号。对于室内数据，按照楼层进行划分，赋予每一建筑及其楼层相应的唯一 ID 号。

为了保证同一套源码在不同平台上编译后运行，系统需要构建一个跨平台、高效可用的、二三维融合的绘图引擎。绘图引擎分别采取 Skia 作为二维图形绘图驱动，OpenGL 或 OpenGL ES 作为三维图形渲染驱动，以"视图→场景→绘制体→图形属性"四个层次为设计指导，构建了适用于多平台的绘图引擎，绘图引擎的架构如图 7.28 所示。

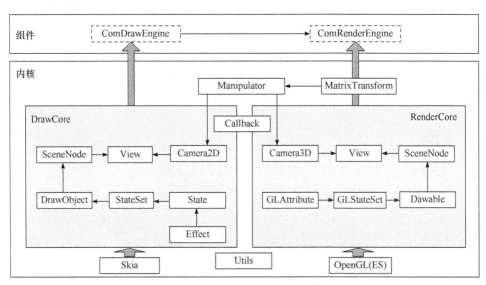

图 7.28　二三维融合的绘图引擎流程

绘图引擎主要由两个层次组成。组件层次通过组件注册的方式，提供二维(ComDrawEngine)或三维(ComRenderEngine)的图形绘制服务。内核层次主要基于 Skia 和 OpenGL(ES)构建了二维绘图内核(DrawCore)和三维渲染内核(RenderCore)。同时，绘图引擎采用统一的交互操纵方式，即通过统一的 Manipulator 操纵器产生模型视图矩阵，并提交二三维各自的 Camera 进行处理，实现二三维统一的图形操纵。

7.3.2 机场制图服务应用案例

机场作为一个结构复杂、人员密集、流动量大的大型场所，具有丰富的用户需求和地图应用情境，非常适合作为室内位置地图制图服务应用的典型室内环境。本案例以室内位置地图制图服务系统为基础，围绕乘客在机场内部活动情境和用图需求，展现室内位置地图的应用模式。

1. 机场室内位置地图典型应用情境

对拟乘机出行的用户来说，通常较为关心的是机场及其周边的交通路况、行车导航路径、机场停车位及其状况，以及进入机场室内环境后的行李托运、安检、登机地点等，还包括突发情况等信息。根据乘机旅客的用图需求，机场室内位置地图典型应用情境共分为两个层次，如图 7.29 所示。

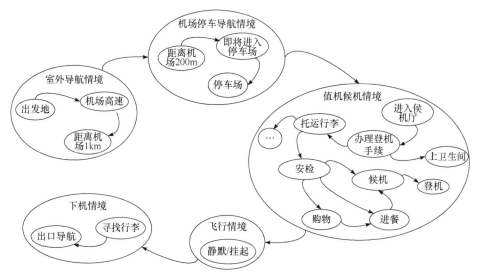

图 7.29 机场室内位置地图典型情境及其切换关系

第一层次以乘客出行、登机、飞行和下机活动为主要场景，包括以下典型情境：开始→室外导航情境→机场停车导航情境→值机候机情境→飞行情境→下机情境。

第二层次主要描述由时间、位置和活动变化引起的第一层次典型情境中的地图表达和应用情境的变化。详细设计如下。①室外导航情境：从出发地开始，到距离机场 1km 结束，其间主要涉及市内交通导航、机场高速路况等需求。②机场停车导航情境：从距离机场 200m 左右开始，为乘客导航合适的停车场以及空闲停车位，直至乘客停好车后结束。③值机候机情境：从乘客进入值机大厅开始，到乘客登机结束，其间主要任务包括办理登机手续、托运行李、安检和候机等；除此之外，还可能包括上卫生间、购物、进餐等特殊活动需求。主要任务必须进行个性化制图表达服务，特殊活动则根据乘客实际需求激活制图表达服务。④飞行情境：飞行过程中因无线通信设备处于静默状态，室内位置地图情境处于挂起状态。⑤下机情境：从飞机着陆开始，包括寻找行李、导航至所需出口等。

2. 机场室内位置地图表达效果

以上述典型情境为主线，这里设计了相应情境下机场室内位置地图叠加信息及其表达的效果，并对表达效果进行了分析。

1) 室外导航情境

从出发点开始到距离机场约 1km 之内，室外导航情境的表达效果如图 7.30所示。按照室内位置地图四个图层进行表达图层和表达内容的分析见表 7.23。

(a) 出发地导航至机场效果　　　(b) 天气动态信息提示效果　　　(c) 邻近机场切换园区导航效果

图 7.30　室外导航情境的表达效果图(见彩图)

表 7.23　室外导航情境的表达图层和表达内容

情境	表达图层及其内容			
	底图	个性化定制	个性化分析	消息
出发地	室外地图	实时路段拥堵情况	—	目的地城市天气情况等
机场高速	室外地图	实时高速路段拥堵、车流等信息	出发地到机场的导航路径	高速路段突发事件

续表

情境	表达图层及其内容			
	底图	个性化定制	个性化分析	消息
距离机场 1km	室外地图+机场室内 地图底图	机场主要交通路线、 主要出入口等	当前位置点与指定地点 (如停车场)的导航路径	—

2) 机场停车导航情境

从距离机场 200m 开始，到进入指定停车位停车为止，机场停车导航情境的表达效果如图 7.31 所示。按照室内位置地图四个图层进行表达图层和表达内容的分析，见表 7.24。

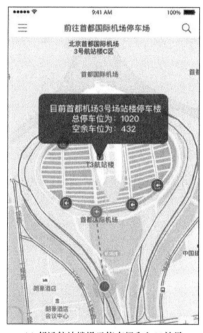

(a) 邻近航站楼提示停车场和入口效果

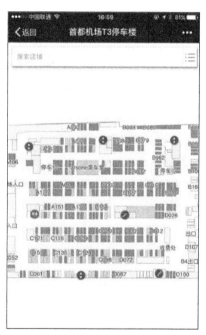

(b) 进入停车场后提示空闲车位效果

图 7.31　机场停车导航情境的表达效果图(见彩图)

表 7.24　机场停车导航情境的表达图层和表达内容

情境	表达图层及其内容			
	底图	个性化定制	个性化分析	消息
距离机场 停车场 200m	建筑物轮廓二维 平面图+停车场 二维平面图	停车场基本轮廓、功能 分区、出入口(符号或 注记表达)	分析有几个入口，距离用 户最近的入口	—

续表

情境	表达图层及其内容			
	底图	个性化定制	个性化分析	消息
即将进入停车场	停车场二维平面图	实时停车位汇总信息(共有几层,每层剩余停车位)	—	本停车场共有××层;其中××层空余××个车位
停车场	停车场二维平面图	当前层分区、基础车位划分、墙、柱子、出入口等	实时停车位信息(占用、未占用)用不同颜色加以表示;备选停车位置(最近的、最靠近出口的)动画闪烁表示	—

3) 值机候机情境

值机候机发生的情境较多,但主要分为主要任务和用户特殊活动两个类型。在主要任务方面,以办理登机手续、安检和候机为例;在用户特殊活动方面,以寻找并导航至肯德基为例。部分值机候机情境的表达效果图如图 7.32 所示。部分值机候机情境的表达图层和表达内容如表 7.25 所示。

(a) 室内导航至值机柜

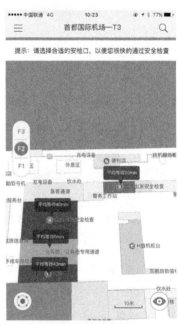

(b) 提示可选的安检口

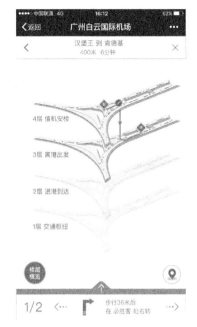

(c) 提示登机口和时间　　　　　　(d) 多楼层导航肯德基

图 7.32　部分值机候机情境的表达效果图(见彩图)

表 7.25　部分值机候机情境的表达图层和表达内容

情境	表达图层及其内容			
	底图	个性化定制	个性化分析	消息
办理登机手续	值机大厅室内地图伪三维表达底图	机场值机大厅功能分区、值机通道、公共设施等;各航空公司值机通道	用户选择相应的航空公司,叠加实时的值机排队人员数量信息(不同饱和度区分)	根据用户位置与航班情况提示最适合的值机口与路径,如××航空公司在××通道值机
安全检查	值机大厅室内地图伪三维表达底图	机场值机大厅地图与安检通道信息,实时人流信息	根据用户位置与用户类型(是否 VIP 等)提示最适合的安检口与路径	最适合的安检通道提示(××安检通道目前排队人数为××,预计可快速通过)
候机	候机大厅室内地图伪三维表达底图	候机大厅功能分区、周边重要 POI 等	当前位置点和目标候机场所的导航路线	提示距离登机的时间和登机口位置
寻找餐馆	候机大厅室内地图伪三维表达底图	候机大厅餐馆以及与餐饮相关的 POI	当前位置点	—

7.3.3　商场制图服务应用案例

同机场类似，商场作为一个结构复杂、人员密集、流动量大的场所，存在丰富的地图用户需求和应用情境，特别是室内活动具有更大的自由性和随意性，对室内位置地图提出更高的面向情境的表达需求。本案例围绕乘客在商场内部活动情境，展现室内位置地图的应用模式。

1. 商场室内位置地图典型应用情境

相较机场重视出行的交通路况、完成乘机候机等任务，商场购物人员则更加关心商场的停车状况、空间布局、各楼层店铺所卖商品、商场布局和店铺的更新、折扣信息等。用户在商场的行为模式可以归纳为导航、浏览和搜索等。例如，用户导航前往停车场或目标商铺，通过地图浏览商场整体空间布局、搜索查询相关餐馆等。

根据游客在商场活动的行为特点，将商场室内位置地图应用情境分为四大类，即商场室内外空间切换停车寻车情境、商场多楼层浏览情境、用户任务导航情境和 POI 搜索及深度信息推送情境。图 7.33 是根据上述分析设计的商场室内位置地图典型情境及其切换关系。

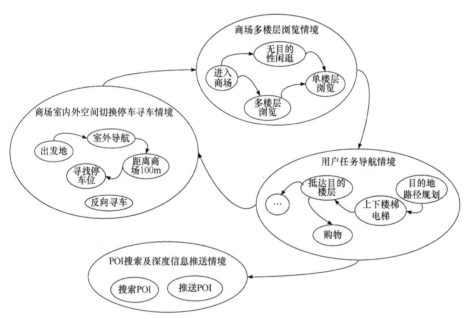

图 7.33　商场室内位置地图典型情境及其切换关系

2. 商场室内位置地图表达效果

以上述典型情境为主线，这里设计了相应情境下商场室内位置地图叠加信息及其表达的效果，并对表达效果进行了分析。

1) 商场室内外空间切换停车寻车情境

前往商场并进入地下停车场停车实际上是一个室内外切换的过程，也是一个地图分尺度表达的过程，当感知用户靠近商场不同距离时(距离的确定取决于用户任务、状态、定位精度范围等)进行逐级尺度变换表达，例如图 7.34 的(a)~(d)分别展示了商场室外路径导航、商场轮廓显示出入口分布，以及使用二维平面图表达地下停车场实时停车状态的效果图。表 7.26 给出了商场室内外切换停车寻车情境的表达图层和表达内容。

(a) 出发地导航至商场效果　　(b) 邻近商场提示停车场入口和剩余车位数

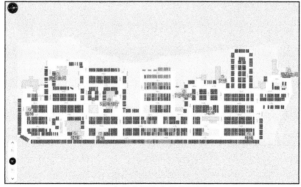

(c) 商场空闲停车位效果图

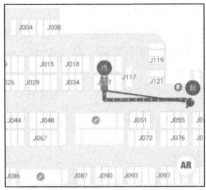

(d) 反向寻车导航至停车位效果

图 7.34　商场室内外切换情境的表达效果(见彩图)

表 7.26　商场室内外切换停车寻车情境的表达图层和表达内容

情境	表达图层及其内容			
	底图	个性化定制	个性化分析	消息
室外导航	导航拓扑图	城市主要街道及实时交通状况	目的地位置、用户当前位置、所走路径	—
距商场100m	导航拓扑图＋商场室内地图底图	停车场轮廓、功能分区、出入口	分析有几个入口，距离用户最近的入口，至入口的导航路径	地下停车场空余××个车位
寻找停车位	停车场二维平面图	停车场分区、基础车位划分、墙、柱子、出入口等	实时车位占用信息，用不同颜色加以表示	—
反向寻车	停车场二维平面图	停车场分区、基础车位划分、墙、柱子、出入口等	用户当前位置到用户车位的最优路径(可能跨楼层显示)，用户车位突出显示(符号动画闪烁表示)	您的车在××层；距离当前位置还有××m

2) 商场多楼层浏览情境

商场分单楼层和多楼层浏览，可以给用户提供关于商场各个楼层相关信息的总体印象。图 7.35 和图 7.36 分别给出了商场多楼层浏览和单楼层浏览的分级表达效果图。表 7.27 给出了进入商场、无目的性闲逛、多楼层浏览和单楼层浏览四种浏览情境的表达内容和表达效果分析。

3) 用户任务导航情境

用户任务导航指用户从当前位置开始，通过室内位置地图导航至自己需要去的楼层和目的地，通常包括目的地路径规划、上下楼梯或电梯、抵达目的楼层三种子情境。图 7.37 给出了用户任务导航情境的表达效果，表 7.28 给出了该情境下的表达图层和表达内容的分析。

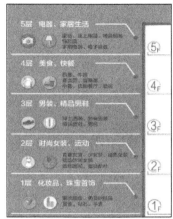

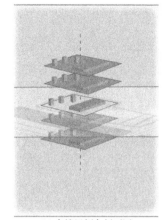

(a) 多楼层功能示意展示图　　　　　　　　(b) 多楼层侧向剖面图

图 7.35　商场多楼层浏览情境表达效果图(见彩图)

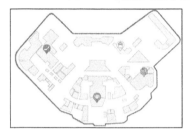

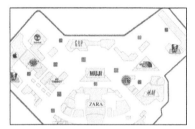

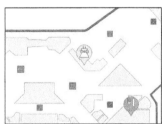

图 7.36　商场单楼层浏览情境表达效果图

表 7.27　商场四种浏览情境的表达图层和表达内容

情境	表达图层及其内容			
	底图	个性化定制	个性化分析	消息
进入商场	二维图表达	通过多楼层透视、剖面图或平行投影表示各楼层的基本布局，内容尽量简单	—	—
无目的性闲逛	二维图表达 侧向剖面图	餐饮、购物深度内容信息选择与叠加(根据用户画像)；当有多个 POI 优惠信息时，按照用户画像进行筛选	—	在用户行进过程中，根据用户位置推送周围一定范围内的 POI 优惠信息
多楼层浏览	侧向剖面图	—	—	—
单楼层浏览	二维平面图	—	—	—

(a) 室外导航至商场

(b) 室内地图导航至目标店铺

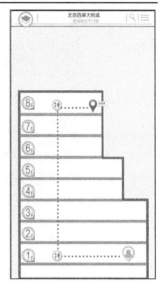

(c) 多楼层导航

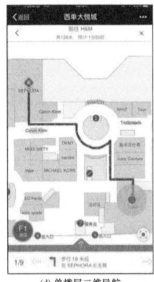

(d) 单楼层二维导航

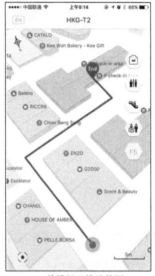

(e) 单楼层三维导航图

(f) 增强现实导航图

图 7.37　用户任务导航情境表达效果图(见彩图)

表 7.28　用户任务导航情境的表达图层和表达内容

情境	表达图层及其内容			
	底图	个性化定制	个性化分析	消息
目的地路径规划	二维地图	显示规划路径周围重要的地标、POI 等	叠加路径信息，路径上可以标记关键点	—

续表

情境	表达图层及其内容			
	底图	个性化定制	个性化分析	消息
上下楼梯或电梯	剖面图	通过动态符号的方式显示正在切换楼层，地图背景淡化	叠加楼层间路径信息，标记关键上下楼梯或电梯位置	提示是否已经到达指定楼层
抵达目的楼层	二维地图三维模型增强现实	通过二维平面/三维模型显示分布，并展示功能分区、主要 POI	楼层上叠加目的地位置、导航路径信息及路径周围重要 POI	提示离目的地剩余距离

4) POI 搜索及深度信息推送情境

POI 搜索及深度信息推送情境下，个性化定制图层主要表达用户搜索的商铺位置，消息提示图层主要表达商铺的深度内容信息，主要包括简介、位置、价格、优惠等商铺深度内容信息，并以文本框、图片等形式推送消息。

参 考 文 献

[1] Klepeis N E, Nelson W C, Ott W R, et al. The national human activity pattern survey: A resource for assessing exposure to environment pollutants[J]. Journal of Exposure Analysis and Environmental Epidemiology, 2011, 11(3): 231-252.

[2] 金培权, 汪娜, 张晓翔, 等. 面向室内空间的移动对象数据管理[J]. 计算机学报, 2015, 38(9): 1777-1794.

[3] 霍娅敏. 大型公共建筑的交通影响分析[J]. 西南交通大学学报, 1999, 34(2): 228-232.

[4] 应申, 朱利平, 李霖, 等. 基于室内空间特征的室内地图表达[J]. 导航定位学报, 2015, 3(4): 74-78, 91.

[5] Martin W. Indor Location-Based Services: Prerequisites and Foundations[M]. Switzerland: Springer International Publishing, 2014.

[6] 黄梅宇. O2O 迎来杀手级入口——室内地图应用及展望[J]. 计算机网络, 2016, 42(Z1): 23.

[7] 许华燕, 李志辉, 王金月. 室内地图应用现状及展望[J]. 测绘通报, 2014, (9): 119-121.

[8] 周成虎, 朱欣焰, 王蒙, 等. 全息位置地图研究[J]. 地理科学进展, 2011, 30(11): 1331-1335.

[9] 齐晓飞. 位置地图情境建模、推理与表达研究[D]. 郑州: 解放军信息工程大学, 2014.

[10] Lorenz A, Thierbach C, Baur N, et al , et al. Map design aspects, route complexity, or social background? Factors influencing user satisfaction with indoor navigation maps[J]. Cartography and Geographic Information Science, 2013, 40(3): 201-209.

[11] 邓中亮. 室内导航与位置服务[J]. 智能建筑, 2015, (4): 45.

[12] 朱欣焰, 周成虎, 呙维, 等. 全息位置地图概念内涵及其关键技术研究[J]. 武汉大学学报 (信息科学版), 2015, 40(3): 285-295.

[13] 工业和信息化部电信研究院. 移动终端白皮书(2012 年)[R]. 北京, 2014.

[14] 王富强, 薛志伟, 齐晓飞, 等. 室内地图研究综述[J]. 地矿测绘, 2012, 28(2): 1-3.

[15] 朱庆, 熊庆, 赵君峤. 室内位置信息模型与智能位置服务[J]. 测绘地理信息, 2014, 39(5): 1-7.

[16] 李德仁, 李清泉, 谢智颖, 等. 论空间信息与移动通信集成应用[J]. 武汉大学学报(信息科学版), 2002, 27(1): 1-8.

[17] 高利佳, 肖挺莉. 面向旅客个性化服务的机场室内位置地图与服务系统[J]. 中国民航飞行学院学报, 2015, 26(1): 60-63.

[18] 阎超德, 赵仁亮, 陈军. 移动地图的自适应模型研究[J]. 地理与地理信息科学, 2006, 22(2): 42-45.

[19] Reichenbacher T. Adaptive concepts for a mobile cartography[J]. Journal of Geographical Sciences, 2001, 11(1s): 43-53.

[20] Gartner G, Cartwright W, Peterson M P. Location Based Services and TeleCartography[M]. Berlin: Springer-Verlag, 2007.

[21] Jia F, Wang G, Tian J, et al. Research on holographic location map cartographic model[C]//The 11th International Symposium on Location-based Services, Vienna, 2014: 245-274.

[22] 张兰. 室内地图的空间认知与表达模板研究[D]. 郑州: 解放军信息工程大学, 2014.

[23] 游天, 周成虎, 陈曦. 室内地图表示方法研究与实践[J]. 测绘科学技术学报, 2014, 31(6):

635-640.

[24] 孙卫新. 室内位置地图数据处理的模型与方法研究[D]. 郑州: 解放军信息工程大学, 2016.

[25] 高俊. 地图·地图制图学, 理论特征与科学结构[J]. 地图, 1986, (1): 4-10.

[26] 王家耀, 孙群, 王光霞, 等. 地图学原理与方法[M]. 2 版. 北京: 科学出版社, 2014.

[27] 田江鹏, 贾奋励, 夏青, 等. 语义驱动的层次化地图符号设计方法[J]. 地球信息科学学报, 2012, 14(6): 736-743.

[28] 高俊. 地图制图基础[M]. 武汉: 武汉大学出版社, 2014.

[29] Reichenbacher T. Mobile Cartography-Adaptive Visualisation of Geographic Information on Mobile Devices[D]. Munich: Technical University of Munich, 2004.

[30] 华一新, 赵军喜, 张毅. 地理信息系统原理[M]. 北京: 科学出版社, 2012.

[31] U.S. Department of Defense. Modeling and Simulation (M&S) Glossary, DoD 5000.59-M[R]. Washington D. C. 1998:124.

[32] 傅小贞, 胡甲超, 郑元拢. 移动设计[M]. 北京: 电子工业出版社, 2013.

[33] 刘芳静. 基于情境体验的移动地图设计研究[D]. 长沙: 湖南大学, 2014.

[34] 田江鹏. 移动地图的认知语义理论与动态制图模型[D]. 郑州: 解放军信息工程大学, 2016.

[35] Best J B. 认知心理学[M]. 黄希庭, 译. 北京: 中国轻工业出版社, 2000.

[36] 陈毓芬. 电子地图的空间认知研究[J]. 地理科学与进展, 2001, 20(Z1): 63-68.

[37] 高俊. 地理信息科学的空间认知研究(专栏引言)[J]. 遥感学报, 2008, 12(2): 338.

[38] 郑束蕾. 个性化地图的认知机理研究[D]. 郑州: 解放军信息工程大学, 2015.

[39] 高俊. 地图学寻迹[M]. 北京: 测绘出版社, 2012.

[40] 王家耀, 陈毓芬. 理论地图学[M]. 北京: 解放军出版社, 2000.

[41] 陈毓芬, 陈永华. 地图视觉感受理论在电子地图设计中的应用[J]. 解放军测绘学院学报, 1999, 16(3): 218-221.

[42] Robinson H, Morrison J, Muehrcke P, et al. Elements of Cartography[M]. 6th ed. New York: John Wiley & Sons, 1995.

[43] 曹亚妮, 江南, 张亚军, 等. 电子地图符号构成变量及其生成模式[J]. 测绘学报, 2012, 41(5): 784-790.

[44] MacEachren A. How Maps Work: Representation, Visualization and Design[M]. New York: Guilford, 1995.

[45] 邓晨, 夏青, 林雕, 等. 基于空间认知的移动室内地图设计新模式[J]. 系统仿真学报, 2014, 26(9): 2097-2103.

[46] Li H, Giudice N A. Using mobile 3D visualization techniques to facilitate multi-level cognitive map development of complex indoor spaces[C]//Proceedings of Spatial Knowledge Acquisition with Limited Information Displays, Kloster Seeon, 2012: 31-36.

[47] Montello D. You are where? The function and frustration of You-Are-Here (YAH) maps[J]. Spatial Cognition & Computation, 2010, 10(2-3): 94-104.

[48] Friedman A, Montello D. Global-scale location and distance estimates: Common representations and strategies in absolute and relative judgments[J]. Journal of Experimental Psychology: Learning, Memory, and Cognition, 2006, 32(3): 333-346.

[49] 张海堂. 空间信息移动服务模型、算法和传输技术研究[D]. 郑州: 解放军信息工程大学,

2005.

[50] Frankenstein J, Brüssow S, Ruzzoli F, et al. The language of landmarks: The role of background knowledge in indoor wayfinding[J]. Cognitive Processing, 2012, 13(Suppl 1): 165-170.

[51] 周小军. 基于知识的位置地图服务理论与制图方法研究[D]. 郑州: 解放军信息工程大学, 2016.

[52] 程时伟, 刘肖健, 孙守迁. 情境感知驱动的移动设备自适应用户界面模型[J]. 中国图象图形学报, 2010, 15(7): 993-1000.

[53] 吴月, 王光霞, 张心悦, 等. 基于地图感受论的室内地图设计原则[J]. 地理空间信息, 2017, 15(1): 12-16.

[54] 江南, 聂斌, 曹亚妮. 动画地图中感知变量初探[J]. 地理信息世界, 2009, (4): 29-32.

[55] 邓晨. 面向移动终端的室内地图设计与实现[D]. 郑州: 解放军信息工程大学, 2015.

[56] 宁安良. 面向3G终端的移动地理信息服务研究[D]. 青岛: 中国海洋大学, 2010.

[57] 宋皑雪. 地图设计与视觉感受的探讨[J]. 四川测绘, 2002, (1): 40-42.

[58] 米佳. 地下公共空间的认知和寻路实验研究——以上海市人民广场为例[D]. 上海: 同济大学, 2007.

[59] Lynch K. 城市意象[M]. 方益平, 何晓军, 译. 北京: 华夏出版社, 2011.

[60] Couclelis H, Golledge R G, Gale N, et al. Exploring the anchor-point hypothesis of spatial cognition[J]. Journal of Environmental Psychology, 1987, 7(2): 99-122.

[61] 徐磊青, 杨公侠. 环境心理学[M]. 上海: 同济大学出版社, 1994.

[62] 卢文岱. SPSS for Windows 统计分析[M]. 北京: 电子工业出版社, 2003.

[63] 陈文倩. 基于层次化坐标的四方位城市空间关系研究——以北京市东城区为例[D]. 北京: 首都师范大学, 2008.

[64] Klatzky R L. Allocentric and egocentric spatial representations: Definitions, distinctions, and interconnrctions[M]//Freksa C, Habel C, Wender K. Spatial Cognition: An Interdisciplinary Approach to Representing and Processing Spatial Knowledge. Berlin: Springer-Verlag, 1998: 1-17.

[65] Levinson S C, Kita S, Haun D B M, et al. Returning the tables: Language affects special reasoning[J]. Cognition, 2002, 84(2): 155-188.

[66] 刘剑. 儿童空间认知参考框架体系的实验研究[D]. 上海: 上海师范大学, 2008.

[67] Hanyu K, Itsukushima Y. Cognitive distance of stairways: Distance, traversal time, and mental walking time estimations[J]. Environment and Behavior, 1995, 27(4): 579-591.

[68] 林玉莲, 胡正凡. 环境心理学[M]. 2 版. 北京: 中国建筑工业出版社, 2006.

[69] 陈春, 张树文, 徐桂芬. GIS 中多边形图拓扑信息生成的数学基础[J]. 测绘学报, 1996, 25(4): 266-271.

[70] 齐华. 自动建立多边形拓扑关系算法步骤的优化与改进[J]. 测绘学报, 1997, 26(3): 254-260.

[71] 王知津, 郑悦萍. 信息组织中的语义关系概念及类型[J]. 图书馆工作与研究, 2013, 213(11): 13-19.

[72] 倪明, 单渊达. 证据理论及其应用[J]. 电力系统自动化, 1996, 20(3): 76-80.

[73] 罗志增, 叶明. 用证据理论实现相关信息的融合[J]. 电子与信息学报, 2001, 23(10): 970-

974.

[74] 王红亮, 张美仙, 丁海飞. D-S 证据理论在目标识别中的应用[J]. 自动化与仪表, 2011, 26(7): 14-17.

[75] 林浩嘉, 罗文斐. 多层建筑空间的分层最优路径算法实现[J]. 地球信息科学学报, 2016, 18(2): 175-181.

[76] Brumitt B, Shafer S. Topological world modeling using semantic spaces[C]//Proceedings of the Workshop on Location Modeling for Ubiquitous Computing, Atlanta, 2001.

[77] Raubal M, Worboys M. A formal model of the process of wayfinding in built environment[M]// Freksa C, Mark D M. Spatial Information Theory-Cognitive and Computational Foundations of Geographic Information Science. Berlin: Springer-Verlag, 1999.

[78] 石朝侠, 洪炳镕, 周彤, 等. 大规模环境下的拓扑地图创建与导航[J]. 机器人, 2007, 29(5): 433-438.

[79] Lee J. A spatial access-oriented implementation of a 3-D GIS topological data model for urban entities[J]. GeoInformatica, 2004, 8(3): 237-264.

[80] Li X, Claramunt C, Ray C. A grid graph-based model for the analysis of 2D indoor spaces[J]. Computer Environment and Urban Systems, 2010, 34(6): 532-540.

[81] 韩建妙, 刘业政. 基于遗传算法的超市最短导购路径推荐[J]. 计算机工程与应用, 2016, 52(4): 238-242.

[82] 董元元, 崔祜涛, 田阳. 基于栅格地图的火星车路径规划方法[J]. 深空探测学报, 2014, 1(4): 289-293.

[83] 卢伟, 魏峰远, 张硕, 等. 室内路网模型的构建方法研究与实现[J]. 导航定位学报, 2014, 2(4): 63-67.

[84] 徐战亚, 钟塞尚, 王媛媛. 一种易于更新的室内导航路网构建方法[J]. 计算机仿真, 2015, 2(12): 267-275.

[85] Schaik P V, Mayouf M, Aranyi G. 3-D route-planning support for navigation in a complex indoor environment[J]. Behaviour & Information Technology, 2015, 34(7): 713-724.

[86] Ariza-Villaverde A B, Rave E G D, Jimenez-Horner O F J, et al. Introducing a geographic information system as computer tool to apply the problem-based learning process in public buildings indoor routing[J]. Computer Application in Engineering Education, 2013, 21(4): 573-580.

[87] Goetz M, Zipf A. Indoor route planning with volunteered geographic information on a (mobile) web-based platform[C]//Krisp J M. Progress in Location-Based Service. Berlin: Springer-Verlag, 2013: 211-231.

[88] 张腾. 室内三维路径规划及多模式导航研究[D]. 青岛: 山东科技大学, 2013.

[89] 穆宣社, 游雄. 支持突发事件应急反应的建筑物内部交通网络分析[J]. 测绘科学技术学报, 2006, 23(6): 635-640.

[90] Meijers M, Zlatanova S, Pfeifer N. 3D geo-information indoors: Structuring for evacuation[C]// Proceedings of the 1st International Workshop on Next Generation 3D City Models, Bonn, 2005:11-16.

[91] 温永宁, 张红平, 闾国年, 等. 基于房产空间数据的楼宇空间疏散路径建模研究[J]. 地球

信息科学学报, 2011, 13(6): 788-796.

[92] 潘鹏, 贺三维, 吴艳兰, 等. 曲边多边形中轴提取的新方法[J]. 测绘学报, 2012, 41(2): 278-283.

[93] 艾廷华, 郭仁忠. 基于约束 Delaunay 结构的街道中轴线提取及网络模型建立[J]. 测绘学报, 2000, 29(4): 347-353.

[94] 林雕. 基于上下文感知的室内路径规划研究与实践[D]. 郑州: 解放军信息工程大学, 2015.

[95] Liu L, Zlatanova S. A "Door-to-Door" path-finding approach for indoor navigation[C]// Proceedings Gi4DM 2011: GeoInformation for Disaster Management, Antalya, 2011.

[96] Goetz M, Zipf A. Formal definition of a user-adaptive and length-optimal routing graph for complex indoor environments[J]. Geo-spatial Information Science, 2013, 14(2): 119-128.

[97] 贾奋励, 张威巍, 游雄. 虚拟地理环境的认知研究框架初探[J]. 遥感学报, 2015, 19(2): 179-187.

[98] 郝情. 普适学习空间中情境建模及推理研究[D]. 大连: 大连理工大学, 2011.

[99] Schilit B, Theimer M. Disseminating active map information to mobile hosts[J]. IEEE Network, 1994, 8(5): 22-32.

[100] Brown P J, Bovey J D, Chen X. Context-aware applications: From the laboratory to the marketplace[J]. IEEE Personal Communications, 1997, 4(5): 58-64.

[101] Ryan N, Pascoe J, Morse D. Enhanced reality fieldwork: The context-aware archeological assistant[C]//Proceedings of the 25th Anniversary Conference of Computer Applications and Quantitative Methods in Archaeology, Birmingham, 1997: 269-274.

[102] Abowd G D, Dey A K, Brotherton J. Context-awareness in wearable and ubiquitous computing[J]. Virtual Reality, 1998, 3(3): 200-211.

[103] Schmidt A, Beigal M, Gellersen H W. There is more to context than location[J]. Computers & Graphics, 1999, 23(6): 893-901.

[104] Abown G D, Dey A K, Brown P J, et al. Towards better understanding of context and context-awareness[C]//Proceedings of the 1st International Symposium on Handheld and Ubiquitous Computing, Karlsruhe, 1999: 304-307.

[105] Chen G, Kotz D. A Survey of Context-Aware Mobile Computing Research[R]. Dartmouth College: Hanover, 2000.

[106] Benereeetti M, Bouquet P, Bonifacio M. Distributed context-aware systems[J]. Human-Computer Interaction, 2001, 16(2): 213-228.

[107] Dey A K, Salber D, Abowd G D, et al. The conference assistant: Combining context-awareness with wearable computing[C]//The Third International Symposium on Wearable Computers, San Francisco, 1999:21-28.

[108] 齐晓飞, 王光霞, 崔秀飞, 等. 位置地图情境建模与实例分析[J]. 地球信息科学学报, 2014, 16(5): 712-719.

[109] 王晓东, 张小红, 王靖, 等. 基于"角色"和"关系"的时间 Ontology 构建[J]. 河南师范大学学报(自然科学版), 2008, 36(1): 29-31.

[110] 黄仁亮, 王锋. 基于位置服务的语义位置综述[C]//2011 International Conference on Software Engineering and Multimedia Communication (SEMC), Qingdao, 2011: 267-270.

[111] Li D, Lee D L. A topology-based semantic location model for indoor applications[C]// Proceedings of the 16th ACM SIGSPATIAL International Conference on Advances in Geographic Information Systems, Irvine, 2008: 439-442.

[112] 杨莉娟. 活动理论与建构主义学习观[J]. 教育科学研究, 2000, (4): 59-65.

[113] Engeström Y. Learning by Expanding: An Activity Theoretical Approach to Developmental Research[M]. Helsinki: Orienta-Konsultit, 1987.

[114] Meng L, Reichenbacher T. Map-based Mobile Services[M]. Berlin: Springer-Verlag, 2005.

[115] Reichenbacher T. Geographic relevance in mobile services[C]//Proceedings of the Second International Workshop on Location and the Web, Boston, 2009: 32-35.

[116] Huang H, Gartner G. Using Activity Theory to Identify Relevant Context Parameters[M]. Berlin: Springer-Verlag, 2009.

[117] 齐晓飞, 王光霞, 周小军, 等. 导航地图情境建模[J]. 地理信息世界, 2014, (2): 6-12.

[118] 孙懿青. 基于规则引擎的自解析匹配推理原型系统研究[D]. 南京: 南京师范大学, 2006.

[119] 肖乐斌, 钟耳顺, 刘纪远, 等. 面向对象整体地理空间数据模型的设计与实现[J]. 地理研究, 2003, 21(1): 34-44.

[120] 刘培奇, 李增智, 赵银亮. 扩展产生式规则知识表示法[J]. 西安交通大学学报, 2004, 38(6): 40-43.

[121] 尹章才, 李霖, 王红. 基于专家系统的图示表达模型研究[J]. 测绘通报, 2006, (8): 53-56.

[122] 谢超, 陈毓芬, 王英杰, 等. 基于参数化模板技术的电子地图设计[J]. 武汉大学学报(信息科学版), 2011, 34(8): 956-960.

[123] 郑束蕾, 李瑛, 方潇, 等. 基于眼动实验和模板技术的应急地图设计研究[J]. 信息工程大学学报, 2016, 17(1): 106-112.

[124] 王光霞, 游雄, 等. 地图设计与编绘[M]. 2 版. 北京: 测绘出版社, 2014.

[125] 游雄, 杜莹, 武志强, 等. 海量军用数据可视化——人的因素、应用与技术[M]. 北京: 解放军出版社, 2008.

[126] Alexander S N. IndoorTubes: A novel design for indoor maps[J]. Cartography and Geographic Information Science, 2011, 38(2): 192-200.

[127] 冯志伟. 自然语言处理的形式模型[M]. 合肥: 中国科学技术大学出版社, 2010.

[128] 郑贵洲, 吴信才. MAPGIS 图层在地图数据处理和管理中的作用[J]. 测绘学院学报, 2000, 17(3): 216-219.

[129] 邱祥峰. 电子地图图层视觉层次排序研究[J]. 测绘通报, 2011, (3): 52-55.

[130] 韩月敏, 刘吉忠, 王洪波, 等. 地理信息基础图层维护软件系统的设计与实现[J]. 计算机应用与软件, 2003, 20(2): 11-12.

[131] 李旭芳, 邱祥峰, 徐敬仙, 等. GIS 应用中电子地图图层的分组表达[J]. 测绘与空间地理信息, 2012, 35(1): 148-149.

[132] 李震, 弓红梅. 发挥 MAPGIS 图形数据编辑处理中图层的作用[J]. 北京测绘, 2001, (1): 19-20.

[133] 张占华. 浅析 MAPGIS 中图层的应用及其意义[J]. 中国科技博览, 2013, (26): 317.

[134] 吴月, 游天, 王骁. 手机地图显示尺度划分方法研究[J]. 测绘科学技术学报, 2016, 33(3): 319-324.

[135] Goodchild M F, Yuan M, Cova T J, et al. Towards a general theory of geographic representation in GIS[J]. International Journal of Geographical Information Science, 2007, 21(3): 239-260.

[136] 王元卓, 靳小龙, 程学旗. 网络大数据: 现状与展望[J]. 计算机学报, 2013, 36(6): 1125-1138.

[137] 陈明. 半结构化数据 XML 与结构化数据库之间转换的研究与应用[D]. 重庆: 重庆大学, 2004.

[138] 薛存金, 周成虎, 苏奋振, 等. 面向过程的时空数据模型研究[J]. 测绘学报, 2010, 39(1): 95-106.

[139] Head C G. The map as natural language: A paradigm for understanding[J]. Cartographica, 1984, (21): 1-31.

[140] 杜清运. 空间信息的语言学特征及其理解机制研究[D]. 武汉: 武汉大学, 2001.

[141] 王英杰, 陈毓芬, 余卓渊, 等. 自适应地图可视化原理与方法[M]. 北京: 科学出版社, 2012.

[142] 李霖, 尹长才, 朱海红. 地图制图标记语言的概念与模式研究[J]. 测绘学报, 2007, 36(1): 108-112.

[143] Resnik P. Using information content to evaluate semantic similarity in a taxonomy[C]// Proceedings of the 14th International Joint Conference on Artificial Intelligence, Montreal, 1995: 448-453.

[144] 俞连笙. 地图符号的哲学层面及其信息功能的开发[J]. 测绘学报, 1995, 24(4): 259-266.

[145] 马晨燕, 刘耀林. 结构主义和解构主义符号哲学导向下的地图视觉艺术[J]. 武汉大学学报(信息科学版), 2006, 31(6): 552-557.

[146] 陈毓芬. 地图符号的视觉变量[J]. 解放军测绘学院学报, 1995, 12(2): 145-148.

[147] 王家耀. 地图制图学与地理信息工程学科进展与成就[M]. 北京: 测绘出版社, 2011.

[148] 梅洋, 李霖, 郑新燕. 基于图元参数模型的通用普通地图符号库研究[J]. 测绘科学技术学报, 2008, 25(1): 17-21.

[149] 尹章才. 基于 SVG 的地图符号描述模型研究[J]. 武汉大学学报(信息科学版), 2004, 29(6): 544-548.

[150] 赵飞, 杜清运, 任福, 等. 专题地图符号的句法结构及其自动构建机制[J]. 测绘学报, 2014, 43(6): 653-660.

[151] Schlichtmann H. Overview of the semiotics of maps[C]// Proceedings of the 24th International Cartographic Conference, Santiago, 2009: 15-21.

[152] 张金禄, 王英杰, 余卓渊, 等. 自适应地图符号模型与原型系统的实现[J]. 地球信息科学学报, 2009, 11(4): 468-473.

[153] 田江鹏, 贾奋励, 夏青. 依托语言学方法论的三维符号设计[J]. 测绘学报, 2013, 42(1): 131-137.

[154] 高名凯. 语言论[M]. 北京: 商务印书馆, 2011.

[155] Tian J P, Peng K M, Jia F L, et al. The concept of symbol-morpheme and its application in map symbols design[C]// The 21st International Conference on Geoinformatics, Kaifeng, 2013.

[156] 田江鹏, 游雄, 贾奋励, 等. 地图符号的认知语义分析与动态生成[J]. 测绘学报, 2017,

46(7): 928-938.

[157] 全国地理信息标准化技术委员会. 中华人民共和国国家标准——国家基本比例尺地图图式第 3 部分: 1∶25000 1∶50000 1∶100000 地形图图式: GB/T 20257.3—2006 [S]. 北京: 中国标准出版社, 2006.

[158] Stefano C R, Luca B, Aggelo M. Formal Languages and Compilation[M]. 2nd ed. Berlin: Springer-Verlag, 2013.

[159] Appel A W, Palsberg J. Modern Compiler Implementation in C[M]. Cambridge: Cambridge University Press, 1998.

[160] Chomsky N, Schfitzenberger M P. The algebraic theory of context-free languages[J]. Studies in Logic and the Foundations of Mathematics, 1959, 26: 118-l61.

[161] 郭立新. 海图符号语言的语法规则构建与实现技术[D]. 郑州: 解放军信息工程大学, 2012.

[162] Robins R H. 普通语言学导论[M]. 申小龙, 等译. 上海: 复旦大学出版社, 2008.

[163] 彭克曼. 语义驱动的符号自动生成方法研究——以点状军标符号为例[D]. 郑州: 解放军信息工程大学, 2014.

[164] 王寅. 认知语言学[M]. 上海: 上海外语教育出版社, 2002.

[165] 蔡孟裔, 毛赞猷, 田德森, 等. 新编地图学教程[M]. 北京: 高等教育出版社, 2000.

[166] 张保钢, 罗晓燕. 超特大城市地形图数据建库分库设计[J]. 测绘通报, 2007, (8): 8-9.

[167] 游涟, 胡鹏. 地图代数的符号化方法[J]. 测绘学报, 1994, 22(5): 136-137.

[168] 郭庆胜, 郑春燕. 地图线状符号图案单元的优化配置方法[J]. 武汉大学学报(信息科学版), 2002, 27(5): 499-504.

[169] 吴小芳, 杜清运, 徐智勇, 等. 复杂线状符号的设计及优化算法研究[J]. 武汉大学学报(信息科学版), 2006, 31(7): 632-635.

[170] 吴立新, 刘纯波, 陈桂茹, 等. 地图符号库的面向对象技术与引用借口设计[J]. 矿山测量, 1999, (1): 3-5.

[171] 张攀, 王波. 专家系统中多种知识表示方法的集成应用[J]. 微型电脑应用, 2004, 20(6): 4-5.

[172] 郭庆胜, 任晓燕. 智能化地理信息处理[M]. 武汉: 武汉大学出版社, 2003.

[173] 全国信息标准化技术委员会. 信息处理、数据流程图、程序流程图、系统流程图、程序网络图和系统资源图的文件编制符号及约定: GB/T 1526—1989[S]. 北京: 中国标准出版社, 1989.

[174] 苏依拉, 牛奇, 朱新瑜. 基于语义 Web 的旅游信息知识推理研究[J]. 内蒙古工业大学学报, 2011, 30(3): 372-374.

[175] 阴艳超, 丁卫刚, 吴磊. 基于不确定规则推理的云制造知识服务方法[J]. 计算机集成制造系统, 2015, 21(4): 1115-1117.

[176] 杜国平, 赵曼. 一阶谓词逻辑反驳演算自然推理系统[J]. 重庆理工大学学报(社会科学版), 2013, 27(9): 2-4.

[177] 李海燕, 李冠宇, 韩国栓. 粗糙本体支持的知识推理框架[J]. 计算机工程与应用, 2013, 49(10): 40-42.

[178] 霍英东. 逻辑及其在知识研究中的作用[J]. 唐山学院学报, 2014, 27(5): 9-12.

[179] 刘志雅, 莫雷, 胡诚, 等. 归纳推理中相似性和类别标签的作用[J]. 心理科学, 2011, 34(5):

1026-1028.

[180] 肖旭, 慕德俊, 张慧翔, 等. GPU 加速的贝叶斯网络精确推理方法研究[J]. 计算机技术与发展, 2014, 24(10): 2-5.

[181] 赵洁心, 潘正华, 王姗姗. 基于 FLcom 的模糊知识推理与搜索处理[J]. 计算机工程与应用, 2015, 51(19): 37-ss39.

[182] 陈阳, 王涛. 二型模糊集模糊推理方法的单调性[J]. 辽宁工业大学学报(自然科学版), 2010, 30(1): 56-58.

[183] 赵波. CAX 领域的新技术——知识工程[J]. 上海工程技术大学学报, 2003, 17(1): 65-66.

[184] 鲁剑锋, 闫轩, 彭浩, 等. 一种优化的策略不一致性冲突消解方法[J]. 华中科技大学学报(自然科学版), 2014, 41(11): 107-109.

[185] 陈立杉, 段莉莉. 基于相关度的同步协同设计冲突消解策略[J]. 武汉大学学报(工学版), 2012, 45(2): 268-273.

彩　　图

(a) 实景与地图对照法

(b) 示意图法

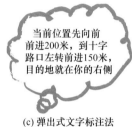

当前位置先向前
前进200米，到十字
路口左转前进150米，
目的地就在你的右侧

(c) 弹出式文字标注法

图 2.1　基于多模式感知变量的室内位置地图表达示例

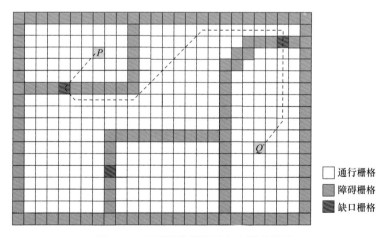

通行栅格

障碍栅格

缺口栅格

图 3.30　基于栅格模型的室内路径规划

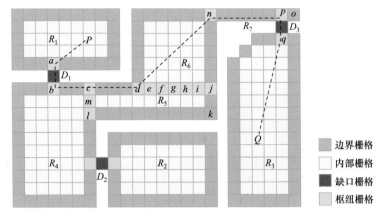

图 3.32　室内栅格通行区域示例

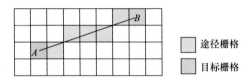

途径栅格

目标栅格

图 3.33　目标栅格间的途经栅格

(a) 北京西单大悦城一楼　　　　(b) 北京西单大悦城二楼

图 5.25　面向浏览任务的表达内容提取结果示例

(a) 导航到NHIZ的表达效果　　　　　(b) 导航过程中动态专题提示效果

图 5.26　面向导航任务的表达内容提取结果示例

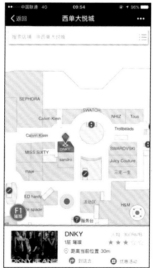

图 5.27　面向报警任务的
表达内容提取结果示例

图 5.28　面向搜寻任务的
表达内容提取结果示例

图 5.29　面向监测任务的表
达内容提取结果示例

表 6.5 对系列比例尺地图符号进行解构抽取得到的符素示例

自由符素		黏着符素	
△、⊗、☆	<三角点>、<水准点>、<天文点>	渐渐渐☼	<土堆>
⚒、⚒	<矿井>、<废弃矿井>	━	<地面>
⚘	<风车>	⚡	<电>
⬤	<石油>或<油库>	⊼	<观测>或<测量>
☰	<沼泽>	⟩⟶	<气象>
⌐	<贝类>	▬ ▬	<铁路>、<轻轨>
▨	<湖泊>或<河流>	⊶⊷	<电线>、<管道>
⚘、⚒、⚘	<阔叶>、<棕榈>、<针叶>	⊢	<国界>、<省界>
⚘	<泉>	▲、╢╢	<石块>、<盐碱>
⊥、⊤、✛	<明礁>、<暗礁>、<干出礁>	⊪、↓、Ⅲ	<草>、<稻>、<高草>

(a) 出发地导航至机场效果

(b) 天气动态信息提示效果

(c) 邻近机场切换园区导航效果

图 7.30 室外导航情境的表达效果图

(a) 邻近航站楼提示停车场和入口效果

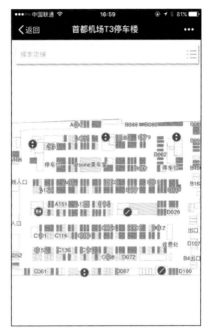
(b) 进入停车场后提示空闲车位效果

图 7.31　机场停车导航情境的表达效果图

(a) 室内导航至值机柜

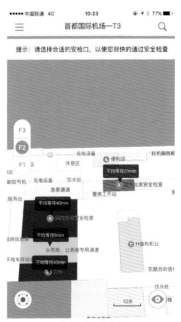
(b) 提示可选的安检口

(c) 提示登机口和时间   (d) 多楼层导航肯德基

图 7.32 部分值机候机情境的表达效果图

(a) 出发地导航至商场效果

(b) 邻近商场提示停车场入口和剩余车位数

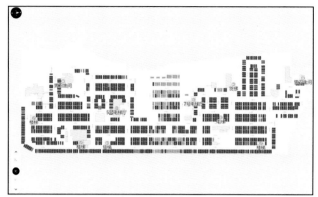

(c) 商场空闲停车位效果图

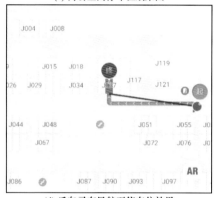

(d) 反向寻车导航至停车位效果

图 7.34　商场室内外切换情境的表达效果

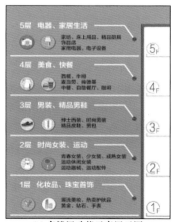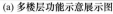

(a) 多楼层功能示意展示图

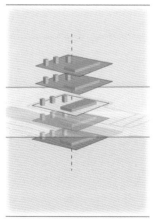

(b) 多楼层侧向剖面图

图 7.35　商场多楼层浏览情境表达效果图

(a) 室外导航至商场

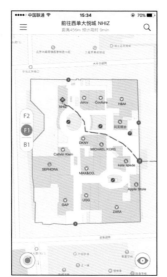

(b) 室内地图导航至目标店铺

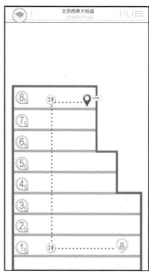

(c) 多楼层导航

(d) 单楼层二维导航

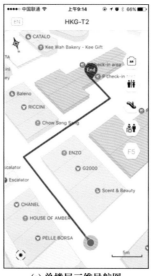

(e) 单楼层三维导航图

(f) 增强现实导航图

图 7.37　用户任务导航情境表达效果图